1
THE
FIRST
MOVER

总序

《第一推动丛书》编委会

　　科学，特别是自然科学，最重要的目标之一，就是追寻科学本身的原动力，或曰追寻其第一推动。同时，科学的这种追求精神本身，又成为社会发展和人类进步的一种最基本的推动。

　　科学总是寻求发现和了解客观世界的新现象，研究和掌握新规律，总是在不懈地追求真理。科学是认真的、严谨的、实事求是的，同时，科学又是创造的。科学的最基本态度之一就是疑问，科学的最基本精神之一就是批判。

　　的确，科学活动，特别是自然科学活动，比起其他的人类活动来，其最基本特征就是不断进步。哪怕在其他方面倒退的时候，科学却总是进步着，即使是缓慢而艰难的进步。这表明，自然科学活动中包含着人类的最进步因素。

　　正是在这个意义上，科学堪称为人类进步的"第一推动"。

　　科学教育，特别是自然科学的教育，是提高人们素质的重要因素，是现代教育的一个核心。科学教育不仅使人获得生活和工作所需的知识和技能，更重要的是使人获得科学思想、科学精神、科学态度以及科学方法的熏陶和培养，使人获得非生物本能的智慧，获得非与生俱来的灵魂。可以这样说，没有科学的"教育"，只是培养信仰，而不是教育。没有受过科学教育的人，只能称为受过训练，而非受过教育。

　　正是在这个意义上，科学堪称为使人进化为现代人的"第一推动"。

近百年来，无数仁人志士意识到，强国富民再造中国离不开科学技术，他们为摆脱愚昧与无知做了艰苦卓绝的奋斗。中国的科学先贤们代代相传，不遗余力地为中国的进步献身于科学启蒙运动，以图完成国人的强国梦。然而可以说，这个目标远未达到。今日的中国需要新的科学启蒙，需要现代科学教育。只有全社会的人具备较高的科学素质，以科学的精神和思想、科学的态度和方法作为探讨和解决各类问题的共同基础和出发点，社会才能更好地向前发展和进步。因此，中国的进步离不开科学，是毋庸置疑的。

正是在这个意义上，似乎可以说，科学已被公认是中国进步所必不可少的推动。

然而，这并不意味着，科学的精神也同样地被公认和接受。虽然，科学已渗透到社会的各个领域和层面，科学的价值和地位也更高了，但是，毋庸讳言，在一定的范围内或某些特定时候，人们只是承认"科学是有用的"，只停留在对科学所带来的结果的接受和承认，而不是对科学的原动力 —— 科学的精神的接受和承认。此种现象的存在也是不能忽视的。

科学的精神之一，是它自身就是自身的"第一推动"。也就是说，科学活动在原则上不隶属于服务于神学，不隶属于服务于儒学，科学活动在原则上也不隶属于服务于任何哲学。科学是超越宗教差别的，超越民族差别的，超越党派差别的，超越文化和地域差别的，科学是普适的、独立的，它自身就是自身的主宰。

湖南科学技术出版社精选了一批关于科学思想和科学精神的世界名著，请有关学者译成中文出版，其目的就是为了传播科学精神和科学思想，特别是自然科学的精神和思想，从而起到倡导科学精神，推动科技发展，对全民进行新的科学启蒙和科学教育的作用，为中国的进步做一点推动。丛书定名为"第一推动"，当然并非说其中每一册都是第一推动，但是可以肯定，蕴含在每一册中的科学的内容、观点、思想和精神，都会使你或多或少地更接近第一推动，或多或少地发现自身如何成为自身的主宰。

再版序
一个坠落苹果的两面：
极端智慧与极致想象

龚曙光

2017年9月8日凌晨于抱朴庐

　　连我们自己也很惊讶，《第一推动丛书》已经出了25年。

　　或许，因为全神贯注于每一本书的编辑和出版细节，反倒忽视了这套丛书的出版历程，忽视了自己头上的黑发渐染霜雪，忽视了团队编辑的老退新替，忽视好些早年的读者，已经成长为多个领域的栋梁。

　　对于一套丛书的出版而言，25年的确是一段不短的历程；对于科学研究的进程而言，四分之一个世纪更是一部跨越式的历史。古人"洞中方七日，世上已千秋"的时间感，用来形容人类科学探求的速律，倒也恰当和准确。回头看看我们逐年出版的这些科普著作，许多当年的假设已经被证实，也有一些结论被证伪；许多当年的理论已经被孵化，也有一些发明被淘汰……

　　无论这些著作阐释的学科和学说，属于以上所说的哪种状况，都本质地呈现了科学探索的旨趣与真相：科学永远是一个求真的过程，所谓的真理，都只是这一过程中的阶段性成果。论证被想象讪笑，结论被假设挑衅，人类以其最优越的物种秉赋 —— 智慧，让锐利无比的理性之刃，和绚烂无比的想象之花相克相生，相否相成。在形形色色的生活中，似乎没有哪一个领域如同科学探索一样，既是一次次伟大的理性历险，又是一次次极致的感性审美。科学家们穷其毕生所奉献的，不仅仅是我们无法发现的科学结论，还是我们无法展开的绚丽想象。在我们难以感知的极小与极大世界中，没有他们记历这些伟大历险和极致审美的科普著作，我们不但永远无法洞悉我们赖以生存世界的各种奥秘，无法领略我们难以抵达世界的各种美丽，更无法认知人类在找到真理和遭遇美景时的心路历程。在这个意义上，科普是人类极端智慧和极致审美的结晶，是物种独有的精神文本，是人类任何其他创造 —— 神学、哲学、文学和艺术无法替代的文明载体。

在神学家给出"我是谁"的结论后，整个人类，不仅仅是科学家，包括庸常生活中的我们，都企图突破宗教教义的铁窗，自由探求世界的本质。于是，时间、物质和本源，成为了人类共同的终极探寻之地，成为了人类突破慵懒、挣脱琐碎、拒绝因袭的历险之旅。这一旅程中，引领着我们艰难而快乐前行的，是那一代又一代最伟大的科学家。他们是极端的智者和极致的幻想家，是真理的先知和审美的天使。

我曾有幸采访《时间简史》的作者史蒂芬·霍金，他痛苦地斜躺在轮椅上，用特制的语音器和我交谈。聆听着由他按击出的极其单调的金属般的音符，我确信，那个只留下萎缩的躯干和游丝一般生命气息的智者就是先知，就是上帝遣派给人类的孤独使者。倘若不是亲眼所见，你根本无法相信，那些深奥到极致而又浅白到极致，简练到极致而又美丽到极致的天书，竟是他蜷缩在轮椅上，用唯一能够动弹的手指，一个语音一个语音按击出来的。如果不是为了引导人类，你想象不出他人生此行还能有其他的目的。

无怪《时间简史》如此畅销！自出版始，每年都在中文图书的畅销榜上。其实何止《时间简史》，霍金的其他著作，《第一推动丛书》所遴选的其他作者著作，25年来都在热销。据此我们相信，这些著作不仅属于某一代人，甚至不仅属于20世纪。只要人类仍在为时间、物质乃至本源的命题所困扰，只要人类仍在为求真与审美的本能所驱动，丛书中的著作，便是永不过时的启蒙读本，永不熄灭的引领之光。

虽然著作中的某些假说会被否定，某些理论会被超越，但科学家们探求真理的精神，思考宇宙的智慧，感悟时空的审美，必将与日月同辉，成为人类进化中永不腐朽的历史界碑。

因而在25年这一时间节点上，我们合集再版这套丛书，便不只是为了纪念出版行为本身，更多的则是为了彰显这些著作的不朽，为了向新的时代和新的读者告白：21世纪不仅需要科学的功利，而且需要科学的审美。

当然，我们深知，并非所有的发现都为人类带来福祉，并非所有的创造都为世界带来安宁。在科学仍在为政治集团和经济集团所利用，甚至垄断的时代，初衷与结果悖反、无辜与有罪并存的科学公案屡见不鲜。对于科学可能带来的负能量，只能由了解科技的公民用群体的意愿抑制和抵消：选择推进人类进化的科学方向，选择造福人类生存的科学发现，是每个现代公民对自己，也是对物种应当肩负的一份责任、应该表达的一种诉求！在这一理解上，我们将科普阅读不仅视为一种个人爱好，而且视为一种公共使命！

牛顿站在苹果树下，在苹果坠落的那一刹那，他的顿悟一定不只包含了对于地心引力的推断，而且包含了对于苹果与地球、地球与行星、行星与未知宇宙奇妙关系的想象。我相信，那不仅仅是一次枯燥之极的理性推演，而且是一次瑰丽之极的感性审美……

如果说，求真与审美，是这套丛书难以评估的价值，那么，极端的智慧与极致的想象，则是这套丛书无法穷尽的魅力！

致谢

　　我要特别向苏塞克斯大学的约翰·巴罗博士致谢，他对本书提出了详细的评论，使之有了很大的改进。本书所讨论的问题也成了我所在的系的同事们喝咖啡时热切讨论的话题。我发现与下列同事的谈话非常富有成果，他们是：斯蒂芬·贝丁博士，凯里·欣顿先生，J. 普弗什博士，斯蒂芬·乌恩汶博士以及威廉·沃克先生。

　　本书作者及出版者希望感谢：Faber and Faber Ltd惠许引用《盆栽天竺葵》中诺尔曼·尼克尔逊的《膨胀的宇宙》；Harvester Press Ltd惠许引用D. R. 霍夫斯塔特的《哥德尔、埃舍尔、巴赫》及D. R. 霍夫斯塔特和D. C. 顿耐特的《精神的我》；Menthuen London Ltd惠许引用托马斯·吉尔比编辑的圣托马斯·阿奎那的《神学大全》，卷一：《基督教神学》；理查德·P. 费恩曼惠许引用他的《物理定律的本性》；Pergamon Press Ltd惠许引用由罗纳德·邓肯及米兰达·维斯顿史密斯编辑的《活的真理》一书中赫尔曼·邦迪爵士的《宗教是件好事》。

前言

50多年以前，物理学中发生了奇怪的事。在从事这门科学的人当中，突然出现了许多有关空间、时间以及有关心与物的全新看法，这些看法稀奇古怪、令人惊讶。只是到了今天，这些看法才开始波及大众。那些使物理学家们好奇并激发了他们灵感的看法现在终于引起了公众的注意。公众在此之前从未想到，人类思想中已经发生了一场大革命。新物理学已经成年了。

20世纪头25年，有两个重大的理论被提出来，那就是相对论和量子论。20世纪的物理学大部分就是从这两论中产生出来的。但新物理学很快就显示出，它并不仅仅是物理世界的一个更好的模型而已。物理学家开始意识到，他们的发现要求对实在的最基本方面做出全新的界定。他们于是学着以完全出人意料的、全新的方法来解决问题，而这些方法似乎是违背常识的，它们更接近神秘主义而不是接近唯物主义。

这场革命的成果只是到了现在才有哲学家和神学家来采摘。许多普通的人，在寻找他们生命背后更深一层意义的过程中，也发现他们对世界的信念与新物理学很合拍。物理学家的看法甚至在心理学家、社会学家当中也获得了同情，特别同情物理学家的是那些主张对问题要做整体论研究的人。

我主讲了若干次关于现代物理学的讲座、讲演，发现人们越来越觉得基础物理学正指引人们重新评价人以及人在宇宙中的地位。宇宙是如何起始的又会如何结束？什么是物质？什么是生命？什么是精神？这些关于存在的深刻问题并不新鲜。新鲜的是，我们现在可能已处在解答这些问题的边缘了。之所以会有这样令人吃惊的前景，是因为近来物理学出现了某些令人轰动的进展。此处所说的物理学，不仅是新物理学，而且也有其近亲——新宇宙学。

我们头一次可以对整个宇宙进行统一的描述了。宇宙是怎样诞生的？这个谜是科学的最基本而又最令人生畏的问题。没有超自然的输入，宇宙能诞生吗？有一古老的看法认为，"无中不可能生有"。量子物理学似乎已在这一论断上打开了一个缺口。物理学家们现在谈论着"自创造的宇宙"，即一个自发地爆发形成的宇宙，像有时在某些高能过程中从不知何处爆出的亚核粒子一样。这种理论的细节是否正确？这个问题并不怎么重要，重要的是，现在有可能为万有的创生设想一个科学的解释了。难道现代物理学已把上帝完全取消了吗？

本书不是谈宗教的书，谈的是新物理学对以前属于宗教的问题产生的影响。我尤其不想讨论宗教体验或道德问题。但本书也不是一本纯科学的书，是关于科学及其广泛含义的书。因此，本书不可避免地必须在这里或那里详细地解释一些技术性问题。但我并不想声称书中所涉及科学的讨论是成系统的，或完整的。读者不必害怕，书中不会有令人心烦的数学或一串串的专门术语来折磨你。我已尽可能地避免使用专门术语。

本书主要是面向普通读者的，包括无神论读者和宗教教徒读者，这些读者都是没有科学背景的。然而，我希望本书也包含一些具有真正学术价值的材料。我尤其认为，最近的关于宇宙学的工作并没有受到哲学家和神学家的注意。

本书的主题是我所谓的四大存在问题：

　　　　为什么大自然的规律是现在这样的？
　　　　为什么宇宙是由现在组成它的各种东西所组成的？
　　　　这些东西是如何起始的？
　　　　宇宙如何获得了组织？

在本书将近结尾时，对这些问题的试探性答案开始显现。这些答案是以物理学家对自然的看法为基础的。这些答案或许全错了，但我相信，物理学的确是处在提供这类答案的独特地位上。我认为，与宗教相比，科学能为人指出一条更为确切的通向上帝的道路。或许这样的想法有些古怪。无论正确与否，科学实际上已进展到这一地步，它可以认真地解决从前是属于宗教的问题了。这一事实本身就显示了新物理学的深远影响。

尽管我自始至终地努力摒除我自己的宗教观点，但我对物理学的阐发不可避免地是属于我个人的。毫无疑问，我的许多同事会强烈反对我所试图引出的结论。我尊重他们的观点。本书不过是某一个人对宇宙的看法而已，对宇宙的看法除此之外还有很多。我之所以要写这本书，是因为我相信人在世上看到的东西很有限。

目录

第1章
科学与宗教在变化着的世界中

有智慧的人将宗教和科学理论并用，以调节自己的操行。

J. B. S. 哈尔旦因

因本宗教法庭命令我要完全放弃那种认为太阳是不动的中心的错误论点，并且禁止我以任何方式持有、捍卫或宣讲该错误信条，我发誓弃绝、诅咒并憎恶上述谬误及邪说，以及一切其他与上述教会相悖的谬误及教派。

伽利略

科学与宗教代表了人类思想的两大体系。对这个行星上的大多数人来说，宗教对他们处理事务具有最显著的影响。而科学与他们的生活的接触，却不是在心智层面上，科学实际上是通过技术影响到他们的生活。

尽管宗教思想在普通公众的日常生活中影响巨大，但我们的大多数社会事业机构是按照务实的方式组织起来的，其中即使有宗教，也只是把宗教淡化为一个程式化的角色而已。例如，英国教会在宪法中的地位就是这样的。也有些例外，如爱尔兰和以色列在法律意义上就仍然是宗教国家，而好战的伊斯兰教的复兴则正在增加宗教在政治和社会决策方面的影响力。

在工业化世界中，科学的影响及成就是最为明显的，因而，人们与主要的传统宗教机构的联系急剧减少。在英国，按时参加教堂礼拜的人占总人口的百分比很低。然而，假如就此得出结论，以为参加教会活动的人数的减少可以直接归因于科学技术地位的提高，那可就错了。很多人在其个人生活中仍对可被划为宗教性的世界抱有很深的信仰，尽管他们或许已经放弃了或至少是无视了传统的基督教信条。任何一位科学家都会证实，即便说宗教已被逐出人们的意识领域，也不能说宗教空出的地盘肯定已被理性的科学思想所占领。因为科学正像任何一种排他性的宗教一样，尽管在实际的层面上对日常生活影响很大，但对普通公众来说，也是同样地令人无从捉摸，同样地难以领悟。

与宗教的衰落较为相关的原因是，科学通过技术使我们的生活发生了急剧的变化，以至传统的宗教或许显得失去了那种直接性，而那种直接性又是在人们应付现今的个人及社会问题时向他们提供现实的帮助所不可缺少的。假如教会在今天受到了很大程度的忽视，那也并不是因为科学在与宗教进行的长期战斗中取得了最后胜利，而是因为科学如此彻底地使我们的社会重新定向，以至《圣经》所描绘的世界图景现在似乎在很大程度上是缺乏时代性了。正如最近一位在电视上挖苦人的人所说，我们的邻居很少有牛或驴供我们贪恋了。[1]

1.《圣经》记载，上帝通过摩西向以色列人传达的十诫中，有"不可贪恋人的牛驴"的话，见《圣经·出埃及记》第20章第17节。——译注

世界上的各个主要宗教都是建立在公认的智慧和信条上的，它们都根植于过去，难以应付变化着的时代。教徒们匆忙之中发掘的灵活性，已使基督教能够容纳一些现代思想的新观念，以至今天的教会领袖在一个维多利亚时代的人眼里，很可能被认为是个异端分子。但是，任何一种以古代的概念为基础的综合性哲学都面临着适应太空时代的艰难任务。因而，很多幻灭的信徒转向了"次要的"宗教，这些宗教似乎与星球大战及微晶体的时代更合拍。与不明飞行物体、超感官知觉、心灵交往、信念治疗方法、超验冥想相关的崇拜以及其他基于技术的信仰大行其道就证明，在一表面上是理性的、讲科学的社会中，信仰和信条具有持久的吸引力。因为这些古怪的信念是属于毫不羞耻的非理性的，虽然它们都有一个科学的外表。用克里斯多弗·埃文斯1974年在Panther出版社出版的一本书的标题来说，这些信念都是对"非理性的崇拜"。人们转向它们，并不是为了求得心智上的启蒙，而是为了在一个艰难而无常的世界中获得精神上的安慰。

科学侵入了我们的生活、我们的语言和宗教，但这并不是在理智层面上的入侵。绝大多数的人对科学的原则不理解，而且也不感兴趣。科学仍然是一种巫术，投在科学的实践者们身上的目光仍是恐惧与怀疑参半的。随便到哪家书店去看看，就可以看到关于科学的书通常都是归在"秘学"类下的，而现代天文学教科书则因书架不够，与《百慕大三角》和《众神之车》挤在一起。为了在我们现今的社会中建立秩序，人们对科学及理性思维的重要性倍加称道，但在个人层面上，大多数人仍然觉得宗教教旨要比科学论点来得更有说服力。

我们生活于其中的这个世界，尽管外表上很科学化，但骨子里仍是宗教的。在像伊朗、沙特阿拉伯这样的国家里，伊斯兰教仍是占有优势的社会力量。在工业化的西方，尽管宗教已经分裂、多样化了，有时还变成了模模糊糊的伪科学的迷信，但人们仍旧在继续寻求生命的更深的意义。这种寻求也不应该受到嘲弄，因为科学家自己也在寻求一种意义，他们想在宇宙的组成、运行的方式，生命的本质以及人的意识等方面获得更多的发现，以便能得出宗教信仰赖以形成的原材料。假如科学的测定揭示出地球的年龄为45亿年，那么，再去争论上帝创造天地是在公元前4004年或公元前10000年就没有什么意思了。任何宗教，假如其信仰的基础是可被证明为错误的假设，那么这种宗教就别想长命。

在本书中，我们将要看看某些基础科学的最新发现，并要探寻一下这些发现对宗教的含义。在很多情况下，我们可以看到，原先的宗教观念与其说是被现代科学所证伪，不如说是被现代科学所超越。科学家通过一个不同的角度观察世界，可以得出新鲜的见解，并且可以为人类及人类在宇宙中的地位描述出新的画面。

科学和宗教都有两个方面，即理智方面和社会方面。科学与宗教的社会效应都还很不能令人满意。科学或许确实减轻了人类因疾病而遭受的苦难，为人类节省了诸多的劳动，提供了一系列发明，给我们带来了娱乐与方便。但科学也引出了用于大规模毁灭的可怕的武器，因而严重降低了生活质量。科学对工业社会的影响是好坏参半的。

在另一方面，有组织的宗教境况更糟。当然，没有人否认，在世界各地的宗教社区工作者中，有很多个别的无私奉献的例子，但宗教长久以来就已经制度化了。宗教常常更关注权力、政治，而不关注善与恶。宗教激情则更为经常地导致暴力冲突，搞乱了人类正常的宽容精神，释放了野蛮与残暴。基督徒在中世纪对南美当地人进行的种族灭绝就是较为可怕的例子之一，而在欧洲的历史上则到处横陈着人类的尸体，那是些因为微小的教义分歧而被杀戮的人。即便是在所谓的启蒙时代，宗教仇恨和宗教冲突也遍布世界。具有讽刺意味的是，尽管大多数宗教都赞美爱心、和睦、谦卑，并将这些称之为美德，但世界上各大宗教组织的历史却常常是以仇恨、战争、傲慢为其特色的。

许多科学家对有组织的宗教持批评态度，其原因倒不是因为他们自己在精神上与这些宗教有什么不合，而是因为这些宗教所发生的影响在他们看来搞乱了正派的人类行为，在这些宗教卷入权力政治之争时尤其如此。物理学家赫尔曼·邦迪是个对宗教持严厉批评态度的人。他把宗教看作是"一种恶，一种严重的能够形成习惯的恶"。他举出当年欧洲对巫师进行疯狂大搜捕时的暴行为例：

> 在信仰基督教的广大欧洲地域，敬畏上帝的人常把被怀疑为巫婆的妇女烧死。这些人觉得这是他们应该勉力完成的职责，这职责是《圣经》明明白白地分派给他们的。事情很清楚，首先，是信仰使得那些本来正派的人干出了难以名状的可怕的事，这表明了人类日常的善心和对残暴的嫌恶何以而且也确实为宗教信仰所压倒。再者，这揭示了所谓宗教确立了绝对的、不变的道德根基的说法是完全不实的。[1]

邦迪声称，教会以及其他的宗教机构多少世纪以来所掌握的残暴的权力，已使它们在道德上名誉扫地了。

尽管宗教在四处自夸，但没有人会否认宗教仍是社会中最能引起分裂的力量之一。不管信仰虔诚的人们主观愿望是多么善良，血迹斑斑的宗教冲突史说明，没有什么证据能够证明在各大有组织的宗教里含有人类道德的普遍准则。而且，我们也没有理由相信，那些不属于这些宗教组织的人就是缺乏爱心和热心，或就是彻头彻尾的无神论者。

当然，并不是所有的信教的人都是宗教狂热分子。绝大多数基督徒今天都嫌恶宗教冲突，而且也为教会在过去卷入酷刑、凶杀、镇压而感到痛惜。但是打着上帝旗号的野蛮暴力时常爆发，触目惊心，至今仍袭扰着社会。这并不是宗教的反社会方面的唯一表现。在所谓的文明开化的国家如北爱尔兰和塞浦路斯，人们仍旧因为宗教原因而在教育甚至是居住方面实行隔离。即便是在自己的内部，宗教组织也常常准许歧视的存在，歧视妇女、少数民族，歧视同性恋者或宗教组织的领袖所认定的任何劣等人。我觉得，天主教及伊斯兰教中妇女的地位，以及南非教会中黑人的地位特别令人难以忍受。尽管许多人在他们的宗教被形容为罪恶、褊狭时会被吓得要死，但他们却很痛快地一致认为，世界上的其他宗教都是作恶多端的。

宗教组织一旦制度化了，法制化了，宗教偏执的伤心惨目的历史似乎就注定不可避免了。而且宗教偏执行为在西方世界引起了人们对国教的极大的不满。许多人正转而投奔所谓的"次要"宗教，以图找到一条获得精神满足的途径，既不那么刺耳，却又那么温柔。当然，现在各式各样的新宗教运动多的是，其中的某些运动比传统的宗教更褊狭，更邪恶。但是，现在有很多人强调神秘主义以及安宁的内心探索的重要性，并以此与传道的狂热相对，因而吸引了对定为国教的宗教的社会及政治影响持批评态度的那些人。

关于宗教的社会方面就谈这些。那么，宗教的理智内容又是什么呢？

在人类历史的大部分时期，男男女女之所以皈依宗教，并不只是为了寻求道德指引，而且也是为了寻求关于存在的基本问题的答案。宇宙是如何被创造的？宇宙又会怎样终结？生命和人类的起源是什么？只是到了近几个世纪，科学才开始为这类问题的解决做出自己的贡献。科学随之与宗教发生了冲突，这些冲突都被详细记录下来。由伽利略、哥白尼、牛顿打头，随后来了达尔文、爱因斯坦，直到计算机和高技术的时代，现代科学对很多根深蒂固的宗教信念进行了阐明，这些阐明是冰冷的，有时是具有威胁性的。于是，这就造成了一种感觉，觉得科学与宗教是天生的死对头。这种看法得到了历史的佐证。早期的教会试图顶住科学的闸门，阻止科学进步的洪水滔滔而下，造成的结果是从事科学的人从此对宗教产生了深深的怀疑。科学家们毁坏了很多人所珍视的宗教信念，于是他们被很多人看成是信仰的破坏者。

然而，科学方法所获得的成功是毫无疑问的。物理学，这科学之王，为人类理解世界开辟了几个世纪以前想都没有想到过的新路。从原子内部的作用到黑洞的玄妙，物理学使我们得以理解自然中某些最隐秘的秘密，而且也使我们得以控制我们环境中的许多物理系统。科学推理的巨大力量使每一日都有许多现代技术的奇观得以证明。那么，对科学家所持有的世界观也抱有一些信心，似乎就是顺理成章的了。

科学家与神学家是从完全不同的出发点出发，对有关存在的深刻问题进行探索的。科学以仔细的观察、实验为基础，使理论得以建立，将不同的经验联系起来。科学寻求的是自然在运行中的规律性，这些规律性很有希望地揭示了制约着物质和力的基本规律。科学对存在的问题进行这样的探索，其中的关键是，科学家假如遇到了他所持有的理论的反证，他就得放弃那个理论。尽管个别的科学家或许会顽固坚持某个他们所珍视的观点，但科学界作为一个群体是随时乐于采纳新观点的。科学原则之争不会引发人类相互残杀的战争。

与科学相比，宗教是建立在启示和公认的智慧的基础上的。声称包容了不可更改的真理的宗教信条是难以做出修正以适应变化着的观念的。真正的信徒必须坚持自己的信仰，不管有什么明显的反证。这"真理"据说是直接传达给信徒的，没有经过集体调查过程的筛选、提炼。天启"真理"的麻烦之处在于，这样的真理有可能是错的，即便它是对的，其他的人也需要想好了之后才能赞同信徒们的信仰。

很多科学家对天启的真理持嘲笑态度。其中有些科学家甚至认为所谓的天启真理是明白无误的一种恶：

　　　一般说来，一个受到启示的信徒的思想处于可怕的自大状态。处在这样的状态之中，他就能说这样的话："我知道，我明白，而那些跟我信仰不同的人是错的。"这样的自大心态在宗教领域最为普遍，而且只有在宗教领域里，人们才对他们的"知识"觉得有如此这般彻底的把握。在我看来，一个人竟能这么自我感觉良好，竟自觉这么出类拔萃，而不把所有那些与他们信仰不同的人放在眼里，这样的一个人是很令人讨厌的。这本来就够糟的了，但很多信徒还竭尽全力传播他们的信仰，至少是向他们自己的孩子传播，但也更经常地是向别人传播（而且，在历史上，有很多靠武力和惨无人道的野蛮传播信仰的好例子）。明摆着的事实是，最诚实的人以及所有智力水平高低不同的人都各不相同；而且宗教信仰一直是不同的。因为最多只有一种信仰是真的，那么，这自然就是说，人类极其可能在天启宗教方面坚决而诚实地信仰了某种不真实的东西。人们本可以期望这一明显的事实能够引出某种谦卑，使信徒多少想到不管一个人的信仰有多么深，一个人很可能是信错了的，但任何信徒都没有这基本的谦卑。信徒不把自己的信仰强行灌输到他所掌管的人的脑子里便不肯罢手（这种情况在现今的发达国家一般限于信徒对其子女）。[2]

然而，那些有过宗教体验的人总是把他们自己获得的启示看作是比多少科学实验都坚实的信仰基础。不错，很多职业科学家也笃信宗教，而且显然并不觉得让他们的人生观的这两个方面和平共处有什么智力上的困难。问题是如何将许多根本不相同的宗教体验变成一连贯的宗教世界观。例如，基督教的宇宙论就与东方的宇宙论差异巨大。至少，两者之中有一个是错的。

但是，若从科学家对天启真理的怀疑推开去，推出科学家是冷酷、不通人情、工于计算、没有灵魂的人，只对事实和数字感兴趣，那可就大错特错了。新物理学兴起的同时，科学家对科学更深的哲学含义的兴趣也有了巨大增长。这种兴趣是科学工作不那么广为人知的一个方面，而且常常是完全突然地产生的。在筹划一部关于精神和超自然现象的电视系列片时，病理学家、作家、电视制片人基特·派德勒这样描述了他见到现代物理学家们对超出物理学的问题如此关心时所感到的惊讶：

> 几乎整整20年来，我作为一个快乐的信仰还原论的生物学家进行研究，以为只要我努力研究，最终就能揭示出基本的事实。后来，我开始阅读新物理学的书。结果，我以前的信仰被粉碎了。
>
> 作为生物学家，我以前认为物理学家都是头脑冷静、清晰、不易动感情的男男女女，他们以一种冷静的、局外人的眼光居高临下地看待自然，把落日的光辉分解成波长和频率；他们是一帮观测者，把结构精巧的宇宙撕成死板的形式成分。
>
> 我的错误是巨大的。于是，我开始研读传奇般大人物的著作——爱因斯坦，玻尔，薛定谔，狄拉克。我发现，他们并不是冷静的局外人，而是一些富有诗意、笃信宗教的人。他们所想象的东西是那么巨大，那么新奇，以至我所谓的"超自然的东西"相形之下显得几乎平淡无奇了。[3]

具有讽刺意味的是，一直走在各种学科之前的物理学现在正对精神越来越倾向于肯定；而生命科学则仍旧走在19世纪的物理学的路上，现在正试图完全取消精神。心理学家哈罗德·莫洛维茨对物理学和生命科学如此转换对精神的看法提出了如下的评论：

> 实际情况是，生物学家们从前认为人的精神在自然界的分类等级之中占有一个特殊的地位，现在则义无反顾地走向赤裸裸的唯物论，而19世纪的物理学就是以唯物论为其特色的。与此同时，面对着咄咄逼人的实验证据的物理学家们则脱离严格机械的种种宇宙模型，转而把精神看作是在一切物理事件中扮演着一个与事件不可分离的角色。这两个学科就像是坐在两列逆向飞驰的火车上的乘客，彼此都没注意对面开过来的火车上正发生什么事。[4]

在下面的几章里，我们将要看到新物理学如何赋予"观察者"在物理实在的自然中的中心地位。越来越多的人认为，基础科学近来的进展更有可能揭示出存在的更深一层的意义，而不是投合传统的宗教。总之，宗教对这些科学进展不可能视而不见。

第 2 章
创　世

起初上帝创造天地。

《创世记》第1章第1节

但当时没有人在现场看。

斯蒂芬·温伯格《最初的三分钟》

有天地创生这回事吗？假如有，那又是什么时候发生的？原因是什么？存在之谜最深奥，最难猜。大多数宗教都有涉及万物如何起始的说法，现代科学也有。在本书中，我将借助宇宙学的新近发现来猜测这创生之谜。本章讨论的就是宇宙总体的起源。有人用"宇宙"（universe）这个词来表示太阳或银河系。但我将按"一切物理性的存在的东西"这一较为常规的意义使用"宇宙"一词，我所说的宇宙是散布在一切星系之中、之间的一切物质，一切形式的能量，一切非物质的东西如黑洞、引力波以及一切延伸向无限（假如果真如此的话）的空间。有时，我将用"世界"（world）来指上述的一切。

任何声称对物质世界提供某种理解的思想体系都必定要对世界的起源说一些话。在最基本点上，有两种泾渭分明的说法。宇宙要么是一直存在着（以这样或那样的形式）；要么就有起始，多少有些突然地起始于过去某一特定的时刻。这两种说法长久以来一直困扰着神学家、哲学家、科学家，而且这两种说法对普通人来说也明显地难以理解。

假如说宇宙在时间上没有起源，就是说宇宙一直存在着，那么，宇宙的年龄就是无穷大的了。无穷大这个概念让许多人眩晕。假如早已有了无穷多的事件，为什么我们发现我们自己是生活在现在这一时刻？难道宇宙在永恒的时间里一直是静止的，只是到了相对晚近的时候才突然活动起来？或者，在永恒的时间里，一直存在着某种活动？另一方面，假如说宇宙是有起始的，那么就是承认了宇宙是突然从虚无中生出来的。这似乎暗示着有一个最初的事件。假如真是有，那最初事件的起因又是什么？这样的问题还有意义吗？

许多思想家面对这些问题畏缩不前，转而去寻求科学的证据。科学在宇宙起源的问题上能告诉我们些什么？

如今，大多数宇宙学家和天文学家都支持约在180亿年前确有天地创生的理论。当时，物质的宇宙在一场可怕的爆炸中产生了。那场爆炸就是现在人人皆知的"大爆炸"。"大爆炸"理论是很惊人的，但这一理论得到许多证据的支持。人们接受该理论的所有细节也好，不接受也好，其中的关键假说，即过去有某种创生的假说，从科学的观点来看是有力的。该理论之所以看上去令人信服，其直接理由来自热力学第二定律这一已知的物理学中最为普遍的定律所包含的庞大科学证据。就其最广泛的意义而言，热力学第二定律认为宇宙的无序程度与日俱增。宇宙在缓慢地，但却是无可挽回地坠入混沌。热力学第二定律的例子到处都是 —— 建筑物倒塌，人变老，山脉跟海岸线受侵蚀，自然资源被消耗。

假如一切自然的活动都导致了更多的无序（以某种适当的方式测量出来的），那么，世界就一定是在不可逆转地变化，因为要使宇宙回到昨日的状态，就意味着把无序降低到先前的水平上，而这一点又是跟热力学第二定律不相容的。然而，乍一看，世上似乎很有些第二定律的反例。新建筑起来了，新结构生长了。难道每一个新生的婴孩不都是无序中生出有序的例子吗？

在这些例子中，你得注意你所观察的是整个系统，而不仅仅是你所关心的事。在宇宙某一区域的有序增加，总是以另一处无序的增加为代价的。就以建筑一幢新大楼为例吧。建筑所用的材料不可避免地消耗了世界的资源，同时，在建筑的过程中耗用的能源也是不可回收的。做一下结算，就会发现总是无序为多。

物理学家们已发明了一个叫作熵的数学量来给无序定量。很多精心的实验也证明，一个系统中的总体的熵从来不会减少。假如一系统与其环境隔离开了，那么，该系统内的任何变化都会无情地使熵值增大，最后达到大到不能再大的程度。从此以后，就不会再有任何变化，整个系统就会达到一种热力平衡的状态。一个装有混合化学物质的匣子便是个好例。各种化学物质发生反应，或许由此产生一些热，各种物质改变它们的分子形式。诸如此类的一切变化都增加了匣内的熵。最后，匣中的物质取得了它们最终的化学形式，彼此的温度也一致了，于是，也就不会再有什么变化了。要想把最后的生成物还原到先前的状态也不是不可能，但这就得把匣子打开，再耗用能量和物质以便让已发生过的变化再变回去。这个操作过程的确会降低匣内的熵，但同时会产生更多的熵。

假如说宇宙真有一个有限的有序量，而且是在不可逆转地向着无序变化，最后达到热力学平衡，那么，就可以立即得出两个很重要的推论。推论一是，宇宙最终将会死去，消沉在它自己的熵里。这个推理，物理学家们称之为宇宙的"热死"。推论二是，宇宙不可能已有无限的过去，假如真有，那么宇宙就会在无限远的时间以前早就达到了最终的平衡状态。结论：宇宙并非过去一直存在。

我们在周围一切习见的系统中就可以看到热力学第二定律的作用。例如地球就不可能有无限的过去；假若有的话，那它的内核早该凉下来了。根据放射研究，地球的年龄可确定为45亿年。这跟月球以及各种陨石的年龄差不多。

而太阳则肯定不会热热闹闹地一直燃烧下去的。它的燃料储备年年在减少，最后它会变凉、变暗。反过来推理，则太阳肯定只是在一段有限的时间以前才燃着的，因为它没有无限的能源。根据估算，太阳的年龄只是比地球的稍大一点儿。这估算与目前认为太阳系当初是作为一个单独的单位形成的这一类理论很符合。然而，太阳系只是宇宙的一个小小的组成部分。只是根据地球与太阳的情况就得出概括宇宙的结论也未免鲁莽。但太阳的确是一颗典型的恒星，光是我们所在的星系里就有成百亿其他的恒星，它们的生命史可供天文学家们研究。

现存的恒星都各自处于其演化史上的不同阶段，这就使我们能够勾勒出恒星的诞生、演化、死亡的详细图画。

恒星与行星一道形成，形成的原因是，星际间主要由氢构成的大块稀薄的气云缓慢地收缩，分裂。今天，要想找到星系中哪些区域有恒星正在诞生是很容易的。这样的区域之一是猎户星云，肉眼就看得见。恒星并非是一下子形成的。例如，我们的太阳现在约50亿岁，然而，它的年龄充其量至多只是银河系中最老的恒星的一半。太阳系的形成可以看作是银河系中发生了几百亿次的一个持续不断的过程所得出的一个结果而已，而这个过程将持续下去。于是，我们似乎可以说，就恒星和行星的形成而言，是谈不上什么创生的，不过是某种宇宙装配线不断地把原料（氢、氦以及很少的重元素）装配成恒星、行星罢了。

就算是一批恒星在不断地燃尽，另一批恒星又不断地形成并取而代之，难道这生生灭灭的循环从无限远的过去就一直是这么周而复始直至今日的吗？不。热力学第二定律告诉我们，不会有这种周而复始、以至无穷的循环。恒星燃尽的物质永远也不会完全进入再循环。燃烧所用的能量，以星光的形式消散在太空里，要在太空中发散几百亿年。还有一些恒星的物质进入了黑洞，再也出不来了。

那种认为整个宇宙系统并非一直就是这么循环往复的观点，还有一个更为直接的理由。艾萨克·牛顿这位现代科学的奠基人之一证实，引力是一种普遍的力，作用于宇宙中一切物体之间。每个恒星，每个星系，都因引力而互相靠近。因为天体是在太空中自由飘浮的，看来它们没有任何理由不因这无所不在的引力而会聚在一起。在太阳系里，众行星因引力塌向太阳的事之所以没有发生是因为有离心力——各个行星都在绕太阳旋转。同样，银河系也在旋转。但现在我们还没有证据证明整个宇宙也在旋转。各个星系显然不能永远挂在太空中，所以，宇宙也不可能永远是目前这个样子。

尽管这个宇宙之谜自牛顿以来就被意识到了，但只是到了20世纪20年代才发现了它的解答。美国天文学家埃德温·哈勃发现，各个星系不是在相聚，而是在以很高的速度相离。哈勃注意到，各星系的光在颜色上稍稍有些异常（用术语来说就是"红移"），这说明各个星系在急速倒退。因为光是由不同的光波组成的，因此，一个移动的光源能将光波拉长或缩短，正如一辆行进中的车辆会把它发出的声波拉大或缩短一样。一辆汽车的发动机的声音或一列火车的汽笛声，在该汽车或火车急速开过我们身边时，其音高会降低很多。这里，只要把"音高"代换成"颜色"，就得到了哈勃红移。只是这里所说的各行星的退行速度比汽车或火车速度大得多。遥远的星系每秒退行成千上万英里。

哈勃的发现有时被人给以错误的解释，被认为是说明了我们所在的星系是众星系的中心，其他所有的星系都在飞离我们。这种看法是错误的。因为离我们远的星系退行速度要比近处的星系退行速度大，因而远处和近处的星系彼此间的距离也在扩大，所以，事实上每一个星系都在脱离其他的星系。这就是有名的"宇宙膨胀"。无论你从宇宙中的哪个位置上观察，星系扩散的图式看上去都是很一致的。

宇宙膨胀的概念与现代人关于空间、时间、运动本质的思想十分吻合。阿尔伯特·爱因斯坦在科学界中地位之高，有如圣保罗在基督徒中的地位，他那让人绞尽脑汁方能理解的相对论，极大地改变了我们对时空及运动的看法。尽管爱因斯坦的空间弯曲及时间弯曲的概念耗时60年才进入普通大众的想象之中，物理学家们却早就接过他的时空弯曲的概念来解释引力了。

引力为一切大规模的宇宙现象提供了动力。在天文尺度的物体中，引力要比其他的力如磁力、静电力大得多。形成星系并控制星系间的运动的是引力。要解释宇宙的膨胀，引力就是关键。

爱因斯坦令人信服地说明，引力使空间、时间伸长或扭曲，而且这可以通过观察太阳的引力使擦过其表面的星光弯曲这一现象得到直接的验证。从地球上看，太阳背后的天空有很小但明显的弯曲。时间的弯曲也可以得到证明，最直接的证明就是让钟表在空间飞行。时间在没有引力的环境中要比在地球的表面走得快。

假如太阳能拉长空间，那么，星系也能。因为星系是由很多太阳一样的恒星组成的。因而，天文学家们认为星系不是在空间中离散，而是星系间的空间在伸长。假如星系间的空间在"膨胀"，那么，每个星系的活动余地都在逐日增大。这就是说，宇宙在扩展，却不必扩展到某种外部的真空之中。

既然很多人觉得时空伸缩的概念难懂，我们就先把这些难懂的概念搁置一会儿。很明显的是，既然宇宙在越变越大，那它以前一定要比现在小。假如过去一直就是目前这样的膨胀速度，那么，200亿或300亿年前，整个可以观测到的宇宙就会蜷缩进一个令我们感到十分陌生的小球中，在其中我们认不出任何天体。事实上，天文学家们已经发现，宇宙膨胀的速度正在变小，那种高度压缩的状态事实上发生在距今大约150亿或200亿年前（可与太阳的年龄 —— 50亿年 —— 做一比较）。因为当初的膨胀速度比现在的大得多，所以，星系离散在早期的时候，就像是场爆炸，而不是慢吞吞的膨胀。

有时人们说，我们今天所认识的宇宙当初是由于一种原初的"卵"发生爆炸而形成的。各星系都是当初爆炸的碎片，这些碎片现在仍在空间飞扬。这幅图景颇能反映一些真实的情况，但有时也会使人误入歧途。那个爆炸的东西之所以曾处于收缩状态，是因为空间处于收缩状态。那种认为"卵"是包裹在真空中的想法是错误的。卵有壳、有核。然而，天文学家们则认为，宇宙既没有边或壳，也没有任何具有特权的中心。

我们现在算是跟"无限"这个微妙的问题缠上了。对那些疏忽的人来说，这个问题充满了陷阱。这个问题不但对于讨论膨胀的宇宙来说很重要，而且对科学和宗教这一类更为广泛的问题来说也是很重要的，因此，偏离一下我们的主题，讲一讲这个问题还是值得的。

科学家们长久以来就认识到，需要将他们关于无限的一切思考都建立在严格推导的数学步骤上，因为测量无限会导致各种各样的佯谬。例如，我们可以想想伊利亚的芝诺（公元前5世纪）提出的有名的

"兔子和乌龟"的佯谬。在一次赛跑比赛中，乌龟开始领先，但兔子跑得快，很快就追上了乌龟。显然，在赛跑过程中的每一时刻，兔子和乌龟都各自处在一个位置上。因为两者都跑一段相同的时间——即时刻的数目相同——所以，按理说，它们通过的地段是相同的。但是，兔子要想追上乌龟，就必须在相同的时间里跑更远的距离，于是就要通过更多的地段。那么，兔子怎么能追上乌龟呢？

这个佯谬是归于芝诺名下的几个佯谬之一。要想求得这个佯谬的解答，就得仔细地陈述无限的概念。假如时间和空间是无限可分的，那么，兔子和乌龟就要跑无限段的时间、空间，在这里，"无限"的关键是，无限的一部分与无限的整体是一样的。尽管乌龟跑过的路要比兔子的短，可乌龟跑过的路段仍是与兔子的一样多（即无限），但我们知道，兔子不但跑过了乌龟跑过的路段，而且还跑了更多的路段！

研究无限的问题，就会弄出很多这一类令人吃惊的事来。数学家们花了许多个世纪进行逻辑论证，以便全面理解正确处理无限问题的规则。奇特的是，世上的无限不止一种。有东西的无限，可用整数代表（1，2，3，…，无穷大），还有一种更大的无限，用全部的整数都不足以表达出来。

说到几何学，人的直觉能把人搞得很迷糊。就以包围着一块给定面积的土地的篱笆为例吧。很容易看出，在面积已定的情况下，细长条形的土地需要的篱笆要多于正方形的土地。圆形土地需要的篱笆最少。但是，这块面积已定的土地周边到底能有多长？图1是一形状奇特的周边，是一次次地在三角形上再开三角形造成的。每开一次三

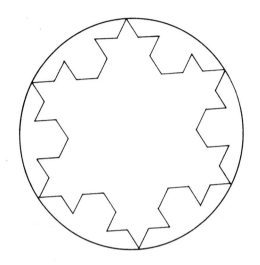

图1 本图中不规则的周边是通过逐次在较大的等边三角形的边上切割等边三角
形得到的。本图所示的图形是第3次切割的结果。随着切割次数的增加，周边将无限
加长，但永远不会冲出外接圆。因此，该不规则的周边所围的面积是有限的，尽管只
要切削次数可以无限，周边的长度就可接近无限

角形，篱笆的周边都增长一些，它所圈的面积都要增多一点。但那周
边永远也不会伸到外接圆之外去，所以，它所圈的面积永远是有限的。
然而，随着在周边上开三角的次数的增多，周边就可以无限延长。这
样，我们就能够想象，一无限长的篱笆围着一块面积有限的土地。

这一切与宇宙的创生又有什么关系呢？首先，这一切表明，"无
限"之类的概念不应滥用，否则会导致无意义。第二，这一切表明，
人们所获得的问题的答案常常跟直觉和常识相悖。这是科学给人的大
教训之一。人们常常必须要依靠抽象的东西，依靠正规的数学操作来
理解世界。平常的经验有时是不可靠的向导。

宇宙的体积是无限大吗？假如空间的体积是无限大，我们就可以想见有无穷多的星系散布其间，而且其密度也大体一致。于是，很多人就不能理解，一个无限大的东西怎么还能膨胀？它要膨胀到哪里去呢？这个问题不难回答：无限的体积可以膨胀，但体积不变（请记住"乌龟"教给我们的东西吧）。但是，当我们把这个模型拿来比喻"宇宙卵"时，就出现了形象化方面的问题。假如到处都有星系，那么，从前就不可能有过一个体积有限，又有外壳，而且外壳之外没有物质的宇宙卵。因此，卵的比喻行不通。

设想一下，有这样一个无限的宇宙，这宇宙是一球体，包容了极大的体积的空间，其中有很多星系。现在再设想空间到处都在急速收缩，就像奇境中的爱丽丝吃过魔饼之后的情况一样。于是，该球体的半径就会越缩越小，然而不管怎样缩小，总是有无尽的空间，而且其外还有无限多的星系。假如该球体真是缩小到了无限小，那么，这就产生了一个从数学角度讲是棘手的问题，即一个无限缩小的无限宇宙。这个球体宇宙仍是没有中心也没有边界的，然而，任何这一类的球体不管当初是多么大，经过无限缩小之后，其中所有的星系便会被压缩成一个点。天文学家们认为，宇宙发生爆炸之前，就处于这种无限收缩却无界的状态之中。

事实上，还有一个可用的宇宙模型可以避免诸多无限的纷扰。这个模型是爱因斯坦本人在1917年提出的。在确认空间能够弯曲这一事实之后，爱因斯坦说，空间能以人们所意想不到的多种方式把自己连接起来。可以拿地球的曲面为类比。地球的表面，面积是有限的，但它是无界的，一个旅行者走到哪里都不会碰上地球的边缘或边界。同样，空间也可能体积有限却没有边界。这种奇异的图景怕是没几个人能真正看明白，但数学自会替我们把其中的细节勾画出来的。该形体叫作超圆体（hypersphere）。假如宇宙是一超圆体，宇航员原则上就可以像麦哲伦一样作环宇航行了。他可以驾着火箭向同一个方向飞，一直飞到他的出发点。

尽管爱因斯坦所提出的超圆体宇宙是有限的，但却没有中心，也没有边界（正如地球的表面也没有中心，没有边界），因而，当它收缩时，也不像一只宇宙卵。我们可以想象这超圆体缩至无限小，体积消失，就像一个圆面缩小到了半径为零一样（图2）。

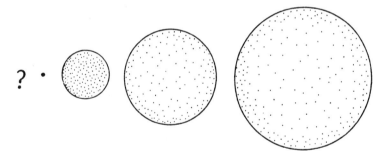

图2 假如三维空间用一个二维的面来表示的话，那么，就可以有一个膨胀宇宙的模型，看上去很像是从无限小膨胀起来的气球。在这个模型里，空间是有限的，但也是无界的，在该空间中的一个观测者可以无障碍地漫游该空间。其中的小点代表星系（或星系团）。随着宇宙的膨胀，空间也拉长了，因而所有的小点都与其最近邻的小点拉开了更大的距离。处在任何一个小点上的观测者都会看到，其他的所有小点都在有条不紊地后退，而且他还会觉得他所在的小点是其他小点作四散运动的中心

对能伸能缩的空间进行的研究，使宇宙学家们提出了一个在细节上与《圣经》大不相同的宇宙创生的理论。他们所提出的科学理论最惊人的一点就是，他们认为不仅仅是物质，空间本身也是在大爆炸中创生的。假如你把图2正在膨胀的气球，即从无中膨胀起来的气球倒

过来看，把它看成是正在收缩的气球，并以此作为宇宙的模型，那么，你就算是大致知道现代物理学是如何讲述宇宙创生的了。这里的一个重要论点是，我们这里所谈的宇宙不管是爱因斯坦的超圆体（即气球模型），还是体积无限的宇宙，要想设想空间无限收缩之后是什么样子是不可能的。大爆炸发生的最初那一刻，空间是无限收缩的，那一刻就代表着空间停止存在的时间边界。物理学家们把这边界称作奇点。

空间原来竟是从无中生出来的，这个离奇的想法是很多人觉得难以理解的，因为他们早已习惯把空间看成是"无"。然而，物理学家则把空间看成是一种能伸缩的媒介，而不是空空如也的"无"。的确，在下面的几章里我们就可以看到，由于量子效应，即使最纯的真空也能引起活动，其中充满了转瞬即逝的结构。对物理学家来说，"无"意味着"没有空间"以及没有物质。

离奇的事还多着呢。空间是与时间分不开的，于是，空间能伸能缩，时间也能伸能缩。大爆炸代表着空间的创生，同样，也代表着时间的创生。空间和时间都不能存在于奇点之前。简单地讲就是，时间本身也是从大爆炸之时起始的。

这一大堆稀奇古怪的观点只能够求助于数学才能完全把握。人的直觉是力不从心的向导。这也是科学方法之所以取得成功的主要原因之一。科学以数学为语言，就能够描述完全超乎人类想象力的东西。而现代物理学的大部分内容也的确是人的想象力所不及的。若没有数学所提供的抽象描述，物理学永远也不会超越简单的力学。当然，物理学像每个人一样，头脑里也有一些原子的模型，光波的模型，膨胀宇宙的、电子的以及其他诸如此类的东西的模型，但是，这些头脑中的模型常常是很不精确、十分离谱的。事实上，从逻辑上讲，任何一个人要想能正确地想象某些诸如原子之类的物理系统都是不可能的，因为那些物理系统包含着一些纯属我们经验世界之外的东西（第8章谈量子论时，我们就会明白这一点）。

人的想象抓不住实在的某些关键的东西，这就警告我们，我们不能期望通过日常经验获得一些简单的关于空间、时间和物质的概念，就以为某些重大的宗教真理（例如创世的本质）有了依据。

人们一直难于从理智上解释时间的起源。这并不是个新问题。亚里士多德、圣托马斯·阿奎那都认为，时间不是被创造的东西，否则就是说有第一事件了。第一事件的原因是什么？无，因为第一事件就是说没有在它之前的事件。

时间的有限其实并不一定是意味着有一个第一事件。我们可以设想一些用数字代表的事件，其中零代表奇点。奇点并不是个事件，而是一种无限致密的状态或类似的东西，在奇点处时空不再存在。如果有人问："奇点之后的第一事件是什么？"这就相当于问"比零大的最小的数是什么？"世上并没有这样一个数字，因为所有的分数，不管多小，都总能被2除。同理，也没有第一事件。

若说时间无限，也同样让人为难，正如伊曼纽尔·康德后来所强调的那样：

> 　　假如我们设想世界在时间上是没有开始的，那么，对
> 应于每一给定的时刻，都有无限的时间已经过去，而且世
> 界上已经过去了相续的事态的一个无限序列。序列的无限
> 就是它永远不能通过连续的综合而被完成。于是，这就是
> 说，无限的世界序列已经过去是不可能的，因而世界有一
> 个开始是世界存在的必要条件。[1]

　　我们必须记住芝诺给我们的教训，在处理无限的时候要小心谨慎。按康德的推理，兔子"通过连续的综合"永远也不能跑完无限序列的步数去追上乌龟。然而我们都知道，兔子肯定会追上乌龟。但是，要是说芝诺佯谬中的过去的时间是有限的，而康德所指的是无限的延续时间的过去，这也不能驳倒康德。芝诺和康德所涉及的都是无限的时刻。任何一个数学家都能证明，无限时间中的时刻并不比一分钟当中的时刻多。芝诺和康德也都涉及了一个无限的数目，而这无限的数目并不能靠着"无限的延伸"而增大。

　　人们对康德的推理的另一个驳难是，他们认为时间是"流逝"的，这就是说时间是流动的、运动的。没有几个物理学家会承认时间真的是流动的或运动的。时间与空间一样，只是存在而已（我们在第9章要再谈这个话题）。

　　总而言之，一派人认为宇宙是无始无终的，另一派人认为宇宙的年龄是有限的，其过去的边界是奇点。这两派人的观点似乎都没什么大错。假设后一派的观点是正确的，这是不是就是说科学支持《圣经》关于天地创始的说法呢？

基督徒之间对《圣经》所描述的创世的真实性也没有一致的看法。1951年，教皇庇护十二世在罗马就现代科学宇宙学的问题[2]对主教科学院发表了讲话，拐弯抹角地提到了大爆炸理论，说"一切似乎都在表明，宇宙在有限的时间里有一个宏伟的开端"。他的话引发了激烈的反应（主要是神职人员的反应，科学家们的反应倒在其次）。当代的神学家们仍在争论不休，定不下宇宙创生之初的大爆炸是否就是《圣经》的作者们据说受到启示而描述出来的上帝创造天地。美国圣母大学的厄南·麦克穆林最近写过一篇文章，题目是"宇宙学与神学应是何等关系？"其结论是："首先，我们不能说基督教神创造天地的信条'支持'大爆炸模型；次之，我们不能说大爆炸模型'支持'神创造天地的信条。"[3] 然而，当今很多百姓因受到要他们把大部分旧约看作是虚构的压力，现在看到现代科学的宇宙学给创世之说带来了明显的证据，于是感到快慰。

如果我们认为空间和时间就是在大爆炸中从无中爆发出来的，那么，就显然有"创世"，宇宙显然是年龄有限的。于是，热力学第二定律的佯谬也就立刻解开了。宇宙之所以还没有达到热力学平衡，是因为宇宙的无序化过程才进行了约180亿年，这过程离着完成还远着呢。而且，我们现在也可以明白，所有的星系为什么没有聚集起来。爆炸的力量把众星系炸散了，尽管现在它们离散的速度正在减小，但众星系重聚的时间还没有到来。

假如大爆炸理论只是以哈勃和爱因斯坦的工作为支撑，那么，该理论就不会得到它今天所得到的广泛支持。幸运的是，还有一些有说服力的证据。

　　宇宙诞生时惊天动地的力量爆发肯定会在宇宙的结构上留下某些印迹，我们可以设想宇宙创生之初的某些遗迹留存到今天。于是，寻找宇宙创生的遗迹现在就成了最热门的科研工作之一，而且，或许人们似乎不敢相信，这工作竟很有经济意义！原初的宇宙为我们提供了一个天然实验室，地球上最复杂的科学设备都不能模拟出来的超高温超高压的物理条件，在这天然实验室里却得到实现。为了验证他们关于物质在那些极端条件下的行为的理论，物理学家们必须求助于有关宇宙初创时的知识。他们希望，宇宙今天仍可能保留下一些遗迹以给我们提供一些线索，使我们得以了解有关宇宙创生之初短短的一瞬间所发生的物理过程。然后，就可以通过计算来看看那些物理过程与理论家们所提出的关于物质在极端条件下的行为理论是否相符合。

　　在20世纪60年代中期，原初宇宙最重要的遗迹被偶然地发现。两位贝尔电话公司的物理学家无意中发现来自空间的某种神秘的辐射。经过仔细分析，揭示出这种将整个宇宙都浸润其中的辐射是原初宇宙高热的遗迹，是原初宇宙火球正在暗淡下去的最后光芒。宇宙大爆炸，就像任何爆炸一样，产生了大量的热。宇宙气体花了100000年才冷却到太阳表面的温度。又过去了180亿年，宇宙温度降低到谷底，只是比绝对零度高3度。然而，现在仍有大量的能量被锁闭在宇宙热辐射里。

　　知道了作为宇宙创生遗迹的热辐射现在的温度是多少，那么，要想得到它在各个时期的值就是个简单的计算问题了。宇宙典型的区域在体积上每扩大1倍，其温度就要下降50％。反过来计算，就很容易推算出，宇宙创生后第1秒时的温度是100亿度。这似乎是相当热了，但这个温度完全是在实验室可模拟的范围之内。运用现代粒子加速器产生高能对撞，就有可能在极短的一瞬间模拟出原初宇宙爆炸后亿分之一秒时的情况，当时的温度是令人咋舌的千万亿度。因而，天文物理学家可以相当有把握地模拟出很多个大爆炸发生之后的物理过程。

利用这样的模型，就可能通过计算得知宇宙在爆炸诞生之后的每个时期，宇宙间的物质是什么形态。例如在大爆炸发生之后的5秒到5分钟这一期间，当时的物理条件适合发生核反应。主要的物理过程是氢核通过聚变成为氦以及一些氘。根据计算预测，氦与氢质量的最终比率应是25%，这个比率很接近我们今天所观测到的这两种元素的相对宇宙丰度（氢与氦构成了宇宙中99%以上的物质）。计算预测与实际测量的结果有如此惊人的一致，这使我们对热大爆炸理论基本概念的正确性有了信心。

大爆炸发生之后1秒之内的各个时期涉及极高能物理。在那极高的温度下，物质完全破碎，其主要构成成分（将在第11章讨论）呈裸露状态。这极早期即宇宙诞生后的第1秒现在是理论物理学家们的热门研究课题。有一些理论物理学家认为，早期宇宙的很多情况都可以用当时发生的物理过程给以解释。在接下来的一章里，我将描述这方面某些较新近的发展。

大爆炸理论在很大程度上已被天体物理学家看成是理所当然的了，而氦丰度的计算长久以来也已经成为标准宇宙学的一部分了，因而，那些早先取得的科学研究成就的重大意义也就容易被人忽视。要是19世纪的一个考古学家声称发现了伊甸园，并拿出了一件文物可以确凿无疑地证明是上帝创世第一天的作品，那么，他的话就得引起轰动。氦或许是大多数人所不大熟悉的，但很容易买到它的工业制品。这平平常常的实验室制备的物质竟是在原初宇宙的火炉里形成的，它不是在那火炉燃着的第一天而是在那头几分钟里形成的，这真是太不可思议了。

尽管当前的科学观点为创世论提供了强有力的证据，然而，我们还得要记住，宇宙从此以后能长生不老这种看法却找不到任何逻辑的理由。从物理学上看，宇宙永生的主要困难是热力学第二定律，这一点我们已经说过。但是，物理学家们时时提出一些机制来克服这一困难，其中之一是赫尔曼·邦迪、托马斯·戈尔德、弗雷德·霍伊尔提出的稳态理论（the steady-state theory）。这一理论有很多翻版，但所有的翻版也都一致认为，宇宙在年龄上是无限的。提出这一理论的物理学家也明白，若说宇宙的年龄是无限的，便会碰上热力学意义上的热死问题，但他们绕过了这个问题，办法是假定新的低熵物质在被不断地创造出来。这样，物质就不是一下子出现在一场原初的大爆炸中，而是在极长的时间里逐渐地，或者很可能是零星分散地在多次小爆炸中出现的。新物质出现的平均比率是受调整的（很可能是受某种反馈机制的调整），这样，当宇宙膨胀，现存物质的密度降低时，新出现的物质就会填充空档，因而维持了大致均衡的宇宙物质密度。于是，众星系离散形成的越来越大的空地方就这样被新创生的星系填补了，宇宙的总体也就经历了多少时代而面貌不变。从整体上看，一切都没有变化（图3）。大爆炸模型则与此相反，星系的密度在稳步地减小，宇宙的结构和排列都在演变。

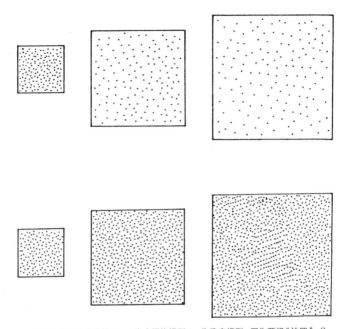

图3　有两种宇宙模型,一为大爆炸模型,一为稳态模型。图为两组"快照",分别表现的是膨胀空间的某一区域在两种不同模型中的演化情况。在大爆炸模型中(上),星系(小点)的数目在一给定的空间体积中保持不变。这样,随着膨胀的进行,小点的密度下降。在稳态模型中(下),星系的密度在各时代都不变,于是新星系就得不断地被制造出来以便填补空间膨胀造成的空缺

　　霍伊尔试着提出一种新型的、携带负能量的场来解释物质持续不断的创生。这种场的稳步增强提供了物质创生所需的正能量(能量变物质将在下一章里描述)。于是,稳态模型中就完全没有上帝的地位了。因为,第一,创造物质所必需的原初能量不必被创造,只要将负能量储入另外的某个系统,就会有原初的能量;第二,空间和时间不是由创生而来的,而是一直就存在的。

　　稳态模型在哲学上对很多科学家有极大的吸引力。这些科学家们

为这一模型的优美、简洁所吸引。然而，天文学的进展了结了这一理论的所有简洁版本，1965年发现的宇宙背景热辐射道道地地成了钉在装殓这一理论的棺材上的最后一颗钉子。不过，它仍然是一重要的理论，因为它证明，一个既不是突然创生、也不会有热死的宇宙在逻辑上是可能的，而且，在这样的一个宇宙中，一切过程、包括物质出现的过程，都可以在自然的机制中找到原因。

现代宇宙学为天地的创始提供了强有力的物理证据，这一事实很让宗教思想家们满意。然而，光有天地创始还不够。《圣经》告诉我们说，上帝创造了宇宙。科学能够对大爆炸的原因提出任何解释吗？这个问题，就是下面一章的主题。

第3章
上帝创造了宇宙？

我想知道上帝如何创造了这个世界。

　　　　　　　　　　　　　　　　爱因斯坦

我用不着这样的假说。

　　　　　彼埃尔·拉普拉斯《致拿破仑·波拿巴》

　　最近，一家著名的期刊以大字标题宣布："天文学家们发现了上帝！"那篇文章的主题是大爆炸以及我们在了解宇宙极早期方面的新近进展。在通俗报刊文章里，宇宙创生的本身就被认为是足以揭示出上帝的存在的。但是，宇宙的创生难道真的是表示着上帝造成了宇宙的创生吗？能不能设想一种没有上帝的宇宙创生？难道现代物理学真是终于要揭示出物质宇宙的局限，并迫使我们去乞灵于超自然的东西吗？

　　创生（Creation）[1] 这个词有许多意思，清楚地辨明其众多意思之

----

1. Creation，在英文中有"创造"，"创作"，"发生"之类的意思。英文《圣经》中，上帝造天地、造人，用的一般都是 Creation 或其同源词，因而这个词很有宗教意味。所以，本书的作者要在这里专门澄清 Creation 的意思。——译注

间的区别是很重要的。宇宙的创生可被认为是表示突然之间，物质从那混沌的、无结构的原始形态被组织到现在我们观测到的复杂的秩序和活动中。宇宙的创生也可能真的表示在先前无形的虚空中创造出物质。或者，宇宙的创生也可表示整个的物质世界，包括空间和时间，从无中突然出现。另外，还有生命及人的创生问题，我们后面再谈。

《圣经》上说上帝"头一日"创造了宇宙，但没有讲明当时具体是怎么回事。现在，实际上有两种上帝造天地的说法，但两种说法都没有明确地说，用来造恒星、行星、地球以及人的身体的物质在造天地这件事之前就存在了。基督教教义中有历史悠久的一条，这就是相信上帝从无中创造出宇宙间的物质。倒也是，假如认定上帝无所不能，便得相信这一点。这是因为，假设上帝没有创造物质，这就是暗示，上帝在进行创造的过程中受到了原材料的性质的限制。

20世纪之前，科学家和神学家都认为，物质是不能用自然的方法创造（或毁灭）的。当然，物质的形态有变化，比如，在化学反应的过程中，物质的形态发生变化，但物质的总量被认为总是恒定的。科学家们在面对物质起源这道难题时，倾向于相信宇宙的年龄是无限的，这就避开了创造物质的问题。在永恒的宇宙中，物质可以是一直就存在的，于是，物质的起源这道难题也就被绕开了。

那种认为物质不可能以自然的方法创造出来的信念，在20世纪30年代戏剧性地崩溃了。当时，头一次在实验室里造出了物质。导致这一发现的事件便是现代物理学处于全盛时期的最好例证。

　　这一发现过程的故事，如同其他很多同类的故事一样，是由爱因斯坦在1905年开的头。他那有名的 $E=mc^2$ 方程式就是"质量与能量等同"这一陈述的数学体现。质量有能量，能量有质量。质量是物质的定量，说一物体的质量是多少，就是说它有多少物质。质量大就意味着沉重，难移动；质量小就意味着轻快，容易移动。质量等同于能量这一点就意味着在某种意义上说，物质是"被锁闭的"能量。如果能找到什么方法把它释放出来，物质就会在能量的爆炸中消失。反之，如果想办法把能量集中起来，就会出现物质。

　　爱因斯坦的方程式是他相对论的一个副产品，在一开始进行构思时，该方程式所涉及的是以接近光速的超高速运动的物体性质。根据相对论，某物体运动所耗用的能量应该使该物体显得变重了（质量增加）。当物体以平常速度运动时，质量的增加是微小的，因为一丁点质量就相当于很大很大的能量，举例来说，1克质量相当于以目前的价格要花10亿美元才能买到的能量。然而，现代亚原子粒子加速器却能把电子和质子的速度提高到十分接近光速，获得这样的速度之后，人们观测到电子和质子的质量增加了几十倍。

　　当然，质量随着速度的增加而增加还不是物质的创生，只不过是现存的物质增加了重量而已。保罗·狄拉克1930年前后进行的划时代的数学推导，使得通过聚集能量造出全新的物质粒子的可能性出现了。狄拉克当时正试图将爱因斯坦的相对论及其 $E=mc^2$ 与20世纪物理学的另一重大革命——量子论——调和起来。量子论涉及的是原子及亚原子物质的行为。描述近于光速运动的亚原子粒子，需要有一个统一的相对论量子论。能量的放射性发射就产生接近光速运动的亚原子。

　　狄拉克进行了数学分析之后，提出了一个新方程式来描述高速的原子物质。该方程式立刻获得了成功，解释了一个当时一直令人困惑的电子的特征，即电子总是以与常识和基本几何完全相悖的方式旋转。粗略地说，一个电子得自旋两周才能再现出同一个面孔。狄拉克方程式又是一个好例，说明在探寻基本物理学的抽象世界时，数学如何必须取代直觉。

　　然而，狄拉克的方程式却还有令人不解的一面。方程式的各个解答正确地描述了普通电子的行为，但每一个解答都伴有另一个解答，这种相伴解答在已知的宇宙里似乎没有任何对应物。只要稍微发挥一下想象力，就可能想出这未知的粒子是怎样的东西。它们的质量和旋转方式与普通的电子一样，只不过所有的电子都带负电荷，而这些神秘粒子却要带正电荷。它们的其他特征，如它们的旋转，也要与电子相反，使这种新粒子成为电子的一种镜像。

　　更有意思的是狄拉克的预言。他预言说，假如能聚集起足够的能量，以前没有这种粒子的地方就会出现这么一个"反电子"。为了电荷守恒，出现这么一个"反电子"的同时，必定也得出现一个电子。这样，能量就可以电子–反电子的形式直接用来创造物质了。

　　大约在这个时候（1930年），物理学家赵忠尧正用铅之类的重材料做γ射线（高能光子）穿透力的试验。他注意到，最有力的γ射线被一种无法理解的高效率减弱了。γ射线被额外吸收，其原因当时对赵来说是个谜。但我们现在知道，那是因为生产电子－反电子的缘故。

后来，到了1933年，卡尔·安德森在用金属薄板研究宇宙线（即来自宇宙空间的高能粒子）时，头一次明确地发现了狄拉克所预言的反电子。在实验室里的受控实验中，物质被造出来了。接着很快证实了，新发现的粒子具有已预言过的一切特征，于是，狄拉克和安德森因这精彩的预言和发现分享了一项诺贝尔奖。

在其后的年月里，制造电子和反电子（反电子通常被称为正电子）成了范围广泛的实验室实验过程中的家常便饭。第二次世界大战之后，亚核粒子加速器的发展也使得受控生产其他种类的粒子成为可能。反质子、反中子也制造出来了。今天，正电子和反质子可以大批量制造，并被储存在磁"瓶"里。镜像粒子或曰反粒子都被称为反物质。现在，人们在物理实验室里例行公事般地制造反物质。

有了这些事实做后盾，人们似乎摸到了门路，可以对一切物质的本源给出一个自然的解释了。发生大爆炸时，有大量的能量，使物质和反物质得以断续地大量产生出来。最后，爆炸热冷却下来，这些物质就聚集成恒星和行星。不幸，这简洁干净的解释却有个大漏洞；因为物质遇上反物质时，两者会彼此湮灭，同时会有剧烈的能量释放，而这正与物质创造的过程相反（图4）。

因而，由物质和反物质混合组成的宇宙是极不稳定的。在我们的星系中掺加反物质得有非常严格的条件限制，因而，反物质的量是微乎其微的。

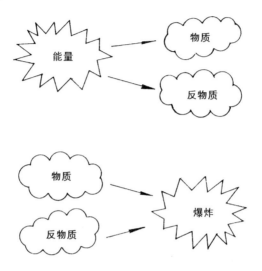

　　图4 在实验室中，可以用能量创造物质，但是，物质总是与等量的反物质一起出现的。当物质和反物质相遇时，就会发生爆炸，使双方湮灭。同时放出锁闭在物质中的能量。人们不知道，宇宙间的一切物质是怎么被创造出来，同时又没有掺上可以使其爆炸湮灭的反物质

　　那么，那些该有却不在的反物质都到哪里去了呢？在实验室中，每造出一个粒子，就必有一反粒子。照理说，宇宙中的物质与反物质之比该是一比一，但多次观测的结果却排除了这照理说是该有的事。有些天体物理学家提出一种假说，认为物质和反物质不知怎么彼此分离开来，彼此天各一方了。这些天体物理学家试图以这种假设来解释反物质的失踪之谜。或许，一些星系是由反物质组成的，另一些星系是由物质组成的。然而，迄今为止，还没有人提出过令人信服的物质与反物质的分离机制。因而，对称宇宙论失宠了。

　　于是，那些坚持认为大爆炸与宇宙创生是一回事的科学家们，显

然就必得假定，某一超自然的过程以违反一切物理学定律的方式，把没有反物质相伴随的物质注入宇宙。然而，"在奇点处一切定律都失去了效用"这一类的含糊其辞，并不能减轻人们的疑虑。

但最近，出现了一条或许能走出这一困境的路径。尽管在实验室条件下，物质和反物质总是成双产生的，但在大爆炸的超高温条件下，很可能可以多出一点点物质。那种试图对自然界的四种基本力给以一个统一的描述的理论研究，使人们产生了上述的想法（在第11章里，还要对此进行较为详尽的讨论）。根据理论计算，在温度高达 10^{27} 度时（这一温度只能在宇宙创生的头 10^{-36} 秒才能达到），每产生10亿个反质子，同时就会产生十亿零一个质子。同理，电子也会比正电子多出十亿分之一。

虽然只多出这么一小点，但其意义却十分重大。在后续的大厮杀中，10亿成对的质子和反质子彼此湮灭，留下了一个未配对的质子和一个孤立的电子。这些近乎是大自然计划外的添加物的剩余粒子，就变成了后来构成所有星系的物质，所有的恒星和行星，还有我们人类本身，都是由这些物质构成的。根据这一理论，我们的宇宙是由微量剩余的非均衡物质构成的，这些物质是那难以想象的瞬间大爆炸的残留物。

如同一切好理论一样，物理学家们觉得，这样解释物质的起源有相当的说服力。但到哪里去找硬邦邦的证据呢？

现在似乎有了两个可验证的计算结果。第一个结果与大爆炸之初的10亿个粒子与反粒子大规模互相湮灭有关。10亿个粒子和反粒子相互湮灭之后，还会剩下一个多余的粒子，同时，伴随湮灭所释放出的能量也必会留存下来，很可能就是以热的形式留存下来。正如我们在前面的一章里讲到的那样，宇宙确实是浸泡在大爆炸所留下的热辐射里。那么，把每一现存的原子的热能加起来，看看其数目是否与十亿分之一的计算相符合，这是很简单的事。结果发现数字的确相符，至少可以用很说得通的模型来找出一致性。因此，这一理论不但解释了物质的起源，而且也说明了宇宙的确切温度。这确实是项了不起的成就。

然而，还需要更进一步的证实，才能够有把握地宣布物质的创造不是来自神。假如实验室能够提供某种直接的证据，证明物质与反物质之间确有明显的不对称，那将会最让人信服。我们很可能快要幸运地获得这样的证据了。

预言物质产生会有微量剩余的理论，也同样预言：根据产生微量剩余物质的机制，也会有物质的自发性微量毁灭。这种理论认为，在极长的时间里，质子会衰变成正电子，而正电子会进而湮灭电子。这样，一切物质最后注定要归于消失。但其时间尺度是如此之长，以致一个人的身体在其一生中平均才失掉大约一个质子。为了验证这一理论，科学家们正在地下深处（为的是消除宇宙线的干扰）研究观察极大量的物质，试图揪住一个正在消失的质子。因为这样的研究观察过程从根本上说是统计性的，所以要耐心地等上几个星期才能观测到偶然的反常衰变，要知道，一个质子的平均寿命至少是10^{30}年。这研究观察过程的原理就是堆积起成千上万吨的物质（这些物质就代表着大量的质子）以找出偶然的随机事件。现在，正在进行着好几个这样的试验，而其中至少一个实验已经显示出一些可能的质子衰变事件。

任何人若想从物理现象中推导出上帝的存在，都得面临一个基本的问题，这问题就是物质的起源。物质在没有反物质的情况下出现，这在先前似乎是奇迹，现在却根据进步了的科学知识，似乎用普通的物理道理就可以解释了。不管某一具体事件是多么令人惊讶，多么不可解释，谁也不敢绝对有把握地说，在将来某一遥远的时刻，人们找不到一个自然现象来解释那令人惊讶的事件。

那么，上述的那些科学进展真正意味着我们可以用自然过程来解释宇宙的创生了吗？对于这个问题，很多神学家持强烈的否定态度。我们所描述的那些过程，并非从无中创造出了物质，而是将先前存在的能量转化成了物质。我们仍需要首先解释那用于创造物质的能量是从哪里来的。这难道真是得用超自然的解释吗？

然而，讨论从物质转向能量的时候，人们得小心谨慎。能量是个相当难把握的概念，尤其是在现代物理学中。什么是能量？能量可以有很多不同的形式，例如很可能只是运动。在实验室里，粒子可以以极高的速度碰撞，于是，以前只有两个粒子的地方，会出现四个粒子。新粒子的出现，是以那两个原先的粒子的速度降低为代价的。把那无形的运动转化成有形的物质，就很有从无中创造有的味道。

还有一种可能性更令人惊讶，这就是从能量为零的状态中创造物质。之所以会出现这种可能性，是因为能量既可以为正，也可以为负。运动的能量和质量的能量总是正的，但引力的能量，如某些引力场或电磁场的引力是负的。有时会出现这样的情况，创造新生物质粒子质量的正能量正好被引力或电磁力的负能量抵消了。例如，一个原子核附近的电场很强，假如能够造出一个含有200个质子的原子（这是可能的，但很困难），整个系统就会变得不稳定。这时即使没有任何能量输入，也会生出电子正电子对，这是因为，新生的粒子对所发出的负电能可以恰好抵消其质量中含有的能量。

引力场的情况就更奇特了，因为引力场只不过是空间弯曲，是弯曲的空间，锁闭在空间弯曲中的能量可被转化成物质和反物质的粒子。这种情况现在在黑洞附近就有，而且很可能是大爆炸时粒子的最重要来源。这样，物质就自发地从空空如也的空间里出现了。于是问题就来了，到底是原初大爆炸具有能量？还是整个宇宙是一种能量为零的状态，其中一切物质的能量已被引力场引力的负能量所抵消？

简单地计算一下可能就能解决这个问题。天文学家们能够测量诸星系的质量，星系间的平均距离，以及它们退行的速度。把这些数字代进一个公式，就能得出一个数字，而某些物理学家已经把这个数字解释成宇宙的总能量了。这个数字在可观测的精度里的确是零。为什么会有这样的结果？宇宙学家们长久以来一直迷惑不解。有些宇宙学家提出，有一个深藏不露的宇宙原理在起着作用，根据这一原理，宇宙的能量就得恰好为零。假如真是这样，宇宙就可以走那阻力最小的路，用不着输入任何物质或能量就可以诞生了。

有一事实使问题更复杂化了。这事实是：当引力存在时，能量是不能确切地规定的。在某些情况下，可以把某一封闭系统所受到的引力影响看成是无限远,以此来确定该系统中的总能量。但在一个空间有限的宇宙中,如我们在上一章简短讨论过的爱因斯坦所提出的宇宙模型中,这种办法就完全失效了。在这样一个封闭的宇宙中,宇宙的总能量是个无意义的量。

上面所讲的从空空如也的空间中或许连能量也不用输入就自然产生物质,这一类的例子真能使人们不用神学也能解释宇宙的创生吗?有人或许会说,科学仍没有解释空间(及时间)的存在。物质的创造长久以来一直被认为是神的行为结果。即使现在可以用普通的科学知识来解释物质的创造了,但是,为什么会有宇宙,为什么首先得有时间和空间,然后物质才能从中产生出来,解释这类问题难道只能求助于上帝吗?

那种认为宇宙作为一个整体有一个原因,而这原因就是神的看法,是由柏拉图和亚里士多德提出来的,经过托马斯·阿奎那的发展,在18世纪由莱布尼茨和塞缪尔·克拉克使之臻于完善。这种看法,通常称作上帝存在的宇宙论论证。这宇宙论论证有两个变体,一个是我们将在本章里讨论的因果论证,一个是将在下一章里讨论的从偶然性出发的论证。大卫·休谟和伊曼纽尔·康德对宇宙论的论证持怀疑态度,而伯特兰·罗素则对之进行了严厉的攻击。

宇宙论论证的目标有两个。一个是确立"第一推动者"的存在,有了第一推动者就可以解释世界的存在。另一个目标是证明这第一推动者就是通常的基督教教义中的上帝。

宇宙论论证的推理过程是这样的：毫无疑问，每一事件都必有一个原因，但原因的链条不可能是无限的，所以万物必有一个第一因。这第一因就是上帝。必须说明的是，宇宙论论证有很多变体，而且其意义也有很多微妙的解释，因此，多年来关于宇宙论论证的辩论已经变得繁复难解了。在这里，我不想对辩论的各方进行一番公允的评价，我只是想说，宇宙论的论证受到了人类历史上一些最伟大的天才们的注意，但这并没有使辩论的双方避免犯一些逻辑上和哲学上的大错。我们这里要做的，是用现代科学的观点重新研究因果链假说。

我们不妨研究一下宇宙论论证的第一步：每一事件都有一个原因。克拉克曾声言："最令人百思不解的是，世上竟然有东西，而且与没东西相比，有东西是毫无道理的。"[1] 可以说，人们通常都是假定，每件事的发生都是由另一件事所造成的，一切进入存在的东西都是由一些早已存在的东西造成的。这似乎很有道理，但事情果真如此吗？

在日常生活中，我们很少怀疑一切事件都有原因。一座桥坍塌了，那是因为它负荷过重了；雪融化了，那是因为空气热起来了，一棵树长出来了，那是因为种下了树种，等等，不一而足。但是，会不会有些东西没有原因？

考虑考虑上面的断言吧："一切进入存在的东西都是由某种东西造成的。"假如某种东西从来没有进入存在，而是一直存在着呢？这样的东西确实可以想得到，例如，稳态宇宙中的空间就是。一个永恒存在的东西、一个从来没有不存在的东西是否有一个原因，这样的问题难道有什么意义吗？人们可以追问："为什么这东西存在？"若是回答："它一直存在。"这样的回答未免有点蹩脚。因为人们完全可以设想这东西可能不存在，所以不管其年龄多长，询问它为什么存在而不是不存在似乎也是很合理的。因此，照某些人看来，取消创生（如稳态的宇宙就用不着创生）并不能排除解释宇宙为什么存在的必要性。

我们现在暂且放下永恒存在的东西，专门考虑一下东西开始存在的情况吧。某个东西能从无中产生吗？我们说过如何从空空如也的空间产生出粒子，但是，那是因为有空间弯曲。要想说出粒子的起源，我们就得说出空间是从哪里来的（假如空间不是一直存在的话）。有些人或许会提出疑问：空间算不算一种东西？不错，很难想象托马斯·阿奎那或莱布尼茨把空间看作是因果链的一部分。不过，我们继续往下想吧。是什么使得空间在大爆炸中突然出现？是奇点？但奇点肯定不是一种东西。奇点只是一种东西（时空）的边界。此路不通。

每一事件都有一个原因吗？某种东西在没有任何在先的作用力或任何合理的理由的情况下能够出现吗？报纸上常常大肆宣扬"天空中发现无法解释的物体"。然而，这并不是说那些空中的现象没有解释，而只是说目前没有已知的解释。不幸的是，目前难以看到"每一事件都有一原因"这个断言一朝会被确凿地证明是假的，因为若想证明其为假，就不但得找出一个没有原因的事件，而且还得进而证明，不管人们对宇宙的了解有多详尽，不管人们对自然界的知识有多深入，仍是不可能找到任何原因的。这似乎是不可能做到的事。谁能有把握地说，那令人迷惑不解的事件不是由某个完全隐蔽、极其罕见、从未出现过、难以察觉的偶然过程造成的？

　　在证伪"每一个事件都有一原因"这一说法方面，进展最大的学科是量子力学。我们在第8章就可以看到，在亚核世界里，粒子的行为通常是不可预测的。你不可能确切知道，一个粒子在这一时刻和下一时刻之间要干什么。假如人们要选择一亚核粒子到达某一具体位置作为一个事件，那么，根据量子论，该事件就是无原因的，意思是说，它本质上是不可预测的。不管我们对作用于该粒子的所有的力以及所有的影响了解多深，我们仍无法说该粒子到达规定的位置是由某种其他的东西"造成"的。该粒子的运行轨迹本质上是随机的。它只是毫无节奏又毫无理由地突然在那里蹦出来。

　　某些（少数）物理学家对量子论的这一观点不以为然。爱因斯坦用一句名言反驳它道："上帝不掷骰子。"在这些物理学家的心目中，每一事件都应该是由这种事或那种事造成的。即便是在亚核层面上也是如此。令人吃惊的是，现在已能够进行一项试验，证明原子系统在本质上的确是不可预测的，除非影响的运行速度超过光速。"上帝"确实掷骰子。只要大自然没有玩弄异常的把戏来搞乱这些试验结果，那么，上帝掷骰子的说法就近乎有相当坚实的理由。

　　因而，假如人们承认，量子事件个别地来看是没有直接的原因的，那么，物质创生这一量子过程的经典例子也能说是没有物理原因的吗？从某种意义上说，是没有物理原因。单个的粒子会以不可预测的方式突然出现，你没法知道它在哪个时刻、哪个位置出现。然而，该粒子的行为尽管放荡不羁，却仍然受制于概率的规则。假如有某一程度的空间弯曲，那么某个粒子就很可能在某一时间出现在某一空间区域。但谁也说不准它什么时候、在哪里出现。反过来说，那个粒子也有确定的机会现在就在你的起居室里突然蹦出来，尽管这概率非常之小。在量子世界里，这种事随时都有发生。粒子创生的概率决定于空间弯曲的度数，这一事实就意味着某种大致的因果关系。空间弯曲使得粒子的出现更为可能了。是否应严格地把这看成是粒子出现的原因，这在很大程度上是个语义学问题。

有人或许会提出异议，说我们讨论的中心问题是"整个宇宙是否有个原因"，而不是电子的创生或电子到达某一位置是否有个原因。某些物理学家无疑会回答说，整个宇宙也是受量子原理的制约的。但这么一来，我们就得扎进那令人心烦的量子宇宙学，而这门学科本身也有一大堆自洽的问题（在第16章里才能进一步讨论这一问题，我将提出一个量子方案，或许可以解出宇宙起源的难题）。现在，我们暂且撇开量子论，承认整个宇宙可以说有一个原因，那么，其原因是什么呢？是上帝吗？

现在，我们往下来研究一下宇宙论论证的第二步：不可能有一个无限长的因果链。链条总有个头。星系是由旋转的星云形成的，星云是由原初的氢气形成的，氢是由大爆炸的一瞬间产生的质子形成的，质子是由空间弯曲形成的。人们总是认定这因果序列一定有第一项。阿奎那写道：

> 在可观测的世界中，人们发现因果是排列有序的；我们从未观察到，也永远不会观察到某种东西是它自己的原因，因为真是它自己的原因的话，这就是说它先于它自己，而这是不可能的。然而，因果序列必有一尽头，因为在一

因果序列中，前一项是中间项的原因，中间项是末项的原因（中间项是一项还是多项无所谓）。若消除一个原因，这原因引起的结果也就消除了。因此，假如没有第一项原因，就不可能有末项原因，也就不可能有中间项原因。假如该因果序列是没有尽头的，因而也没有第一项原因，那么，也就不会有中间项原因，不会有最后的结果，而这显然是错误的。因而，人们就只有设想有个第一因，大家都把它称作"上帝"。[2]

在争辩说因果链不可能没有尽头的过程中，阿奎那和克拉克都没有以因果链本身是无限的为理由进行反驳。这两位思想家提出他们的论点的背景是，当时的人们认为宇宙是永恒的，年龄是无限的，大家都愿意把宇宙创生的证据寄托在"神的启示"上，而不愿为此进行理性的探讨。相反，他们提出的异议似乎是，一条把整个宇宙也贯穿其中的无限长的因果链据信是不可能的：

> 假如我们思考一下一个这样的无穷序列……显然，这整个一系列的实在物不可能有外部的原因；因为这序列据认为是包括了宇宙中一切现有的和已有过的东西；再者，这序列的存在显然不可能有内部的原因，因为这无限序列中的每个实在物都不能被认为是独立存在的或必然的……而是每个实在物都要依存于前一实在物……因此，一个相互依赖的实在物的无限序列，若没有任何原初的独立原因，它就是没有必然性、也没有内部或外部原因的一系列实在物：这就是说，它是一个显然的矛盾体，是不可能的事。[3]

由相互依赖的实在物构成的无限序列，不那么严格地说就是一个无限的因果链，它的存在需要有个解释（这因果链包括了一切存在的东西，因而就找不到解释），这种看法受到了哲学家们尤其是休谟和罗素的激烈攻击。罗素与柯普莱斯顿神父在英国广播公司电台进行了一场有名的辩论。罗素这样陈述他的论点："每个存在的人都有一个母亲……但人类显然没有一个母亲。"简单地说，他认为只要解释了序列中的每个个别成员，那么，根据事实本身，也就解释了整个序列。因为因果链的任何一环的存在，都依存于某个或某些前面的链，这样，无限因果链的每一环都得到了解释。要求说出整个宇宙的一个原因与要求说出宇宙中某一个别物体或事件的原因，这两者在逻辑上不是一回事。

事实上，"集合的集合"这个题目难对付是有名的。假如一集合被无害地定义为任何（具体或抽象的）事物的集，那么，就像罗素用他那有名的悖论所表明的，一个由集合构成的集合根本就算不上是个集合！比如，我们可以把某一图书馆的书的总目录看作是一个集合，但是，目录本身要不要列入目录？有时候要。我们把这种目录本身也列入目录的目录，叫作"Type Ⅰ"，把目录本身不列入目录的目录叫作"Type Ⅱ"。我们再把存在中心图书馆的主目录看作由集合构成的一个集合。这主目录的功用是，列出一切 Type Ⅱ 目录，主目录是目录的集合。这够合理的吧？不幸得很，那由所有 Type Ⅱ 目录组成的集合是自相矛盾的。我们只要问一问"主目录本身是 Type Ⅰ 还是 Type Ⅱ，"我们马上就可以发现其自相矛盾。假如主目录是 Type Ⅱ，那它就不包括它自己。但主目录按其定义是列出了一切不包括自己（Type Ⅱ）的目录的。因此，主目录包括它自己，因而它是 Type Ⅰ。但这也不可能，因为主目录只是列出 Type Ⅱ 目录，因此，假如主目录是 Type Ⅰ，它就不能列上它自己。因此，它没有列上它自己，它是 Type Ⅱ，结果：自相矛盾的废话。

上述的要点是，由现存事物构成的整个宇宙这一概念是微妙的。目前不清楚宇宙是不是个事物，而假如把它定义为事物的集合，就会有悖论的危险。这一类的问题布下的陷阱，等待着所有试图从逻辑上证明上帝的存在是一切事物的原因的人。

即便承认宇宙论论证，承认宇宙肯定有一个原因，但把原因说成是上帝却仍有一个逻辑困难，因为人们接着可以问："什么是上帝的原因？"对这样的问题，通常的回答是："上帝不需要原因。上帝是必然的存在，其原因要在其内部寻找。"宇宙论论证的基础，就是设定一切事物都必有一原因，然而其结论则是至少有一个事物（上帝）不需要原因。因此，宇宙论论证似乎是自相矛盾的。而且，假如人们准备承认某个事物（上帝）可以在没有外在原因的情况下存在，那还有什么必要去唠叨那无穷无尽的因果链？宇宙为什么就不能在没有外在原因的情况下存在？设想宇宙是其自身的原因比起设想上帝是其自身的原因来，难道还需要更大的巧思吗？

> 假如我们停下来，不再往前走（走得比上帝还远），那又何必走到这一步呢？为什么不在物质世界处停下来？……我们设想它在其自身内部包含了它的秩序原理，我们实际上就是断言它是上帝。[4]

休谟的这段话使人想起许多科学家所持有的模糊信念："上帝就是大自然"或"上帝就是宇宙"。

　　或许，对因果变体的宇宙论论证最厉害的反驳是这一事实，即因与果是牢固地嵌入时间概念中的概念。然而，正如我们已经看到的那样，现代宇宙学提出，宇宙的出现牵涉时间本身的出现。通常公认，原因在时间上总是先于结果。例如，放了枪之后，靶标才破碎。这样，按照通常的因果意义谈论上帝创造宇宙显然是无意义的。假如创造宇宙的行为牵涉创造时间本身的话，如果没有"以前"，大爆炸就不可能有自然的或超自然的原因（通常意义上的）。

　　圣·奥古斯丁（354—430）似乎很明白这一点。有人认为，上帝等待了一段无限长的时间，后来挑了个吉祥的时刻创造了宇宙。圣·奥古斯丁嘲笑了这种观点。他写道："世界与时间都有一个开始。世界并不是在时间中被创造出来的，而是与时间一起被创造出来。"[5]考虑到在奥古斯丁的时代，人们对时间空间的各种错误看法，那么，奥古斯丁的确了不起，他预言了现代宇宙学的观点。

　　奇怪的是，奥古斯丁对创世纪的深刻见解，在13世纪基督教会接受了古希腊传统的影响之后，却受到了挑战。在后来的争议中，第四次拉特兰会议（1215）反驳了亚里士多德关于宇宙年龄无限的哲学，认定宇宙在时间上确有开始，并以此作为基督教的一个信条。但即使在今天，神学家们对圣经的创世纪仍是见解不一。

　　有一个超越时间的上帝存在的假定所带来的问题是，尽管这么假定会使上帝来到"此地此时"，但大部分人认为上帝只有在时间的框架中才有意义。难道上帝不能做计划，应答祷告，对人类行进的路程表示喜悦或担忧，然后再进行审判吗？难道他不是不停地在世界上活动，做工作，"给宇宙机器的齿轮上油"，以及干诸如此类的事吗？上帝的这一切活动，若不是在时间的构架里就全无意义。若是不在时间之中，上帝怎么能计划、行动？假如上帝真是超越了时间，因此预知了未来，他为什么还关注人类的进步或关注与罪恶的斗争？结果他早就知道了的（我们将在第9章里再来讨论这个问题）。

事实上，正如我们已经看到的那样，上帝创造了宇宙这一观念本身，就指的是一个发生在时间之中的行动。我上课讲宇宙学时，常有人问我大爆炸之前发生了什么事。我的回答是，没有大爆炸的"之前"，因为大爆炸就代表了时间本身的出现。我的回答受到怀疑——"肯定是什么事引起了大爆炸"。但因果是时间概念，是不能应用于其中不存在时间的状态的。因而，大爆炸之前发生了什么事之类的问题是没有意义的。

假如时间的确有一个开始，那么，谁要想用原因来解释时间的开始，就必须求助于一种更广泛的原因概念，这概念与我们日常生活中所熟悉的原因概念是不同的。一个可能就是不再要求原因总是先于结果。原因能够逆时间而动，造出先于它的结果吗？当然，改变过去，这种概念是充满了悖论的。比如，设想你能够影响19世纪的事件来阻止你自己的出生，这岂不荒唐？然而，现代物理学确有若干理论涉及逆动因果关系。假设的超过光速的粒子（叫"速子"）就能有这种逆动的因果。为了避免悖论，人们可以设想原因和结果之间的联系是非常松的，而且是不可控制的，或者，其联系是难以捉摸的。我们就要看到，量子论需要一种反过来的时间因果关系。比如，今天进行的一项观测可以影响到遥远的过去的实在建构。约翰·惠勒曾对此强调说：

"量子原理表明，从某种意义上看，一个观测者在将来做的事就决定了过去发生的事，甚至那过去是如此遥远，远到连生命都不存在。"[6]

就像人们在量子论中不得不做的那样，惠勒在这里以一种根本性的方式引入了精神（"观测者"），因而涉及了宇宙演化后期出现的精神与宇宙的创生的关系问题：

> 假如宇宙在其未来的历史中，不能保证在某处及某一小段时间里产生生命、意识以及观测者，那么，宇宙诞生的机制岂不是无意义或不可探测，或既无意义又不可探测的吗？[7]

惠勒希望，我们可在物理学的构架中，发现一个使宇宙能"自动"诞生的原理。在探索这样的理论的过程中，他说："任何指导性原理似乎都不如要原理为宇宙诞生提供一种方式这种要求更为有力。"[8]惠勒把这种"自发"宇宙比作电子学中的自激电路。

即便是能从某种晚近的自然能动性（不管它是精神还是物质）里发现时空创生的原因，也难以明白宇宙怎么能自然地从无中创造出来。仍然得要有一些"原材料"，来供精神或其他什么东西进一步进行追溯性工作。惠勒指出，空间和时间都是合成的结构，就是说，二者都是由他叫作前几何（pregeometry）的构件构成的。其他许多物理学家也指出，空间与时间不是基本的概念，而是些近似值。正如表面上看去是连续的物质实际是由原子构成的那样，时空或许也可能是由一些更基本、更抽象的实体构成的。这可能是试图发现引力的量子论的一个结果（引力只不过是时空几何而已）。在某些极端的物理条件下，假如在大爆炸之初，时空可能"分离开来"，从而暴露出其内部构件。用时间之前的语言说就是，大爆炸可能就是一个事件，在该事件中，那些"齿轮"紧密地结合起来组成一种外表看来是连续的时空。根据这种观点，大爆炸是空间、时间及物质的开端，但不是物理学的界限。在大爆炸之外（不是在其"之前"，因为没有之前），存在着一些没有装配起来的"齿轮"，一些形而下的东西，但不在时间或空间中。

宇宙如何诞生，询问宇宙是否有某种原因这类问题是否有意义，在这些话题结束之前，我们必须考虑回答"是"的可能性，但宇宙的某种原因不一定是上帝。正如我们早先说过的，宇宙论论证的第二部分是想论证宇宙的创造者就是上帝。但现代物理学却发现了两个新的可能性，这是宇宙论论证辩护者从未能想到的。

前一章解释过，物质的创生如何用膨胀的空间（空间弯曲）就可以予以充分的说明。而且，空间伸缩力现在似乎不存在界限。最微小的区域能无限地膨胀。在宇宙创生后的十亿分之一秒，我们目前所观测到的宇宙（共 10^{27} 立方光年）蜷缩在大约太阳系大小的体积里。在更早些的时刻里，宇宙的体积更小。因而，空间可能是从无中产生出来的，物质则可能是从空间产生出来的。但人们觉得，肯定是个什么东西使无限小的微粒一样的宇宙开始爆炸性地膨胀开来，而这就是我们追寻奇点、因果关系等的所在。

然而，还有另一种解释，可以解释我们由空间和物质构成的宇宙。这种解释可以粗略地称之为"能繁殖的宇宙"。这里最好用类比来描述。因为空间是有伸缩性的，我们就不妨设想它是块胶皮（胶皮只是二维的，而空间则是三维的。这是个概念性缺憾，但在逻辑上没有问题。我们即将描述的东西也适用于三维，但不能在三维里形象化）。

图5表示了一系列步骤。首先，胶皮上有块凸起。接着，凸起膨胀起来，同时，一直有一狭窄的"颈部"使凸起与胶皮相连。凸起变成气球状。现在，设想与胶皮相连的颈部收口，最后，口收到一起，使气球完全封闭起来。最后，颈部断开，气球与胶皮分离开来，使颈部再次恢复成一块连续的胶皮。这胶皮实际上生出了一块完全独立的、与自己不相连的胶皮（气球），而这气球然后又可以无限膨胀。需要的话，这新生的气球本身也可以用来生出其他的气球。

图5 爱因斯坦的广义相对论所提出的空间伸缩性，允许"子宇宙"（气球）从"亲宇宙"（胶皮）中生长并分离出来。这种拓扑变化是在近来的某些理论中被提出来的，但没有得到人们很好的理解

假如我们将我们的宇宙 —— 我们用物理方式所能达到的一切空间 —— 看成是那个"新生的气球"，那么，可以肯定，我们这宇宙并不是一直就存在的：它是被创造的。然而，其创造者仍然可在自然的物理过程中找到，即创造者是一种创造机制，该机制的本源在"母胶皮"中。那胶皮我们也不是完全不能理解，只不过它是在我们的时空之外，因此我们不能在我们的宇宙之中找到它存在的原因，但这里面牵涉不到上帝。

　　从这一理论中生发出来的中心问题是，那通常被看作是"宇宙"的东西，事实上可能只是一不连续的时空片断。可能有很多甚至是无限多的其他宇宙，但它们在物理上都是其他宇宙所接近不了的。假如这么定义"宇宙"，那么，对我们的宇宙的解释就不在我们的宇宙之中，而是在其之外。但这么解释宇宙不涉及上帝，只涉及时空和某个怪异的物理机制。

　　最近在若干理论研究中，提出了这样一个机制[9]。在极热的条件下，可以想象空间会变得不稳定，从而以这样的方式"生出"其他的"气球"。人们甚至可以想象，有一个有着足够发达技术的集体，有意地操纵新宇宙的创生。然而，理论纯正癖者无疑会提出异议，说关于宇宙创生的这种假说只是一个假解释，因为它仍是没有解释"胶皮与气球"的总体。说得不错，是这么回事。但上面的"胶皮"例子的确说明，原则上我们在宇宙中所能察觉到的一切事物，可能仍是由自然的原因在一段有限的时间以前造成的，在我们时空之外的东西（假如真有的话）不一定就完全是超自然的。

　　以上的这一通分析，对我们寻找造物者上帝又有些什么帮助呢？假如我们坚持那种简单的原因概念，不管宇宙的年龄是否是无限的，不管宇宙在时间上是否有个确定的起点，在这种情况下，那种认为万物都有一个第一原因的论点是容易受到严肃的怀疑的。奇异的机制，诸如逆动因果性或量子精神过程，可能会消除宇宙创生的首要原因的必要性。但人们仍然觉得找不到第一原因就不舒服。神学家理查德·斯温伯恩写道：

假如宇宙的年龄是无限的，因此每一时刻宇宙的每一
状况都可用宇宙先前的状况以及自然法则予以完整的解释
（因而这就用不着上帝了）；在无限的时间里，宇宙的存在
就有了完整的解释甚至是完全的解释；谁要是这么想，那
可就错了。宇宙没有解释，什么解释也没有。它是完全不
可解释的。[10]

为了说明这一点，我们可以设想马是一直就有的：每一匹马存在
的原因可以由其亲马的存在来解释。但我们并没有解释为什么会有
马 —— 为什么世上会有马，而不是没有马，或为什么有马而没有比
如说独角兽。尽管我们或许能找出每一事件的原因（这从量子效应来
看是不可能的），我们仍是不能解开这个谜：为什么宇宙有现在的特
征，或说，为什么会有宇宙？

第 4 章
为什么会有个宇宙？

为什么某个事物存在而不是不存在，这在大自然中有个原因。

莱布尼茨

宇宙越是好像可以理解，它也就越是好像没有意义。

斯蒂芬·温伯格

造物主上帝按他自己的意志使宇宙诞生了，这种观念在基督教犹太教文化中有着坚实的根基。然而，我们已经看到，这种假设引起的问题比解决的问题还多，而且好多个世纪以来，它受到了神学家们的严肃质疑。问题出在时间的性质上。今天，我们知道，时间与空间是不可分割的。时空正如物质一样，也是自然的宇宙的一部分。我们将在第9章看到，时间有自己的变化和行为规律，时间明显的是属于物理学的。假如时间属于自然的宇宙，而且受物理学规律的支配，那么，时间就必然被包括在据认为是上帝创造的宇宙中。按我们通常对因果关系的理解，原因在时间上必定先于其结果。那么，说上帝是时间存在的原因又是什么意思呢？因果关系是一种时间性的活动。在任何事物成为某种原因的结果之前，必得先有时间。假如时间不存在，假如没有"之前"，认为上帝在宇宙创生之前就存在，这种天真的想法显然就是荒谬的。

　　我们已经讲过，这些问题，圣·奥古斯丁早在5世纪就看出来了。一个世纪之后，鲍依修斯专门说明了这些问题，并把它们发挥成一个"创生"的概念。这概念比起那个大多数门外汉仍然熟悉的概念抽象得多，也难懂得多。根据他那种精致的观点，上帝是完全存在于时间和空间之外的；从某种意义上说，上帝是"超乎"自然，而不是先于自然的。时间之外的上帝这个概念不好理解，因此，我在这里先不详细讨论它。我要把这个问题留到第9章，那时我们再深入探讨时间的性质。

　　时间之外的上帝被认为是以"在每个时刻都把握着宇宙的存在"这种更为强有力的方式"创造"了宇宙。时间之外的上帝并不是简单地启动了宇宙（上帝启动了宇宙这种观点被认为是自然神论而不是有神论），而是一直在行动。于是，那遥远的宇宙创造者便被赋予了一种更强的直接感 —— 他正在此地此时活动着 —— 但是，这样一来，他的形象也就有些朦胧了，因为超乎时间的上帝这一概念是难解的。

　　一种上帝是时间中的上帝，他创造了宇宙，是宇宙创生的原因。另一种上帝是超乎时间的上帝，他把持着宇宙（包括时间）的存在。这两种上帝有时人们用下面的图解来描述。[1] 设有一系列事件，每一事件都依存于前一事件。这一系列事件可以表示为系列 $\cdots E_3$, E_2, E_1，按时间往后排。因而，E_1 的原因是 E_2，E_2 的原因是 E_3，依此类推。这一因果链可以表示如下：

$$E_4 \xrightarrow{\ \ L\ \ } E_3 \xrightarrow{\ \ L\ \ } E_2 \xrightarrow{\ \ L\ \ } E_1$$

上面的"L"表示，通过物理定律 L 的作用，一事件引发了后面的事件。

上帝是宇宙的原因这一概念（即我们在上一章里详细讨论过的），可以将上帝（用 G 来代表）表示为这原因系列的第一项：

$$G \longrightarrow \cdots \longrightarrow E_4 \xrightarrow{\ \ L\ \ } E_3 \xrightarrow{\ \ L\ \ } E_2 \xrightarrow{\ \ L\ \ } E_1$$

另一方面，假如上帝是超乎时间的，那他就不可能属于这种因果链。他是超乎因果链的，在每一个连接处维持着因果链：

$$\cdots \longrightarrow E_4 \xrightarrow[L]{\overset{G}{\downarrow}} E_3 \xrightarrow[L]{\overset{G}{\downarrow}} E_2 \xrightarrow[L]{\overset{G}{\downarrow}} E_1$$

不管因果链是有第一环（比如，时间的开端）还是没有第一环（比如，在一年龄无限的宇宙中），上图总是没有问题的。有了上图，我们就可以说，与其说上帝是宇宙的原因，不如说上帝是宇宙的解释。

上述的概念是不容易把握的。粗略地说，物理定律是以事物发生的规律性向我们呈现出来的。行星在其轨道上的精确运行，元素光谱的规则条纹等都是有规律的。在开动着的汽车上，假如踩了刹车闸，汽车就会慢下来。假如点燃火药，火药就会爆炸。热的火焰会使冰块融化，花瓶落在坚硬的地上会碎裂。这世界并不是杂乱无章无规律可循的，而是至少在某种程度上是可预测的，有秩序的。

　　我们从受限的时空观点出发，用原因和结果来解释这些规律性，比如，太阳的引力是地球运行轨道发生弯曲的原因，等等。但还有另一种可能性——上帝实际上是所有的事件的原因，上帝从我们的宇宙之外对我们所在的宇宙施加作用，精心地安排事件以显示规律性。

　　下面是一个有助于说明问题的类比。假设在一机枪手前面有一个靶。该机枪以恒定的速度扫射枪靶。结果，靶上就出现了间距相同的枪眼组成的图案。这时，某种必须永久生活在枪靶平面上的二维生物会把这一系列事件看成是在它所在的世界中，孔洞是有规律地出现的。它仔细观察过孔洞之后便会推论：孔洞的形成并不是随机的，而是周期性的，而且，孔洞的布局也有几何学上的质朴性，它们之间的间距是相同的。于是，这二维生物就会自信地宣布一条平面物理的新定律：孔洞创生定律。即每一个孔洞的出现都以一种有规律的方式造成了同行的下一个孔洞的出现。在一简单的序列中，一个孔洞毕竟总是跟随着另一个孔洞出现的。这个二维生物从它那受限的二维世界的观点出发看问题，因而就完全看不到真正的事实：所有的孔洞实际上完全是彼此无关的，其布局的规律性完全是那枪手的行为造成的。同样，宇宙有秩序的运行也可以如此解释：上帝从某种更为广阔的背景以一种有组织的方式创造了每一事件。更为广阔的背景是更高维度的空间？是一种不是空间的物理结构？是一种全然是非物理的结构（这又是什么意思呢）？

　　怎样证明这种看法是有道理的呢？看看你的周围吧。看看宇宙的复杂结构和精巧的组织吧。动脑筋想想物理定律的数学公式吧。看看物质的安排，从旋转的星系到熙攘的原子活动，所有的物质都被安排得井井有条，为物质的安排而困惑吧。问一问为什么这些东西会这样吧。为什么会有这样的宇宙，这样的一套定律，这样的物质和能量安排？一句话，为什么竟然有事物存在？

自然宇宙中的所有事物、所有事件，都要依赖外在于它们的事物才能得到解释。解释一个现象，就得用另一个事物解释它。但是，假如这现象是存在的一切，是整个自然宇宙，那么，按照宇宙的定义，宇宙之外显然没有任何物理性的东西来解释宇宙。因而，宇宙的任何解释就必定是非物理的和超自然的东西。这东西就是上帝。宇宙之所以是这样的，是因为上帝要它这样。科学按定义来说，只是研究自然宇宙的，它可以成功地用一种事物解释另外一种事物，再用其他的事物解释这另外一种事物，如此这般一直解释下去。但自然事物的总体却得从自然之外进行解释。

一切自然事物都要视其他事物的条件而定。以此为基础的推理路线就被称作"偶然性"论证，是上帝存在的宇宙论论证的第二个变体。这种论证如同我们在上一章里讨论过的因果论证一样，也受到了某些批评。

从某种意义上讲，偶然性论证搬起石头砸了自己的脚。我们可以设想把"宇宙"的定义扩大，把上帝也包括进去。那么，又该如何解释由上帝加时空、物质组成的宇宙而构成的整个系统呢？一句话，怎么解释上帝？神学家回答道："上帝是必然的存在，用不着解释；他自己内部就包含了他自己存在的解释。"但这样的话有任何意义吗？假如有，我们为什么不能用同样的论点来解释宇宙：宇宙是必然的，宇宙在其内部包含了它自己存在的原因？的确，这似乎像是上一章里我们所说的惠勒的观点。

一个自然系统包含着其自身的解释，这在门外汉看来似乎是自相矛盾的，但这思路在物理学里有某种优越性。人们可以姑且认为（不考虑量子效应），一切事件都是偶然的，是要用其他的事件来解释的，但同时也没有必要得出结论，以为这事件的序列或是无限的长，或是终止于上帝。这序列可能闭合成为一个圈。例如，现有四个事件，或事物，或系统，E_1，E_2，E_3，E_4，四者可以如下的方式相互依存：

有一种与此一模一样的理论一度在某些粒子物理学家中间流行。这些物理学家想以这样的理论解释物质的结构。下面就是一个著名的解释链：物质是由分子构成的，分子是由原子构成的，原子是由电子和原子核构成的，原子核是由质子和中子构成的。一直有一种很普遍的观点（自古希腊以来就有了），认为这解释链将会有一个终结；有为数不多的真正的基本粒子，浑然一体，不可再分，是一切物质的建筑砌块。假如我们能深入到原子内部更小的区域，迟早会发现这些基本的无结构的粒子。目前，这一理论获得了所谓夸克理论的强有力的实验支持（见第11章）。

根据不可思议的量子论的特征，则有另一幅图景。量子论认为（这颇为难解，我们将在后面的几章里加以澄清），根本就不存在基本粒子。相反，每一个粒子（至少是每一个亚原子粒子）都是由其他粒子构成的。没有哪一个粒子是基本的、原始的，每一个粒子都包含着所有其他粒子的某些个性。若干粒子在一个自洽的解释圈中产生了自己、构成了一个系统，这种想法使人想起了那个掉进泥塘的小孩的故事。那小孩掉进泥塘之后，拽自己的靴襻，硬是把自己拽出了泥塘。因此，物理学家们也把上面的量子论解释法称作"拽靴襻"式的解释。人们可以想象，"拽靴襻宇宙"完全依据自然的、物理性的相互作用而包含了自己的解释。

但是，神学家会反驳说，上帝的能力是无限的，他的知识也是无限的，因而上帝是人们所能想象的最单纯的存在，所以，他比起在很多具体方面都是复杂的和特殊的宇宙来更有可能包含着他自己存在的原因：

> 很有可能的是，假如存在一个上帝，他就会造出某个有限而复杂的宇宙。宇宙没有什么原因而存在是很不可能的，但上帝却较可能没有什么原因而存在。宇宙的存在是奇怪难解的。假如我们设想它是上帝创造的，就能使它变得可以理解。比起设想宇宙没有存在的原因，这种设想要求解释的开端相对要简单。这就是为什么要相信前一种设想是正确的。[2]

这反驳是很有说服力的。要想认为有着这么多独特、可能的特征的精致而复杂的宇宙只是偶然存在着，这是不容易的。我们难道真能把这当作毫无道理可言、不可解释的事实接受下来吗？于是，一个单一的单纯而无限的精神（尽管其存在在逻辑上就令我们困惑）似乎就是宇宙这个必然的存在物一个更说得通的解释了。

　　然而，对无限的精神（上帝）要比宇宙更单纯这样的假设，科学家可能会提出挑战。在我们的经验里，精神只存在于超过某一复杂程度的物理系统中。大脑是个高度复杂的系统（在第6章里我们将要看到，精神必须被当成一个"整体的"概念来看——精神是一种活动的模式）。可以想象一个整体的精神，但必须有某种方式来表现精神活动模式，而精神活动模式本身是复杂的。因而，就可以说，无限的精神是无限复杂的，因此比起宇宙来也就更不可能出现，因为宇宙的很多部件的复杂程度远不足以维持一个精神。

　　那么，上帝可能不是个精神，而是比精神更单纯的事物了？谈论存在于时间之外的精神有意义吗？思想、决策以及诸如此类的事物不是在时间之中发生的吗？假如上帝不能够做决定（或抱希望，或进行判断、交谈），那么，他对宇宙的性质和存在负责又是什么意思呢？我们是不是可以把不对宇宙负责的存在认作上帝？除了这些疑问之外，我们还得解释宇宙的复杂性和特殊性。为什么会有这样的宇宙？

　　我将在第12章里更详细地讨论这个问题，但在这里，我们不妨注意一下，在评价一个包含着自身原因的宇宙和要求以上帝来解释其存在的宇宙这两种观点的相对合理性的过程中，我所认为的中心问题。在前面的讨论中，我们理所当然地认为宇宙是非常复杂的，上帝为宇宙的诸多特征提供了现成的解释。但宇宙从来就是复杂的吗？宇宙的复杂会不会是自然的结果，是由完全普通的物理定律造成的？

　　根据我们对原初宇宙的最科学的了解，似乎宇宙的确开始于一种最简单的状态 —— 热平衡 —— 目前所观察到的复杂结构和活动都是后起的。那么可以说，原初的宇宙实际上是我们所能想到的最简单的事物。而且，假如按照表面意义来理解对最初奇点的预测，宇宙就是始于一种无限高温、无限密度和无限能量的状态。至少，这不是与无限精神一样说得通吗？

　　要想真说得通，关键在于是否能够证明宇宙的复杂性和有序状态真是从简单的原初状态自然发展来的。乍看之下，这种说法似乎是公然与热力学第二定律相矛盾。热力学第二定律的要求与之正相反 —— 有序让位于无序，因而复杂的结构倾向于衰退成无序的最终简单状态。E. W. 巴尔尼斯1930年这样写道：

> 开始时，必定是有最大的能量组织 …… 事实上，上帝一度给钟表（即宇宙机制）上满了弦。假如上帝不再上弦，钟表就会停下来。[3]

　　我们现在知道，这样的看法是错误的。宇宙的原初状态不是最大的组织状态，而是一种简单和平衡的状态。这一事实与热力学第二定律的明显冲突只是在最近才获得解决。

　　原来，热力学第二定律严格地说只适用于孤立的系统。而要想把任何东西从引力那里孤立出来在物理上是不可能的。世上没有引力屏障；即便是有，有关的系统本身也逃不开它自己的引力。在膨胀的宇宙中，宇宙物质都受到宇宙引力场的影响，也就是受到宇宙其他部分

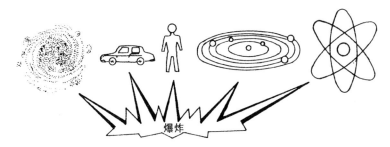

图6 从宇宙的混沌状态中如何生出了有序状态，这是个谜。现今的有序结构和复杂的活动不知是怎样从大爆炸杂乱无章的骚动中产生出来的。显然这违反了热力学第二定律。因为热力学第二定律说，随着时间的流逝，有序程度会降低而不是升高。解决这一难题可能得求助于引力的特异性质

的累加引力的影响。有了引力，就开通了通过引力场将有序状态注入宇宙物质的途径。我们知道，假如有外部能量供给，就可以以在一个系统中造成无序为代价，在另一个系统中造出有序。于是，自太阳流入的光和热造成了地球生物圈的高度复杂的有序，但这只能通过不可逆转地牺牲太阳核的有限燃料才能做到。同样，膨胀宇宙也能在宇宙物质中造成有序。

　　宇宙的膨胀如何能用来代替上帝"给钟表上弦"，这里可以举一个很简单的例子。我们说过，原初的宇宙物质是非常热的，但宇宙的膨胀使它冷却下来。通过基本的测量论证，可以得出在宇宙膨胀的每一阶段宇宙物质的温度。不过，温度的高低在某种程度上也得看物质本身的特性。辐射热（电磁能量）温度的降低与典型空间区域的膨胀尺度成比例。空间区域扩大一倍，温度就减半。另一方面，诸如氢气之类的物质冷却得快得多。它与尺度的平方成比例。这就是说，只要把氢气跟辐射热分离开来，膨胀宇宙就会在宇宙物质的这两种成分之间产生出温度差。任何一个工程师都知道，温差是有用的能量的理想

来源，实质上也是太阳能在地球上产生生命的奥秘所在。因而，宇宙膨胀能够在原先没有有序的情况下产生有序。

利用上面的分析，就可以一步步地追溯到宇宙原初时期的膨胀，从而追究出我们今天在宇宙中所观察到的大部分有序结构的起源。[4] 上面所举的例子实际上不是最重要的。今天的有组织的能量，其绝对最大的来源是高度活泼的氢气，它占了宇宙物质大约75％。氢为所有正常的恒星提供燃料。氢被燃烧之后（在核聚变中燃烧），变成了一些诸如铁之类的较重的元素。铁只是核灰烬，其中没有可用的核能锁闭在里面了。因而，恒星有序的存在要倚仗氢多于倚仗铁。

这种情况可用宇宙的膨胀来解释。在原初阶段温度太高，合成的原子核（如铁）不能存在。只有氢核（单个的质子）—— 最简单的物质 —— 才能存在下去。随着宇宙不断地膨胀、冷却，氢就可以变成一些较重的元素了。正如我们在前一章里讨论过的那样，宇宙物质就是沿着这条路走下去的，但走得不太远。约25％的宇宙物质走到了氦（仅次于氢的最简单的元素），只有极小的部分走过了氦。众多的物质之所以没能走远，这得责怪宇宙膨胀。当初膨胀得太快，使物质来不及经过必要的复杂的核反应变成铁之类的合成重原子核。只有几分钟的"爆炸"，温度就降到了核反应点火所需的温度以下。原子核火堆熄灭了，将大部分物质"冻结"在氢和氦的状态中。只是时间过去很久之后，到了恒星形成时，才形成了分散的热点，使宇宙物质继续向较重的元素进发。

总之，看来在膨胀的宇宙中，有组织的能量可以自然地出现，用不着一开始就有。因而，也就用不着将宇宙的有序状态（低熵）归结为神的活动或归结为在最初的奇点处有组织的能量输入。奇点可能当初放出来的是完全无规则的、混沌的能量，无规则的能量后来在膨胀的宇宙的影响下将自己自发地组织起来，成为如今的安排。注意，现在我们不仅把物质的起源归结为空间的膨胀（见第3章），而且也把物质的组织的起源也归结为空间膨胀造成的。

不过，到了这一步，事情还没完。最终通过宇宙的膨胀而产生有序的是引力场，而引力场理应因而变得有些向无序方面转化才是。因此，我们虽可以通过把责任推给引力而解释物质性事物何以变得有序，但我们接着还得解释一开始有序是怎么出现在引力场中的；解释到哪里才是头呢？

现在的问题成了热力学第二定律是否既适用于物质，也适用于引力。没有谁真了解这个问题。最近对黑洞的研究显示出某种迹象，热力学第二定律适用于引力，但不同的物理学家从该研究结果中得出了相反的结论（见第13章）。有些物理学家如罗杰·彭罗斯得出的结论是，大尺度的宇宙引力场处于低熵（高度有序）的状态，因而这就是说在宇宙创生时有有序的输入。其他的物理学家如史蒂芬·霍金则认为，宇宙的引力是高度无序的，这是在意料之中的，是受奇点发出的纯粹无规则无结构影响的结果。因为现在还没有人知道怎样将一空间弯曲（即引力）定量化，这一问题悬而未决。然而，两派物理学家的争论表明了一个重要的东西。未来的理论物理学的进展很可能澄清有关的概念，并且能使人们做出有关宇宙创生之时是否有序的确定陈述。但愿科学有一天能回答长久以来为神学家、哲学家所关注的问题。

不管将引力熵如何定量化的争论结果是什么，一个有意思的事已经出现了。在诸如一箱气体这样的系统中，引力是很小的，小到可以忽略不计。低熵（有序）状态是复杂的，而高熵（无序）状态则是简单的。例如，在一个箱子中，假如所有的气体分子都挤在四角上，这显然与平衡（熵值最大的）状态相比是一种较为复杂的状态，因为在平衡状态下，气体是均匀地分布在箱子中的。与此相比，低熵的引力系统从几何学上看要比处于高熵状态的系统简单得多。引力容易自动地生长出结构来。

这样，本来是均匀分布的物质（恒星或气体）会随着时间的过去而结团，形成星团和稠密的积聚物。总而言之，对不受引力作用的系统来说，有序意指复杂，无序意指简单。对引力来说，情况正好相反。

假如宇宙开始时真有一个高度有序的、低熵的引力场，那么，这个引力场就该是平稳的、均匀的。我们看到，在引力这一特例中，同时满足简单的要求和开初的低熵（有序）的要求是可能的。这就是说，我们可以把最简单的宇宙（均匀的宇宙）看成是包含着有无限的可能性，能够产生后来的复杂事物的宇宙。这的确是个令人高兴的结论。假如我们要相信宇宙的出现是没有原因的，那么，它在开初时物质和引力的形态最好是尽可能地简单，同时又保留了以后演化为复杂和有趣的形态的能力。难道不是这样吗？

前面的那套假说尽管很成功，但问题不光是宇宙的状态，难道定律可以撇在一边吗？至少，即使在开始时宇宙是处在一种非常简单的状态中，物理定律毫无疑问仍是多而特殊的。这些定律难道是因情况

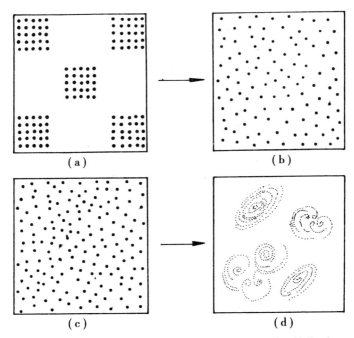

图7 有序概念的关键是，引力是否可以忽略不计。(a)箱中盛着一种气体，对这种气体的引力可以忽略。(b)箱中高度有序的气体很快就由于分子扰动和碰撞而过渡到无结构的无序状态（熵值最大）。其最终状态如(c)所示。与此相比，一种受引力作用的"气体"，如星系，其演变情况却正相反。随着恒星相聚在一起，构成星团（比较星系），起初是均匀的构型(d)就会分裂，结团。结团的最终结果是出现若干黑洞

而异的吗？我们能够设想一大堆物理定律失效的情况吗？而且，宇宙的成分——质子、中子、介子、电子等又怎样解释呢？为什么会只有这些粒子？为什么这些粒子会有它们所具有的质量和电荷？为什么这些亚原子粒子的种类不多不少就这么多？神学家有现成的答案：上帝就要这样。上帝是无限的简单，但愿意创造具有复杂多样性的物理定律和物质的成分，他的目的是创造一个有趣的宇宙。

只是在最近，科学家也开始发觉这类问题的答案。新的进展源自一项理论工作。这项理论工作的目的，是将自然界的诸种力统一在一个单一的描述框架中。根据这一理论框架（我们将在后面的一章里全面地给以描述），现今丰富多样的物理定律纯粹是个低温现象。随着物质温度升高，各种作用于物质的力也开始趋于同一，最后，到了10^{32}K这种极高的温度时，自然界所有的力会合成为一种单一的超力，可以用很简单的数学式表示。而且，所有的众多完全不同的亚原子粒子也会失去它们的个性，它们各不相同的特征消失在超高温中。多年来对高能（高能在我们这里就是高温）物理的研究，得出了物质在高温下趋向简单的证据。物理学家们希望发现，随着能量的提高，复杂的亚原子结构会分解，显露出较简单的成分，复杂的力在此过程中也会变得较简单。

假如这些想法是正确的（目前只能说各种迹象令人鼓舞，但要得出什么结论来还为时尚早），那对大爆炸理论会有意味深长的含意。在宇宙创生时的无限高温的情况下，起作用的只有超力和为数不多的几种简单粒子。现今已经分化的各种力和粒子只是随着宇宙冷却才产生出来。这样，宇宙的状态，物理定律，还有物质的各种成分，这一切似乎开初时都处于一种非常简单的状态。

然而，持怀疑态度的神学家会说，即便是可以证明宇宙开初时只有一种单一的超力和为数不多的简单粒子，但这超力和这些粒子又该如何解释？为什么会有这种超力？事实上，为什么会有定律？

这些问题我们要到最后一章再谈。有些物理学家受到自然界基本定律的简单性的启发，提出一种论点说，很可能最终的定律（在这里是超力）有一种数学结构，这数学结构是唯一在逻辑上没有矛盾的物理原理。这就是说，正像神学家们把上帝说成是必然的一样，在这里，物理也被说成是"必然的"了。那么，我们是不是应当像某些哲学家（如柏拉图）似乎做过的那样，也做出结论说上帝就是物理？

有些物理学家，特别是史蒂芬·霍金，已经提出，实际上我们也该料想到宇宙的原初状态是很简单的。[5] 其理由涉及我们在第2章里简略讨论过的原初奇点。奇点的最基本特征是，它像是时空的边缘、边界，因而人们认为它也是自然宇宙的边缘。奇点的一个例子，是一无限致密的状态，标志着大爆炸的开始。据认为，黑洞里也有奇点发生，可能在其他地方也有奇点。

因为到目前为止，我们的一切物理理论都是在时空范围里提出的，所以，时空边界的存在就意味着，自然的物理过程不可能延续到这边界之外。从一基本的意义上讲，根据这种观点，奇点就代表着自然宇宙的外部边界。在奇点处，物质能够进入或离开自然世界，从奇点能发出影响，而这些影响是自然科学所完全不能预测的，甚至原则上也不能预测。奇点是科学所发现的最接近超自然动因的东西。

多少年来，人们曾认为奇点是由于对使用的引力模型过分理想化所造成的一种人工的东西。后来，在一系列精巧和富于启迪的数学定理中，彭罗斯和霍金证明，奇点是相当普遍的；而且，在一切合理的物理条件下，一旦引力变得足够强大，奇点也是不可避免的。在大爆炸中，引力的确足够强大。

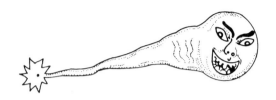

图8 奇点（黑点）代表科学中最终不可知的东西。它是时空的边界或边缘。在奇点处，物质和影响可以以完全不可预测的方式进入或离开自然宇宙。假如奇点是"裸露的"，那么，任何东西都可以在原来没有物理原由作用的情况下，从奇点中产生出来。有些宇宙学家认为，宇宙就是没有原因地从某种类型的裸露的奇点中产生出来的。假如这些观点是正确的，那么，奇点就是自然和超自然的分界面了

既然人们必须认真地对待他们二人的证明，于是很多人就动脑筋去想奇点会有什么样的行为。各条思路都汇集到了这一点上，即奇点产生的东西或者是完全无序、无结构的，或者是有条理的、有组织的。在前一种情况下，大爆炸的奇点只是产生出一种无秩序的宇宙，没有任何具体的秩序。在后一种情况下，宇宙是带着某种程度的组织出现的，像是钟表上满了弦，可以计时了。

霍金提出了一个"无知原理"，意思是说奇点最终是不可知的，因而也该是完全无信息的（在物理学里，信息大致与有序同义，即负熵）。[6] 因此，从奇点出来的任何东西都是完全无序的，混沌的。霍金提出的这一原理，倒是很符合那种认为原初宇宙是处于无序值最大的状态（热平衡）的观点。

很多这类观点，现在都处在现代理论物理学的前沿，因而只能通过理论未来的发展才会得到澄清。物理学家们对时空奇点的问题意见不一，甚至对原初宇宙到底是处于什么样的具体状态也是见解各异。但是，宇宙学最近的进展所产生的各种思想无疑再次引发了关于上帝与宇宙的存在的争论，并且使这一争论转向了一个新方向。

第 5 章
什么是生命？ 整体论对还原论

上帝就照着自己的形象造人……

《圣经·创世记》第 1 章第 27 节

我们是生存机器，是些机器人，被盲目地编了程序，以便保存那些只顾自己的分子，也就是我们所说的基因。

《只顾自己的基因》理查德·道金斯

神学家认为，生命是最大的奇迹，人类生命是上帝的宇宙总计划中的最高成就。对科学家来说，生命是自然界中最令人惊讶的现象。一百年前，生命系统的起源及演化问题成了科学和宗教有史以来最大冲突的战场。达尔文的进化论动摇了基督教教义的基础。而且，自哥白尼把太阳放在了太阳系的中心以来，进化论又一次使普通百姓感受到了科学分析的深远影响。科学看来好像能够整个地改变人类对自己以及对人与宇宙的关系的看法。

因为本书主要是讲物理学的书，所以我们不会在本书中详述达尔文的革命性理论及他的理论对教会的影响，也不能大讲在最近的"创世论"运动中反达尔文的情绪为何奇异地复活了。这一切问题在其他的书里都有详尽的记述。本章要讲的是科学家对生物体的看法。要讨论的问题是：什么是生命？生命是否为神的精神的存在提供了证据？

《圣经》相当明确地说，生命是上帝活动的直接结果，生命并不是上帝创造天地之后所确立的正常物理过程的自然结果。相反，是上帝喜欢运用他的能力，先是造出了植物和动物，接着又造了亚当夏娃。当然，现在绝大多数的基督徒和犹太教徒都承认创世记的寓言性质，不想坚持说《圣经》所记载的生命起源就是历史事实。然而，生命的神性，尤其是人类生命的神性，仍然是当今宗教教旨的一个中心问题。

生命是神造的吗？难道上帝真的在奇迹中没有理会物理和化学的定律，把那些由无生命的物质组成的分子捏来捏去，造出了第一个活物？上帝真是在几千年（或几百万年）之前又巧妙地处理了某种猿一样的生物的基因结构，从而造出了人？或者说，生命真是纯粹自然的（或许是复杂的）物理和化学活动的结果，而人是长期曲折的进化过程的最终产品？生命能否用人工的方式在实验室里制造出来？是不是必须得往里面添加一种成分（神的活力），生命才能活起来？

什么是生命？对物理学家来说，生命系统有两个与众不同的特征，一是其复杂，二是其组织。即便是单细胞生物，虽然原始，却显示出任何人工制品所无法比拟的复杂和精巧。例如，我们可以看看一个低级的细菌。仔细观察就会发现，它是一个具有复杂的功能和形态的网络。这细菌可以用多种多样的方式与其环境相互作用，它可以四处活动，攻击敌人，接近或逃避某些外部刺激，以一种有控制的方式交换物质。其体内的运作像是一个井井有条的大城市。负责进行大部分控制的是细胞核，其中包含着遗传"密码"，就是使这细菌得以进行繁殖的全套化学指令。控制并左右这细菌的一切行为的化学结构是由多达上百万原子组成的分子。这上百万的原子是以复杂的、高度具体的方式组合起来的。就生命的化学基础而言，最重要的是核酸分子，即大名鼎鼎的"双螺旋"形状的 RNA 和 DNA（核糖核酸和脱氧核糖核酸）。

一个生物学上的生物体是由完全平常的原子组成的。看到这一点是重要的。不错，生物体的部分代谢功能是从其环境中获得新的物质，并排泄变了质的或用不着的物质。活细胞里的一个碳原子、氢原子、氧原子、磷原子，与细胞外的原子没什么两样。这些原子不停地在一切生物体中进进出出。那么，生命显然不能归结为生物体的构成成分的特性。生命不是一种累加现象，像是重量。尽管我们不能怀疑一只猫或一棵天竺葵是活的，然而，假如我们想寻找一种迹象，说明一个单个的"猫原子"或"天竺葵"原子是活的，那我们就得白费力气。

这有时看上去是矛盾的。一些无生命的原子凑到一起怎么就成了有生命的了？有些人认为，不可能从无生命中创造出生命，因此一切活物中必有某种添加的非物质成分，一种生命力，或说是精髓，其本源来自上帝。这就是古老的活力论学说。

经常用来支持活力论的一个论点与行为问题有关。活物的一个显著特征是，它们的行为看上去都有某种目的性，好像是指向一个具体的目的。这种目的性在较高级的生命形式中最为明显。不过，一个细菌也能表现出它努力达到某些基本的目的，如摄食。

在18世纪70年代，卢奇·加尔凡尼发现，用一对金属棒触动青蛙的腿，青蛙腿的肌肉便会抽动。于是，他得出结论说，这种"动物电流"就是那神秘的生命精髓在起作用。的确，那种认为电流与生命力有说不明白的联系的看法，随着弗兰肯斯坦的故事而一代又一代地传下来。弗兰肯斯坦是一个人造怪物，在一台电气装置噼叭响着放电时活了起来。

在最近的这些年里，有一些所谓超自然现象的研究者声称，他们曾以一种相当玄妙的方式把通灵能力与先进技术结合起来，直接探测到了那神秘的生命力。有人出示了一些模糊的照片，上面显示出一些从各种活物身上（其中有人的手指）发出的雾状、丝状射线或光斑。

不幸的是，很难找到任何真正的科学证据来证明这些关于生命力的猜想。显然，那种假想的生命力将其自身显现出来的唯一途径是通过生命；生物显示生命力，非生物则不显示生命力。但这样一来，便把生命力弄成一个词语了，它就不再是关于生命的解释了。我们若说一个人，或一条鱼，或一棵树有生命力，这话是什么意思呢？意思不过是说这人，这鱼，这树是活的。至于在含糊而神秘的"实验"中所显示的生命力，因这些实验不可重复，所以这些实验及实验结果声名狼藉，显然很容易被指控为欺骗，于是很少有哪个专业科学家把它当真。

乞灵于某种生命力来解释生命的人犯了一个错误。这错误就是忽视了这一事实：由多个部分构成的一个系统可能在整体上会有一些其单个部分所没有的性质，或有一些放在单个部分上便无意义的性质。

现在再来举一个例子。报纸上有一张由众多的小点组成的人脸照片。若是只看一个个的小点，看得再仔细也看不出一张人脸。只有把报纸拿开一些，较为粗略地把众多的小点看成是一个整体，才能看出人脸的形象来。这形象不是众多小点本身的一种性质，而是小点集体的性质。人脸是在图形里，而不是在组成图形的一个个小点里。同样，生命的奥秘也不在原子里，而在原子的缔合模式里，其模式即其组合方式。就是说，生命的奥秘在于DNA和RNA之类的分子结构所包含的信息之中。一旦了解了整体现象的存在，也就用不着去寻找什么"生命力"了。原子用不着被"激活"才能产生生命现象。只要将原子以那种合适的复杂方式进行安排，就会出现生命。

我们现在正在讨论的东西有时被称作"整体论"对"还原论"。过去的三个世纪以来，西方科学思想的主要倾向是还原论。的确，"分析"这个词在最广泛的范围中被使用，这种情况也很显明，科学家习惯上是毫无怀疑地把一个问题拿来进行分解，然后再解决它的。但是，有些问题（如拼图）只能通过综合才能解决。它们在性质上是综合的或"整体的"。拼图所显示的图画，就像报纸上由众多小点组成的人脸图像一样，只能在更高一层的结构层面上才能够看得出来，单凭单个的拼块是看不出图来的。这就是说，其整体大于其部分的总合。

在19世纪的物理学中，以及在发展物质的原子理论的过程中，科学的还原论被认真地提了出来。近来，生物学家们沿着还原论的思路，在阐明生命的分子基础方面取得了许多重大的成就。这些领先的进展鼓励了人们在学问的许多其他领域也采取还原论的思路。

然而，因到处运用还原论而引起的恶果，已招致了尖锐的批评。作家阿瑟·柯斯特勒说："还原论的看法否定在盲目的力量的相互作用中有价值观、意义和目的的地位，因而这种看法将其阴影投到了科学的界限之外，影响到我们整个文化的甚至政治的气候。"[1] 许多批评者说，试图把活的生物体解释成不过是因偶然事件而胡乱结合起来的一堆堆无意义的原子，这严重地贬损了我们的存在价值。

英国神经生物学家唐纳德·麦克埃是位著名的基督教教旨的辩护者。他对在当代生物学家当中盛行的他所谓的"不过是"态度提出了挑战。在《钟表形象》这本书中，为了说明他的论点，他举了一种常见的广告为例。这种广告是由数百只时明时灭的电灯组成的。按顺序时明时灭的电灯组成了讯息。一个电气工程师可以用电路理论准确而完整地描述这电灯组成的系统。然而，若说这广告因而不过是一复杂电路中的电脉冲而已，这说法就是荒谬的。不错，使用电路理论进行的描述，就其本身的描述层面而言，既不错误，也不是不完整；但这描述却没有提到广告所显示的讯息。广告讯息的概念是电气工程师工作范围之外的东西，只有将组成广告的几百只电灯的明灭看成是一整体时才能够显现出来。可以说，广告讯息比电路和电灯高一个结构层面：它是一个整体特征。

就有生命的系统而言，没有谁否认一生物体是由原子集合而成的。错误的观念是把生物体只当作是原子的集合而已。把生物体说成不过是原子的集合而已，这种说法是可笑的，其可笑程度正如把贝多芬的交响乐说成不过是音符的集合而已，或把狄更斯的某本小说说成不过是词语的集合而已。生命的特性、一首乐曲的主题、一部小说的情节，是所谓的显现性的。其性质只有在整体的结构层面上才能显现出来，而在部分层面上则是无意义的。部分的描述与整体的描述并不矛盾，二者是互补的，并且在其自身的层面上是正确的（假如我们仔细看看量子论，我们就会再次遇到一个系统有两个不同的、互补的描述的概念）。

计算机操作人员很熟悉层面区分的重要性。现代电子计算机是由一复杂的电路和开关的网络构成的，有一系列复杂的电脉冲经过开关。但这只是从硬件层面上进行的描述。另一方面，同一个电路活动可能是代表解出一套数学方程式或分析一枚导弹的弹道。这样的描述就比硬件高一个层面，而且要使用诸如程序、运算、符号、输入、输出这一类的概念，这些概念在硬件层面上是无意义的。计算机内部某一个作为计算机部件的开关是不会通电进行诸如求平方根之类的计算的。它之所以通了电，是因为电压合适，物理定律使然。用程序来对计算机运算进行高层面的描述，这属于软件层面的事。硬件和软件的描述都描述了计算机内部正在进行的活动，每种描述在其本身所属的范围里都是前后一致毫无矛盾的，但二者是处在完全不同的概念层面上。

道格拉斯·霍夫斯塔特写的那本不朽的书《哥德尔，埃舍尔，巴赫》，以最令人信服的方式描绘了还原论与整体论之间的张力关系。他通过研究一蚁群的兴衰，用他那令人目眩的"蚂蚁赋格曲"清楚明白地揭示出层面混淆所造成的易犯的错误。群蚁具有一种社会结构，既复杂而且有高度的组织。其社会结构是以分工和集体负责为基础的。尽管每一个单个的蚂蚁其行为种类非常有限，或许连某些现代的微处理机都不如，但整个蚁群却显示出很了不起的智能和目的的层面。建造蚁穴牵涉到庞大而复杂的工程。显然，没有哪一个单个的蚂蚁在其脑子里装有这浩大工程的设计图。每一个蚂蚁都是一架自动机，按程序完成一套简单的动作。这就与硬件层面的描述相似。一旦把蚁群看成一个整体，复杂的图形就显现出来了。在这整体层面上（相当于计算中的软件描述），显现的特性，如具有目的性的行为、组织等，是显而易见的。就整体而言，图形显现出来。霍夫斯塔特认为，这两个层面的描述并不冲突。诸如"我们应当通过整体论来理解世界，还是应当通过还原论来理解世界"，这样的问题被他斥为无用。运用整体论还是运用还原论，这全看你想知道什么。霍夫斯塔特指出，整体论这种看法在东方长期以来就为人们所赏识，并表现在神秘的东方禅宗哲学中。

尽管我们习惯于认为个体的蚂蚁是首要的生物体，但从某种意义上说，整体的蚁群也是一个生物体。其实，我们自己的身体也是一些"群"，是由在集体的组织中上十亿相互合作的单个细胞组成的。众多细胞之间的联系从某种意义上说，要比蚁群中单个蚂蚁之间的联系紧密一些，但就其分工和集体负责而言，其基本原则显然是一样的。然而，这里要注意的关键问题是，正如在一蚁群中存在着显现的整体特性一样，在细胞群中也存在着同样的特性。若说一蚁群不过是一群蚂蚁而已，就是忽视了蚁群行为的实际存在，其荒谬程度就如同说计算机程序不是实在的，因为它们不过是电脉冲而已。同样，若说一个人不过是一堆细胞而已，而这些细胞本身不过是些DNA之类的片断而已，DNA也不过是成串的原子而已，于是就得出结论说生命是无意义的，这些话便是彻头彻尾的胡话。生命是一个整体现象。

对生命的整体特性有了了解，就可以安心地放弃关于生命力的旧观念了，因为这旧观念也是层面混淆所造成的。那种认为必须将某种魔力加到无生命的物质上才能使无生命的物质"活起来"的观念是错误的。其错误就如同认为组成计算机的电开关必须得到"计算力"，计算机才能工作起来，或蚂蚁必须有"群体精神"，蚁群才能有整体功能。假如能够把一个个原子按合适的图形组装起来，人工地造出一个完整的细菌，那么毫无疑问，这人工细菌的各个部分会跟一个"自然的"细菌一样活。

物理学家们早就不再以纯还原论的观点来看待自然界了。尤其是在量子论中，从整体上看待测量行为，对于得出量子论的有意义的解释是很重要的（见第8章）。然而，只是在最近的几年里，整体论哲学才开始对物理学发生较为普遍的影响。这种情况也出现在医学界。医生们把重点放在治疗"整体的病人"上。心理学家和社会学家也开始接受整体论了。整体论科学于是飞速发展成为某种信仰，可能部分是因它与东方哲学和神秘主义合拍。弗里提约夫·卡普拉的《物理学中的道》以及祖卡夫的《跳舞的物理大师们》很好地描述了这种变化的情况。这两本书都利用了现代物理学和传统的东方整体概念如"太一"之间的类似。

人们一旦承认整体论的观点，从而消除了生命力的必要性，便立刻会遇到一个这样的问题：科学，尤其是物理学，能不能描述包括生命在内的那些整体现象？大卫·玻姆在《整体与暗含的秩序》一书中，试图建立一种范围广阔的物理学。在讨论生物系统时，玻姆说道："生命本身必须被看成是在某种意义上属于一个整体。"[2] 他继续说，生命是"包含在"一整体的系统中的，这系统包括一些无疑是无生命的部分，如我们所呼吸的空气，空气的分子说不定哪天就被吸收进我们的身体之中。

　　实际上，一个世纪以前，随着热力学问题的出现，物理学就发展起来以解决整体现象。在此期间，詹姆斯·克拉克·麦克斯韦和路德维希·玻尔兹曼所做的工作就是试图从大群大群分子的统计学性质中推出热力学性质。热力学对生命来说是一门具有头等重要意义的学科，同时也常常使生物学过程看上去具有悖论性质。

　　这悖论涉及生物的本质，即有序。我们已经说过，调节有序变化的热力学第二定律规定无序总是增加。但生命的发展却是典型的有序增加。在地球的历史上，生命系统演化成为越来越复杂、越来越精致的形式，同样，有序的水平也在提高。这怎么能跟热力学第二定律相符合呢？这是不是一个与第二定律相反的证据，证明神力在起作用，将有序（以奇迹的方式）加在了生物体的发展上？

　　仔细观察就可以发现，生物学与热力学第二定律之间不见得有什么矛盾。热力学第二定律总是就整个系统而言的。某处有序增加，同时可能在另一处熵增加。而生命系统的最基本、最重要的特征是，生命系统对其环境是"开放的"。生命系统不是封闭的或自足的。它们只能通过与其环境交换能量和物质才能活下去。计算一下熵的收支情况就可以发现，一个生物体中有序的增长是以更为广阔的环境中的熵为代价的。在所有的情况下，都是熵的净增长。实际上，也有很多无生命系统中有序增加的例子。无形的溶液中析出了晶体，这就说明了一处的有序增加，但仔细研究一下就会看到，在结晶的过程中会补偿性地产生热，而这使得晶体周围的物质的熵增加。

人们普遍认为，生物需要能量，但这种看法不太正确。物理学告诉我们，能量是守恒的，既不能被创造，也不能被毁灭。一个人进食之后，一些能量就在他的体内被释放出来，这些能量然后以热的形式或以活动所完成的功的形式发散到他周围的环境中。一个人身体的总能量大致是不变的。只是有能量流在他身上流进流出。这能量流是由所消耗的有序能量或负熵所驱动的。那么，用以维持生命的关键要素就是负熵了。伟大的量子物理学家埃尔温·薛定谔在其《生命是什么》一书中这样写道：

> 生物体具有惊人的本领，能把"有序之流"集中到自己身上，能从合适的环境中"汲取有序"从而使自己免于衰变为混沌的原子。[3]

认识到生命现象并不违反物理基本定律，当然并不等于说物理定律解释了生命现象。我们只能说物理定律与生命现象不矛盾。没有几个物理学家会说，假如完全了解了原子和分子过程的所有规律，就能够从这些规律中推断出生命会存在。但这并不是要再次犯乞灵于"生命力"的错误：

> 一位只熟悉热机的工程师，在看过电机的建造过程之后，必会意识到电机是按他所不了解的原理工作的……热机和电机的构造不同，就足以使他意识到二者运行方式

是全然不同的。他决不会因看到电机没有锅炉也不用蒸气，一按电门就转起来，就以为电机是幽灵驱动的。[4]

同样，有生命的生物体也可能是按目前人们尚未了解的物理定律及过程活动的，尽管人们或许了解组成生物体的各个部件——原子和分子。再说一遍，整体行为是不能根据组成该整体的部分来理解的。假如有生命的物质和无生命的物质都遵守同样的物理定律，那么；何以同一套定律会产生出差别如此之大的行为呢？似乎是物质分别进了两个岔道，有生命的物质向着越来越有序的状态演进，而无生命的物质则在热力学第二定律的影响下变得越来越无序。然而，无论是无生命的物质还是有生命的物质，其基本成分——原子——都是一样的。

近年来，在揭示整体有序状态何以出现的原理方面取得了一些进展。生命的"奇迹"似乎也不那么神秘了。因为人们通过研究发现，一些无生命的系统也能获得自发的组织。这方面有很多例子。可以举一个简单的例子。假如处于水平状态的一层液体被从底下加热，达到一临界温度之后，就会看到该液体自动形成由对流的环形组成的图样，那是由众多的分子按可以看得出来的图样流动形成的。

人们在研究流体的过程中发现，假如使某一系统离开热力学平衡状态，就会产生有序状态。这种例子多的是。流体流动中产生涡流就是这种情况。在地球上，涡流产生了大气环流的模式，导致了龙卷风和其他的大气扰动。在木星上，因为有涡流，木星就有了特色独具的复杂而美丽的表面花纹。

某些化学反应非常清楚地显示了有序状态如何自发地产生。在所谓贝罗索夫－扎布汀斯基反应中，装在试管中的一种化学混合物可以产生水平的条纹，而在一浅盘中则呈现出螺旋花纹。在某些条件下，常可以在有机（但不是有生命的）物质中观察到有组织的化学行为，在很多情况下，其行为涉及高度复杂的包含某种"反馈"和"催化"成分的连锁反应。

图9　液体流过一细金属丝，产生了如图所示的精巧的涡流，很像是木星表面的花纹（图是根据大卫·特里顿博士的准许复制的）

诺贝尔奖获得者化学家以利亚·普里高津和他在布鲁塞尔大学庞大的研究组系统地研究了自组织的系统。这里，也应提到曼弗雷德·埃京的开拓性工作。普里高津的目的不光是发现物质自组织的机制，而且他也想用严格的数学方法来描述这些机制。在很多情况下，用于描述高级生物系统中的简单行为模式的方程式与描述无机化学反应的方式相同。普里高津认为，很可能这些流体运动或化学混合的较为简单的例子，就显示了统辖着生命奥秘的原理。普里高津所举的所有例子都有一个共同的特征，这就是，有关的系统都是被远远驱离热力学平衡的，因而，它们都变得不稳定，并且自发地将它们自己大规模地组织起来。普里高津在描述这样的组织时所用的术语是"耗散结构"："耗散结构出现的一般条件是，有关系统的尺度要超过某一临界值……同时还涉及该系统在其中自始至终作为一个整体活动的长程有序状态。"

毫无疑问，普里高津的研究大大促进了我们对远离平衡的物理结构的理解，也帮助我们认识到，在无生命的系统中也有些很像是生物的模式。然而，拿普里高津的研究结果来穿凿附会却是不智之举。无生命的系统和有生命的系统具有同样的行为，这并不说明二者都可以加以同样的解释。苯环的形状很像是小孩子们玩的牵手游戏，但却不能拿二者之间的相似来解释人类行为。但是，对自组织系统的研究的确表明，生命系统复杂的有序状态，可以很有理由地说是起源于高度非平衡的物理过程。尽管目前人们对生物系统复杂的有序状态所知不多，但也用不着用生命力或神的生气来解释它了。

很多相信宗教的人都准备承认，生命一旦出现在地球上，其后来的繁衍与发展，就可以用物理和化学定律结合达尔文的进化论给以完满的解释。例如，生物体的生殖，就是DNA螺旋体对自己进行化学复制。这是一种尽管复杂却直截了当的机械过程。但是，生命又是如何起源的呢？

生命的起源一直是个重大的科学之谜。其中心问题是临界值的问题。只有当有机分子变得高度复杂，复杂到一定程度之后，我们才能认为它们是"活的"，意思是说，它们以一种稳定的形式将大量的信息变为代码，不仅显示它们有能力储存复制自己的蓝图，而且它们也拥有实施复制的手段。这里的问题是，普通的物理和化学过程在没有某种超自然作用的情况下，怎么能跨越这一临界值呢？地球的年龄大约是45亿年。化石中所发现的发达的生命迹象至少是35亿年以前的。按理说，在35亿年之前就存在着某种形式的原始生命。用地质学的话来说，当太阳系诞生的阵痛消退之后，生命马上就在我们这刚刚冷却下来的行星上立住了脚。这就是说，不管产生生命的机制是什么，总之这些机制是相当有效的。这促使很多科学家得出结论，认为只要有了合适的物理和化学条件，生命的发生几乎就是不可避免的。

有人提出，促使生命出现的东西是"原初汤"。原始的地球水分充足，水中有简单的有机化合物，是由大气中进行的化学反应形成的。当初的地球，会有无数的池塘湖泊，那里面也会有各式各样的化学反应。经过几百万年，越来越复杂的分子形成了。最后，越过了临界值，复杂的有机分子随机地自组织就产生了生命。

1953 年，受赞誉的米勒－尤里实验给这种说法提供了支持。芝加哥大学的斯坦利·米勒和哈罗德·尤里当时试图模拟想象中的原初地球的条件。他们如法炮制了那时的大气 —— 甲烷、氨和氢，还有一滩水，还有闪电（是用放电模拟的）。几天之后，这两位实验者发现，他们的那"滩水"变红，里面有很多对现今的生命来说很重要的化合物，如氨基酸。

这些结果虽令人鼓舞，但并不能因此就认为，这些化合物放在那里，只要经过各种化学反应，过几百万年之后，这些化合物就会自然而然地产生出生命来。简单的统计学很快显示，DNA（即携带遗传密码的复杂分子）通过原初汤分子的随机串联而自发组成的概率小得可笑，几乎是不可想象的小。分子可能的组合方式太多了，偶然碰上一次产生出 DNA 的机会实际上是零。然而，普里高津的研究表明，如果离开热力平衡，很多系统就能自发地将自己组织起来。因此，原初汤不会老在那里晃荡。某种外来的影响会打破热力平衡，使原初汤进入一系列越来越复杂的自组织反应。这种外来的影响可能就是太阳，其强有力的辐射流使不平衡（负熵）得以产生。驱动着现今地球生物圈的，就是太阳的辐射流。外来的影响也可能是别的东西，没有人知道到底是什么。总之，一系列自组织反应的终端产品可能就是DNA。

总而言之，不难想见原初汤里含有一切生物所必需的成分，由外来的影响驱动着，进入了相互连锁的自组织、自放大的"反馈"循环，由此使有序程度越来越高，极大地增加了越过生命阈的可能性。但是，从米勒－尤里实验过渡到完全能进行复制的分子，这之间有很多中间步骤。若是谁认为我们对这些中间步骤有了了解，那可就错了。生命的起源到现在仍然是一个谜，甚至在科学家中间还引起争论。弗兰西斯·克里克在20世纪50年代揭示了DNA的分子结构，因而被誉为做出了20世纪最重大的发现。即使他，在谈到生命起源时也是谨慎的：

> 要我们来判断地球上的生命起源到底是一个非常罕见的事件，还是一个几乎肯定会发生的事件，这是不可能的……那一系列似乎是不可能的事件，要给那看似不可能的事件系列的概率赋予一个数值似乎是不可能的。[5]

不过，不了解生命的起源，并不说明生命就是起源于神迹。未来的发现有可能提供很多我们现在所不知道的细节。

即使将来的研究表明生命的自然起源是个极其罕见的事件，那些相信宇宙无限、宇宙包含的行星数目无限的人也用不着害怕统计。在一个无限的宇宙中，按纯粹的概率，任何可能的事件都必定在某处发生。显然，我们就是发现我们自己所处的这块区域发生了极其罕见的事件。

对生命、生命的起源以及生命的功能进行的研究是否为上帝的存在提供了证据？我们已说过，现代的科学家把生命看作一种机制，他们找不到关于生命力或非物质特质的任何实在的证据。人们现在仍不了解生命的起源，尽管现在正在兴起的关于自组织系统的研究使某些人觉得有理由认为生命是自动兴起的。生命具有了不起的能力，能够集中负熵，这毕竟并不违反热力学第二定律。当控制和决定生物功能的物理定律仍然有效时，就不会有证据证明有生命的系统实际上与已知的物理和化学定律相矛盾。

这一切当然都没能排除一个造物的上帝存在，但也确实表明，正如土星的光环和木星表面的图案可用物理学来解释其成因一样，生物的发展也不必用上帝的作用来解释。上帝存在的证据要么是到处都有，要么是到处都没有。生命似乎与其他有组织的复杂结构没有什么特别的不同，程度的不同倒可能有一些。我们对生命起源的无知，虽给神造生命的说法留出了广阔的地盘，但主张神造生命实在是一种消极的态度。遇到解释不了的事，就拉上帝来救驾，到头来只能是将来在科学的进步面前退却。因此，我们不要把生命看成是机械的宇宙中的一个孤立的神迹吧。我们该把生命看成是宇宙奇迹的一个组成部分。

科学家们普遍认为，生命是一种物质的自然状态，不过，是一种可能性很小的状态。科学家们的这种看法诱导了人们猜想在宇宙的其他地方或许也有生命。这种猜想当然是一个引起争论的话题，本书不想就它进行评论。直到今天，仍然没有天外生命的肯定性证据，尽管有人说飞临火星的海盗号探测器在其一个实验中确实表明在那里有可能有一种生化反应。不过，仅在我们银河系中，就很可能有几百亿的行星，因而有些科学家认为宇宙是富于生命的。霍伊尔和克里克就推测，地球上的生命来自宇宙空间。

关于外来生命的可能性的推测，使人想到可能天外有比人类还更智慧的生物。因为地球的年龄还不到宇宙年龄的一半，所以有可能在某些行星上，智能生物几十亿年前就演化出来了。他们的智能与技术同我们相比高得无法想象。具有如此发达能力的生物很可能控制了大片的宇宙，尽管我们察觉不到他们活动的迹象。天外智能生命的存在会对宗教有重大的影响。假如真能找到证据证明其存在，那么，上帝与人有特殊关系的传统说法也就不攻自破了。这对基督教的影响尤其大，因为按基督教的说法，耶稣基督是上帝的化身，他的使命就是拯救地球上的人类。假如有一大群"天外基督"有计划地按时到各个有智能生命居住的行星上去，变成当地的生物形象来实施拯救，这图景未免有些荒唐。然而，如果想不这么荒唐，那天外的智能生命又该怎样拯救呢？

在当今的空间时代，很多人显然都认为确有不明飞行物，但世界上的主要宗教却很少考虑"天外"的事。厄南·麦克穆林是当今少有的几位探讨这一问题的神学家。他认为："假如宗教在观察上帝与宇宙的关系时，不能够为天外人找到一个位置，那么，在未来的时代里，宗教将会发现越来越难以得到人们的认同。"[6] 要是能知道天外的神学家对此问题有什么见解，那倒是挺有意思的事。

　　在探讨上帝的过程中，我们说到了生命的存在，不管是可以用自然演化加以解释，还是要有神的介入为条件，生命的存在的确提供了有力的证据，证明在宇宙中是有某种目的的。但是，生命只不过是复杂性等级中的一个阶段。生命的重要性在于，它是产生精神的阶梯，也是精神的载体。下面，我们就要讨论精神的问题。

第6章
精神与灵魂

我思，故我在。

勒内·笛卡儿

我就是相信，人类自我或曰人类灵魂的某一部分不受制于时间和空间的法则。

卡尔·吉斯塔夫·荣格

各种宗教尽管对神的本质的看法有很多分歧，我还从不知道有哪种宗教不是说神是一种精神。在基督教里，上帝无所不知，他的知识是无限的。上帝也是无限自由的，想干什么就能干什么。没有什么精神比上帝的精神更博大，因为上帝是至高无上的。

但是，什么是精神呢？

神学家和哲学家长期以来一直在争论这一棘手的问题。然而，对精神的研究今天也进入了科学的领域。心理学，心理分析，最近的大脑研究，计算以及所谓的"人工智能"都在研究精神。这些方面的某些新进展，使我们对自古以来的精神之谜以及精神与物质世界的关系之谜有了全新的看法。这一切，对宗教的影响是深刻的。我们对之具有直接经验的精神是与大脑有关的，计算机是否有精神尚有争论。不过，没有人严肃地主张说，上帝或离世的灵魂也有大脑。完全与物质宇宙分离的精神是很玄的东西，我们暂且不谈，可是，离体的精神是不是有什么意义呢？在本章和下一章里，我们将考察意识、自我以及灵魂的问题。我们要问：身体死亡之后，精神还能不能活下去？

在开始时，我们最好在物质世界和精神世界之间划定一个明确的界线。物质世界充斥着物质的东西，它们有空间的位置，也有诸如广延、质量、电荷之类的特性。这些物质的东西并不是静止的，而是在四处运动，根据力学规律在变化着、演化着。对力学规律的研究，就构成了物理学的一个分支。物质世界是（至少在很大程度上是）一个公共的世界，所有的人都可以观测它。

充斥精神世界的，则不是物质的东西，而是思想。思想显然不是处在空间之中，而似乎是具有自己的宇宙的，其宇宙是隐秘的，是其他的观察者所观测不到的。思想也可以以各种各样的方式变化、演化、相互作用，也是能动的。对这一切的研究，就构成了心理学的一个分支。

话说到这里，似乎没什么争议。然而，一旦物质世界和精神世界相互作用，就来了问题。我们的思想宇宙并不是孤立于我们周围的物质宇宙之外的，而是与物质宇宙有着强有力的联系的。我们的精神借助于我们的感官接收到持续不断的信息流。信息流进而产生了精神活动，或是刺激新思想的出现，或是重新组织现有的思想。假如你正在阅读一个句子时，听到屋外呼的一声巨响，你就会不由自主地想，"屋顶上掉下来一片瓦"或"一辆汽车回火了"。因而，物质世界就成了新思想的来源，实际上是重新安排了精神世界。

反过来说，精神世界也通过意志现象作用于物质世界。你听到响声后，决定去看个究竟。于是，你的腿动了起来，书也放下了，开了门。你头脑中的思想借助于你身体这个中介引发了物质的活动，而物质的活动又重新安排了你环境中物质的东西。的确，我们平时在我们的环境中所看到的几乎一切东西，都是精神活动通过物质操作得以实现的结果。房屋、道路、麦田、风车，这一切都始于诸如计划、决策之类的精神活动。它们都是由精神活动变成的"具体实在"。

这一切看起来很明显，但其中已有了一些令人头痛的问题。物质作用于精神的机制是什么？更令人头痛的是，精神作用于物质的机制是什么？

现在，我们来看看外在的刺激是如何将思想"植入"精神之中的吧。可以那一声巨响为例。声波冲击耳鼓，引起了耳鼓的振动。这振动由三根细巧的骨骼传到耳蜗。耳蜗中的一种膜接收到了振动，再把振动传给内耳中的一种流体。流体又拨动了一些敏感的细丝，受拨动的细丝产生了电脉冲。脉冲沿着听觉神经通道进入大脑。在大脑中，由电脉冲组成的信号碰上了一个复杂的电化学网络，于是，声音就被感知到了。但这是怎么回事呢？这一连串虽说是复杂但也是直截了当的物质的相互作用，怎么就突然促成了一个精神事件，变成了对声音的感知？使你真正听到某种声音的大脑电化学模式是怎么一回事？

怎么就由听到声音而产生了一系列的思想？

更令人迷惑不解的是，是你听到声音之后的反应。你决定去看个究竟，你的腿动起来。是怎么动起来的呢？大脑的细胞兴奋起来，信息顺着神经传播开去，肌肉紧张起来，你动了起来。

一个物理学家会如何看待你大脑的这种活动呢？首先，他会把大脑的这种活动看成是一复杂电路的作用。各种各样连接着感觉器官和肌肉的神经通道就代表输入和输出的联系。物理学家因为十分了解电路学的规律，所以他会认为，假如能全部了解你大脑的电路（就是说有一份电路总图，另外还可以仔细监测输入信号），那么，经过繁复的计算之后，他就可以精确地预测你大脑这个电网的输出信号，并由此推断出你下一步要干什么。你听到声响之后，会不会出去看个究竟？你大脑发出的电信号会告诉他的。

谁也不会相信，这物理学家真能预测得准。问题在于，假如把大脑看成是一复杂的电路，大脑似乎就完全成了确定性的东西了，因此，至少从原则上看，就成了可预测的了。神经细胞之所以兴奋起来，命令你的腿活动，那是因为大脑电路中的电流模式具有一定的形式。不同的模式就激发不起神经细胞来，于是，你就会仍旧坐在那里看你的书，不会出去看个究竟。

这里难解的问题是，上述那些涉及普通电脉冲的真实的物质事件是与精神事件并行发生的："这是什么声音？什么东西碎了吗？我该去看看是怎么回事吗？该去。"—— 大脑细胞就这么开动起来了。尽管到目前为止，对大脑活动的精神描述和物质描述还不矛盾，但其中有一个关键成分却是描述不了的，那就是，你决定去看看那声响究竟是怎么回事。你放下书，你的腿活动，你的一系列活动都是意志的有意识的行为的结果，是选择的结果。在可预测的电路确定性的规律中，如何能容得下自由意志呢？

对这个问题的一个解决方法是，可以把精神看作是控制一架复杂机器的操作者。电站的操作者能按下各种按钮，使一座城市大放光明，同样，精神也能使相关的大脑细胞（神经）兴奋起来，按照其决定来驱动身体。但是，要出去看个究竟这种有意识的决定，又是如何使相关的大脑细胞兴奋起来的呢？不是说，电路的规律已经早就决定了输出的信号吗？难道那些规律被违反了吗？难道精神能够进入电子和原子、大脑细胞和神经所属的物质世界，生出电力来吗？难道精神真是能作用于物质，而不把物理学的基本原理放在眼里？难道物质世界的运动真有两种原因，一是平常的物质作用，一是精神作用？

在第10章里，我们将较为充分地讨论那令人迷惑的自由意志和精神物质相互作用的机制问题。但我们的问题还没完。我们仍然没有发现什么是意识、意识是如何发生的。黑猩猩有意识吗？狗有吗？老鼠呢？蜘蛛呢？虫子呢？细菌、计算机有没有意识？人类的8个月大的胎儿有没有意识？1个月的时候有没有？1秒钟的时候呢？对这些问题，怕是没几个人会全回答"有"。那么，意识是逐渐发生的吗？它是一种可以用某种方式定量化的东西吗？我们可以把人的意识定为100，黑猩猩为90，狗为50，老鼠为5，5个月大的胎儿为2，蜘蛛为0.1，等等，这么定行吗？若不然，是不是有一个意识发展临界值，一过了这个值，意识就猛然剧增，像是某种燃料到了某一临界温度便突然着起来？

我们又能如何识别意识呢？我们每一个人都能直接体验到我们自己的意识。但是，因为我们的意识是处在非物质的思想和感觉的隐秘宇宙中，外人是不能观察到它的。一个人若想推测他人的意识，就只能通过他们的行为和借助于物质宇宙与他们进行交往。张三可以跟李四说，他张三是有意识的，而李四看到张三似乎还算正常，跟自己说起话来还有条理，于是就相信了张三。假如张三是个哑巴，或只能说谁也听不懂的爱斯基摩方言，李四通过观察张三的言行，尤其是通过注意他对刺激的反应、完成复杂任务的表现等等，仍然会很有信心地得出同样的结论：张三是有意识的。

说到狗的意识，我们可就不能拿得那么准了。狗与人之间的交流是微乎其微的，而且是否真有交流也成问题。狗的大部分行为似乎是无意识的、本能的。可是，没有几个养狗的人会否认他们的爱畜有意识、有头脑，只不过不如（在某种模糊的意义上）人发达罢了。但是，论到较为低等的生物，如蜘蛛之类，就很难说它们有意识了。不错，低等生物也有行为，但其行为显然是自动的，是由本能规定好了程序的。

这样一路思考下来，就容易发现，精神的主动方面和被动方面之间是有所不同的。在有感觉这一意义上的有意识，要比有能力进行计划、做出决定、采取行动这种意义上的有意识低一个档次。一个新生儿无疑能够体验到由身体刺激所造成的感觉，但其感觉几乎完全是被动的。蜘蛛很可能也知道它周围正在发生着什么事，但其反应能力极其有限，只能通过反射运动来做出反应。人们常说，审时度势进而筹划行动是人类独有的行为。这种说法肯定是谬误的（假如有天外智能生命存在，这说法就更错了）。不过，似乎可以这么说：精神的那些较为主动的特性不仅与意识有关，而且与自我意识有关（在下一章里将讨论这个问题）。可能动物的自我概念不大发达。

大型电子计算机的迅速发展，使人们比以往任何时候都更加注意人类思维能力的机制问题。人们对精神与大脑的关系进行了一些仔细的分析研究。研究的中心问题既简单又玄妙：机器能够思想吗？

关于所谓的"人工智能"，可说是文献浩瀚，见解纷纭，本书不想进行评论。所有的专家至少同意这个观点：现在，即使是最先进的计算机也赶不上人的头脑。大家都知道，在进行算术运算、资料检索、下国际象棋等方面，计算机通常能超过人，但要它们写诗作曲就不行了。这主要是其软件（程序）的问题，而不是计算机的结构硬件问题。大部分计算机都是设计成完成较专门的低级任务的（如进行大量的简单算术运算）。在完成这样的任务时，速度和精确性是最重要的标准。假如一台计算机总出错，不肯出力，还"休假"，或者是行为反复无常，那么，这样的计算机对大多数使用者来说是没什么用处的，尽管计算机有这些荒谬的毛病反倒使它更像是具有人的智能。当然，假使一台计算机有了这样一些人的特点，那么也就没有谁知道该如何为它编制程序了。甚至有没有可能为它编制程序，也没有人知道。同样，人们也不大知道人的大脑是如何工作的。

　　不管目前的技术局限性如何，机器是否（至少原则上）能有精神这个问题现在仍是个回避不了的问题。用过大型计算机的人很快就会知道，从某种有限的意义上讲，计算机可以以一种类似人的方式与其操作者交往。现代的"互动"的技术能够使人与机器进行复杂的问答对话，尽管谈话范围是非常有限的。

　　我说过，对我们自己的精神之外的其他精神，其存在只能用类比的方式进行推断。假如有人问："我怎么知道张三有精神呢？"回答只能是："我有精神，张三的言谈举止跟我一样，也像我一样自称有精神，因此，我的结论是他像我一样有精神。"但这样的推理照样可以用在机器上。你永远也不可能具有他人的精神，也不可能直接体验到他的感觉（假如你能的话，那个他人也就不成为他人了，而成了你了），因而，若设想我们自己之外还有其他精神的存在，这设想就必然是一种信仰。因此，就"机器能够思想吗"这个问题而言，必定有这样一个回答，即人们不能根据外在的表现（如完成某些需要智能的任务）来断定人比机器高明，因为外在表现只是人可以用来评定机器"内在"体验的外在标准。假如机器被做得像人一样，能够对一切外在影响做出反应，那么，人们就没有可见的理由说机器不能思想或没有感觉了。而且，假如我们愿意承认狗能思想，或蜘蛛、蚂蚁具有某种基本的感觉，那么，即便是现有的计算机在这种有限的意义上讲也可被认为是有感觉了。

　　1950年，数学家艾伦·图灵在《精神》杂志上发表了一篇题为《计算机与智能》的文章，探讨了机器能否思想的问题。他提出，可以用一个简单的试验来解决这一问题。图灵把这试验称作"模仿游戏"。

试验的原理是这样的：让一个男子进入一间屋子，一个女子进入另一间屋子，一个提问者用一种电传打字电报机与这一男一女进行联系，并以问答的方式判定哪一边是男子，哪一边是女子。与此同时，这一男一女都要设法使提问者相信他与她是女子。这样，这男子就必须是一个聪明而娴熟的说谎者。假如用机器来取代这个男子，而机器真能使提问者相信它是个女子，图林就认为这机器是真能思想了。

这种全面和完全发展的人工智能是可能的，对这种说法很多人提出反对意见。有一派推理认为，计算机是按照严格的理性逻辑方式工作的，因而必然是冷酷的、工于计算的、没心没肺没灵魂又没感情的自动装置。因为计算机的运行纯粹是自动的，所以，它就只能完成作为其操作者的人按程序输入到它里面的指令。没有哪台计算机会离开其操作者，变成一个自主的具有创造性的个体，能够爱、笑、哭叫，具有自由意志。计算机就像汽车一样，是其操纵者的奴隶。

这种推理有一个问题，因为它也能推出适得其反的结果来。在神经（大脑细胞）层面上，人的大脑也像计算机一样是机械的，也受制于理性逻辑原理。但这并不妨碍我们有举棋不定的感觉，我们照样会晕头转向，兴高采烈，烦闷无聊，不可理喻。

宗教对人工智能这一概念所提出的主要异议是，机器没有灵魂。然而，灵魂的概念却是模糊得要命。早期的关于灵魂的概念是与生命力的概念密不可分的，即灵魂是一种维持生命所必需的、赋予生命的作用。《圣经》，尤其是《旧约圣经》对此论述不多。灵魂的概念似乎主要是从希腊的哲学传统发源的，受的是柏拉图这样的哲学家的影响。

《圣经》早先提到灵魂时，是把灵魂当作呼吸和生命的同义词来用的。到了《新约圣经》里，灵魂的概念不知为何鲜明起来，变得与"自我"相当，具有了我们今天所说的精神的那些特点。实际上，"灵魂"这个词在现代用得不多了，现在主要是宗教界使用它。甚至《天主教百科全书》也把灵魂定义为"思想活动的源泉"。[1] 因此，灵魂与精神之间的关系是模糊不清的。下面我们将把这两个词当作可以互相替换的词来使用。

　　宗教教旨的中心观念是，灵魂（精神）是一个事物，肉体与灵魂之间必须划一个清晰的界限。提出这种所谓的精神（或灵魂）二元论的是笛卡儿。笛卡儿的二元论被广泛地吸收进基督教思想中。这种二元论也最符合普通人的信仰。实际上，二元论的观念在我们的文化和语言中是如此根深蒂固，以至吉尔伯特·罗伊尔在其《精神的概念》一书中，把二元论称作"公认的教旨"。

　　二元论的精神都有哪些特点呢？"公认的教旨"是这样说的：人是由两种不同的东西组成的，这就是肉体与灵魂或说是精神。肉体是精神的寄主或容器，甚或是精神的牢房，精神只能通过上进或死亡才能逃离这牢房。把精神与肉体结合起来的是大脑。精神利用大脑（通过肉体的感官）获得并储存关于世界的信息。精神也利用大脑作为一种手段，通过本章前面所描述的那种方式来作用于世界，实施其意愿。然而，精神（或灵魂）并不驻在大脑或身体的任何其他部位之中，实际上也不驻在空间的任何地方（我在此对某些神秘主义者以及唯灵论者的"非公认的"教旨表示怀疑，因为他们声称亲眼看见过某种与肉体有着密切空间联系的灵体或灵魂）。

照这样的一幅图景来看，精神的一个重要特点就是：它是一种事物，可能更具体地说就是一种实体。但它不是一种物质实体，而是一种精微的、看不见也摸不着的以太一样的实体，是思想和梦幻的组成材料，是与普通的笨重物质不相干的。笛卡儿对肉体和灵魂的看法，由R. J. 赫斯特总结如下：

> 笛卡儿的基本思想似乎是，首先，存在着两种不同的存在或实在，一为精神，一为物质。精神或精神实在是感官所感觉不到的，在空间中也没有广延性。精神是有智慧、有目的的，其基本特征是思想，或曰意识。[2]

罗伊尔则说：

> 虽说人的肉体是一架机器，但它却不是一架普通的机器，因为它的某些活动是由其内部的另一架机器控制的。在内部起控制作用的是一种很特殊的机器，它是看不见也听不见的，没有大小也没有重量的。它不能拆开，一般的工程师也不知道它的运行原理。[3]

罗伊尔给这内部的机器起名叫"机器之灵"。

灵魂必须具有非物质的特点，似乎有两个理由。首先，我们不能以任何直接的方式看到或观测到灵魂的物质性存在，在脑手术中也找不到灵魂。第二，物质世界必须遵从物理定律，而物理定律在宏观层面上（即在忽略量子效应的情况下）是机械的、确定的，因而是与自由意志这种灵魂的基本属性不相容的（这样推理是错误的，我们将在合适的时候说明这一点）。但这些说法只是告诉了我们灵魂不是什么，而不是说明它是什么。于是，我们心里不免犯疑，觉得把灵魂或精神看作是一种事物的看法是没有任何根据的。灵魂之所以给人那么一种虚幻的印象，看上去好像是一种实在似的，其实只不过是因为它顶了几个无意义的名罢了。精神不是机械的，于是乎就是"非机械的"，好像这形容词对我们有什么意义。罗伊尔的话正是这么说的："精神不是钟表机构，而是非钟表机构。"[4]

灵魂的属性很难描述，同样，要想找到灵魂在哪里也很难。假如灵魂在空间里找不到，又该上哪里去找呢？（不过，有意思的是，笛卡儿认为，大脑中的松果体是灵魂的所在，或至少是一种结构，为精神和大脑提供了难以捉摸的物理性联系。）新物理学运用它那奇异的空间弯曲以及更高维数的概念，能不能找到灵魂在哪里呢？

我们已经看到，物理学家把时间和空间看成是一块四维的薄片（也可以看作一个气球），他们认为有可能还有其他的薄片，与时空薄片不相连。灵魂是不是驻在另外的某一个宇宙里呢？时空还可以被看作是包在或嵌在一种更高维数的空间里，就像是一个二维的表面或薄片嵌在三维的空间里。灵魂是不是会驻在这更高维数的空间中的某一处，而这更高维数的空间从几何学上讲仍然是与我们所在的自然时空相近，但实际却不在其中？从这更高维数的有利位置出发，灵魂可以在不属于时空的情况下，"附在"时空中的某个人的肉体上。

那些愿意相信离开肉体的灵魂会进入天国的人，还得面临一个为复杂的安排问题。因为据说，当一个人活在现世时，其灵魂有一种住处，而当灵魂进入天国时，其住处与现世的住处是不一样的。假如说这类观念就像是几何学直觉一样让人觉得不信也得信，那肯定是因为人们错误地想当然，以为灵魂有个归宿。所谓灵魂占据着一个位置，就是说它存在于某种空间之中。那空间或是我们平常所察觉到的，或者是我们察觉不到的。假如真是这样，人们就要问一系列的问题：灵魂多大？形状如何？在什么方位？有什么样的运动？而这一切，对灵魂这种由思想组成的非物质的东西是完全对不上号的。

但是，由现代物理学提供的观念还没有用完。我们在第3章说过，有些现代物理学家认为，时空不是原始的概念，而是派生的概念。他们相信时空是由一些次单位组成的（不是位置也不是时刻，而是一些抽象的实体），这些单位也能体现量子的特点。很可能自然宇宙延伸（在某种比喻的意义上讲）到我们平日所说的时空之外，只有一小部分的那些次单位以一种有秩序的方式结合起来，造成了时空，使时空之外的"其他地方"成了一种互不相连的碎片海洋。这"海洋"难道会是灵魂的属地吗？假如真是这样的话，灵魂就不会占据位置，因为次单位是不会被装配成位置的。因此，对灵魂来说，诸如广延和方位之类的概念是无意义的。实际上，甚至那些诸如里面、外面、之间、相连、不相连之类的拓扑学概念也可能是无定义的。对这个问题，我没有结论性意见。

说到时间，问题就更多了。灵魂不在空间之中，但它在时间之中吗？大概在。假如灵魂是我们感觉的源泉，那么，我们对时空的感觉也必定包括其中。而且，很多可辨的人类精神过程，如计划、希望、悔恨、预期，等等，明显地是依赖于时间的。

假如说灵魂不在时间之中，就会有严重的逻辑问题。假如灵魂超越了前后关系，我们对灵魂在人死后存在还能赋予什么意义呢？在肉体出世之前，灵魂的情况又如何呢？《天主教百科全书》以一种罕见的幽默处理了这个问题：

> 没有任何证据证明，上帝掌握着大批不属于任何肉体的灵魂，众灵魂只是被上帝注入人类的胚胎之后才归属于肉体……灵魂是上帝创造的，是在被注入物质时创造的。[5]

这里的意思是明显的。灵魂有时候（肉体出生前）不存在。这样的观念显然是与灵魂超越时间的观念相冲突的。

在一切关于永生的讨论中，都贯穿着这同一个基本的时间难题。一方面，人们期望现世生命结束之后，人还能继续存在，不是仅以一种冻结的无时间的存在方式存在，而是还有某种活动。耶稣谈到过"永久的生命"，其内涵就有时间永不结束的意思。

另一方面，这样的概念是与我们对物质世界的时间感觉紧密相连的，因而与所谓的物质和精神分属于不同的世界的说法不大相符。假如有人认为，实际上时间有可能是有终结的（在第15章将讨论这个问题），很可能根本就没有什么"永恒"，那问题就更麻烦了。

我们在这里所说的这些论点以及其他类似的论点，使很多人感到，灵魂（或精神）和灵魂不死的概念，往好处说是错误的，往坏处说是前后矛盾的。

哲学家们探讨了二元论的好几种替代品。有一个极端是唯物论，完全否认精神的存在。唯物论者认为，精神的状态和作用不是别的，正是物质的状态和作用。在心理学领域里，唯物主义变成所谓的行为主义，宣称所有的人都以纯机械的方式对外界的刺激做出反应。另一个极端就是唯心主义哲学，认为物质世界并不存在，一切都是感觉。

我觉得，二元论的错误在于试图用一种实体（精神）来解释一种实际上的抽象概念，而不是解释一种客体。在科学史上和哲学史上，人们一直喜欢情不自禁地把抽象概念还原成事物，如燃素、热的流体理论、传光的以太以及生命力。这都是些已被证明为不可信的概念。与这些概念相关的现象，需要用抽象的东西，如能量或场来解释。

一个概念是抽象的而不是实体的，这并不会使这一概念变得不实或虚幻。一个人的国籍既不能称也没法量，也不在他身体内占据一个位置，然而，国籍是有意义的，是这个人的重要组成部分。那些不幸没有国籍的人太明白这一点了。效用、组织、熵、信息这类的概念也不是物体意义上的"东西"，而是物体之间的关系，物体的条件。

二元论的基本错误是把肉体和精神看作是一个钱币的正反面，而二者实际上是属于完全不同的范畴的。精神和精神与肉体关系问题上的一切混乱和矛盾，在罗伊尔看来都是这种范畴错置造成的：

　　　　按照一种逻辑说，存在着精神；再按照一种逻辑说，
　　存在着肉体；这两种说法都完全正确。但是，这两种说法
　　并不是指有两种不同的存在。[6]

　　说"存在着岩石"跟说"存在着星期三"都是正确的，但是，若把岩石跟星期三并列起来，并讨论它们之间的相互关系，那就没有意义了。我们也可以用一个罗伊尔的类比，这就是，探讨英国下议院与英国宪法之间是否有过会话是荒谬的。因为二者分属于不同的概念层次。

　　罗伊尔的这番话，抢先说出了很多近年来才由"整体论"探索的东西。我们在上一章里讲过，精神与肉体的关系，类似于蚁群与单个的蚂蚁之间的关系，或一部小说的情节与字母表的26个字母的关系。精神与肉体并不是一个二元性事物的两个部分，而是分级描述中的两个不同层面的两个完全不同的概念。我们又一次碰上了整体论对还原论。

　　只要人们认识到，在没有任何神秘的外加实体或成分的情况下，抽象的、高层面的概念照样可以与作为它们基础的低层面的结构一样真实，那么，很多旧有的二元论难题也就迎刃而解了。物质用不着加进生命力才能变得有生命，同样，物质也用不着有灵魂实体，才能变得有意识：

　　　　我们这个世界有很多东西，既不神秘莫测，也不是单
　　纯地由物理砌块构成的。你相信人的声音吗？理发又如何
　　呢？有这样的事吗？它们都是什么呢？用物理学家的话

来说，什么是一个孔洞呢？这里不是说那不可思议的黑洞，而只是一块奶酪上的洞。这洞是自然的东西吗？什么是交响乐呢？"星条旗"这首歌在时空中的什么地方呢？这首歌是不是就是国会图书馆里的哪张纸上的一些墨迹？把那张纸毁了，美国国歌依然存在。拉丁语依然存在，但已不是活的语言了。法国洞穴人的语言已经不存在了。桥牌这种游戏才存在了不到100年。它是种什么东西呢？不是动物，不是植物，也不是矿物。

这些东西都不是具有质量的物体，也不是一种化合物；但它们也不是纯粹抽象的东西，就像无理数π一样是一成不变的，在空间和时间中找不到它的位置。这些东西有出生地和历史。它们可以变化，可以发生什么事。它们可以四处运动，就像是一个物种，一种疾病，或一种流行病。我们万不可以认为，人们想认真对待的任何东西都可以被认为是在空间和时间中四处活动的粒子群。这绝不是科学的观点。有人或许会认为，你不过是一特定的活的物质的生物体，是一堆活动的原子。这些人或许以为这是常识，或是很好的科学思想。其实，这种想法正说明，这些人缺乏科学的想象，倒不缺乏精明的牵强附会。自我有一种同一性，超越任何具体的活的肉体。人们不必先得相信有灵，才能相信有自我。[7]

大脑是由几十亿神经元组成的。这些神经元整天忙来忙去，也不知道有个什么总体规划（就像上一章里所讨论的蚁群中的群蚁一样）。这就是大脑电化学硬件的物质的、机械的世界。另一方面，我们有思想，有感觉，有感情、意愿，等等。这高层面的整体的精神世界也同样不知道大脑细胞，我们在完全不知道神经元协助的情况下，可以舒舒服服地进行思想。但是，大脑的低层面是由逻辑统治着，高层的精神面却可以是非逻辑的、有感情的，这二者并不一定矛盾。关于这种神经—精神的互补，霍夫斯塔特曾给以生动的说明：

> 比如说，你现在正犹豫不决，不知道该要一份奶酪三明治还是要一份菠萝三明治。这是不是说你的神经元也在犹豫不决，不知道要什么好？当然不是。你打不定主意要什么样的三明治，这是一种高层面的状态，而这种状态完全是以成千上万的神经元按非常有条理的方式有效地工作为先决条件的。[8]

用一个类比就是，一部说得过去的小说是由一系列语法构造组成的，而这些语法构造又是符合语言以及表现方式中相当严格的逻辑规则的。然而，这并不妨碍小说中的人物恋爱或大笑，或以一种完全不守规矩的方式行动。假如说这本书是由逻辑的字词构造而成的，所以这故事必得是严格符合逻辑规则的，这样说就是荒谬的，因为这是把两个不同的层面搞混了。麦克埃在探讨神经活动与精神活动的时候，也强调了要避免层面混淆的重要性："同一个情况或许得有两种或两种以上的解释，而且每一种解释在自己的逻辑层面上都是完整的。这话听起来抽象难解，但正如我们已经看到的那样，其实是可以用无数的例子来加以说明的。"麦克埃在讨论描述层面的问题时，举了由闪亮的灯光组成的广告为例。广告的图像文字完全可以用电路理论来解释描述，但麦克埃指出，还有一个与之互补的描述，即商业信息："假如给以正确的区分，两者（两种描述）就不会矛盾，反而互补，就是说，每一种描述都揭示了应当重视的一面，而这一面是在另一种描述中没有提到的。"

精神也与此类似：

> 戴拉·德夏尔丹之流的作家宣扬说，假如人是有意识的，那么，在原子中就必定有一些意识的踪迹。这种说法是相当缺乏理性的基础的……争论物质粒子的行为，结果争出意识来，意识可不是我们预期要被迫承认的东西。[9]

用更为现代的用语来说，精神是"整体性的"。

上述的一切，当然都不排除人造精神、思想机器等的可能性。奇怪的是，很多人乐于承认他们的爱畜有智慧，但一想到计算机会有智慧就心惊肉跳。或许，这是一种自我中心的反应，觉得哪一天计算机有了比我们的智力还强的精神，是对我们的威胁。或许，这是一个更为微妙的问题。

对精神和肉体进行两个层面（或多个层面）的描述，这比起原先的二元论（精神和肉体分属两种不同的实在）和唯物论（精神不存在）是很大的进步。多层面描述如今是一门哲学。随着认知科学，如人工智能、计算科学、语言学、控制论、心理学等的出现，多层面描述也迅速流行开来。上述的学科都涉及信息处理系统。信息处理系统可能是人，也可能是机器，可以用这种方式处理信息，也可以用那种方式处理信息。与计算机有关的语言和概念的提出，如硬件和软件的区分之类，为了解思想和意识的本质开辟了新的途径。于是，科学家们在思考精神问题时，不得不比以往更加不含糊。

与这些科学进展同样重要的是，一种关于精神的新哲学出现了。这种哲学与上面所说的那些观点密切相关，被人们称作机能主义。机能主义者认识到，精神的本质要素不是硬件（不是构成大脑的物质，也不是大脑所利用的物质作用），而是软件，是大脑物质的组织，或说是其"程序"。机能主义者并不否认，大脑是一台机器，神经元纯粹是按照电路原理工作的，大脑中的物质作用并没有精神的原因。但他们仍认为，大脑的各种精神状态之间是有因果关系的。粗略地说就是，思想引发思想，尽管在硬件层面上。因果关系早就固定了。

大多数计算机程序编制人员理所当然地认为，硬件层面和软件层面的因果关系没有可比性。他们会异口同声地说："计算机是由一些电路组成的，它能干什么事是由电学定律规定的。它的输出，是它走过事先规定好的电路的自然结果。"说完这样的话后，他们就会谈论计算机解方程，作比较，作决策，根据信息过程得出结论，也就是说计算机能思想。这样，我们就可以有两种不同层面即硬件和软件的因果关系，而与此同时，我们也不必追究软件如何作用于硬件。精神如何作用于肉体这个古老的话题，于是便可以看作是概念层面混淆造成的。我们从不会问这样的问题："计算机程序如何使计算机电路解方程？"同样，我们也不必问思想如何开动神经元去产生肉体反应。

机能主义对宗教意味着什么呢？

机能主义似乎类似双刃剑。一方面，机能主义否认精神是人类独有的，声称机器也能思想，有感觉，至少原则上如此。而传统的观念则认为，上帝将灵魂赋予人，于是机能主义与传统的宗教观念难以相容。另一方面，机能主义把精神从人的肉体这一牢笼中解放出来，从而使永生的问题成为悬而不决的了：

> 对精神进行软件层面的描述，从逻辑上说不需要神经元……这种描述为离体的精神存在留下了余地……机能主义并不排除有可能（不管这可能性多么微小）存在一种机械的灵气系统，这种系统具有精神状态和作用。[10]

机能主义一举解决了关于灵魂的大部分传统问题。灵魂是由什么材料构成的？这样的问题是无意义的，其无意义就像是问公民权或星期三是由什么材料构成的。灵魂是一整体概念，根本不是由什么材料构成的。

灵魂在哪里呢？哪里也不在。以为灵魂在一个什么位置，就像是想找出数字7在什么位置，或贝多芬交响乐在什么位置一样，都是理解错误。像灵魂、数字这样的概念在空间里是找不到的。

时间与灵魂的问题又如何呢？某种东西，只在时间中存在，却不在空间中存在，有这样的事吗？

　　这个问题更难捉摸。我们常说失业率升高，时尚发生变化，意思是说这些事物依存于时间，却不能固定在某一位置上。同样，也完全可以说，精神依存于时间，却在空间里找不到。

　　因而，我们可以说，那种认为精神不过是大脑细胞的活动而已的看法是错误的，因为持这种看法就是陷入了还原论的泥坑。不过，精神的存在似乎的确是仰仗着大脑细胞的活动的。于是，问题就来了：离体的精神能够存在吗？可以再打一个类比，一部小说是由字词组成的，但小说也完全可以以声音的形式储存到磁带上，或译为代码用穿孔机打在卡片上，或变成数字存到计算机里。大脑死亡之后，精神能够转移到另一个机制或系统里，继续活下去吗？显然，这在原则上是可能的。

　　然而，大多数人并不为他们死后整个个性是否还继续存活而操心。因为我们的生活在很大程度上是与我们肉体需要和性能联系在一起的。例如，性活动假如没有肉体或生殖的需要就是荒唐可笑的。很多人也不想要他们的个性中的消极面，如贪欲、嫉妒、仇恨，等等，不想要这些消极的东西在他们死后继续存活。于是，他们希望精神的内核若是在人死后继续存活，就必须去掉其明显的肉体因素以及那些令人不快的特征。但这样一来，灵魂还剩下些什么呢？人的自我又会如何呢？

第 7 章
自我

每一个自我，都是神的创造。

约翰·艾克利斯爵士

我一生中有一件憾事，这就是我不是另外一个人。

伍迪·艾伦

我们是谁？我们每一个人在我们意识的深处，都埋藏着一种强烈的自我意识。我们成长、发展，我们的思想和趣味发生变化，我们对世界的看法变动不居，新的感情时有出现。然而，在这一切变化的同时，我们从未怀疑我们还是同一个人。我们体验了这些变化。这些体验发生在我们身上。但是，具有这些体验的"我们"又是什么呢？这，就是长久未解的自我之谜。

跟别人交往时，我们通常把他们与他们的身体等同起来，而且在较小的程度上也与他们的个性等同起来。但我们却以相当不同的方式看待我们自己。当一个人说"我的身体"时，他是把他的身体当作一种所有物，就像是说"我的住所"一样。说到精神时，情况就不同了。精神不是一个人的所有物，而是一个人的所有者。我的精神不是一种个人财产，而是我本身。

于是，精神就被看作是体验和感情的所有者，是思想的中心或焦点。我的思想和我的体验属于我自己，你的思想、体验属于你。用苏格兰哲学家托马斯·里德的话说就是：

> 不管这自我是什么，反正它能思想，会思考，能做出
> 决定，能行动，也能感受痛苦。我不是思想，我不是行动，
> 我不是感觉；我是某种能思想、行动、受难的东西。[1]

神学家们把自我等同于难以捉摸的精神实在或曰灵魂，这难道不是再自然不过的事吗？况且，灵魂不在空间里，因而不能拆开、散播，于是，自我的完整性也就有了保证。可以察觉到的"自我"的最基本的性质之一就是，它是不可分割的，是分立的。我是一个个人，我与你界限相当分明。

精神（或灵魂）的概念，正如我们在前一章里所看到的那样，是出名的晦涩难解，有时还自相矛盾。"我是什么？"这个问题不容易回答。正如罗伊尔所指出的那样："我们一旦伸出头去，查找以代词'我们'命名的那些人时，那无缘无故使人迷惑的事就来了。"[2] 然而，要想理解永生，就必须解决这个问题。假如我死后继续存在，那么，我能指望那继续存在的是什么呢？

据大卫·休谟说，自我不过是一堆感觉而已：

> 当我最接近我所谓的自我时，我总是碰上这种或那种
> 感觉，如冷与热，明与暗，爱与恨，痛苦与快乐。我在任何
> 时候都会发现"自我"有某种感觉，而且，除了感觉之外，
> 我也不会观察到任何东西。[3]

假如照这种哲学观点看问题，那么，如果问"我是什么"，回答就是"我是我的思想和感觉"。然而，这样的回答让人不安。难道没有思想者，思想能存在吗？又如何将你的思想同我的思想区别开来呢？而且，所谓"我的思想"究竟是什么意思呢？实际上，休谟先说是自我不过是感觉的集合，但后来又写道："更严格地省察关于自我的那一部分之后，我发现自己进了迷宫。"

不过，必须承认，自我的概念是模糊不清的，而感觉对形成自我的特质也是很有作用的，即便感觉不能完全解释自我。自我的某些方面似乎是处在自身同一性的边缘。例如，我们要到什么地方去找（比喻意义上的"找"）情绪？换言之，你的情绪难道不是你整体的一部分吗？众所周知，情绪是很受物质的影响的，例如，血液的化学成分就影响情绪。激素不平衡能导致各种各样的情绪紊乱。药物能够导致也能够抑制多种精神状态和情绪，任何饮酒的人都知道这一点。更厉害的是，大脑手术能够导致一个人个性的重大变化。这一切，都使我们不乐意让灵魂带上太多个性的累赘。另一方面，假如一切情绪都被消除，那还会剩下什么呢？基督徒或许赞成甩掉消极的情绪，但希望灵魂保留爱与敬神的感情。道德上中性的感觉，如厌烦、兴致勃勃、幽默感之类，其去留则可以争论。

人们更为关注的问题是记忆以及整个的时间感觉的问题。我们对我们的自我的看法，是与我们对过去的记忆分不开的。人们还不清楚假如没有记忆，自我能否有任何意义。或许有人会说，一个患健忘症的人虽然可能对"我是谁"产生疑问，但他却在任何时候都不怀疑有一个"我"，而那个"谁"是属于我的。不过，这只是证明，健忘症患者并没有完全失去记忆。比如，在使用日用品方面，如使用杯、盘、公共汽车、床时，健忘症患者并没有困难。而且，他的短期记忆仍是完好的：假如他决定去花园里散步，他是不会一到花园没一会儿，就不知道他到花园是干什么来了。

假如一个人真是完全丧失了记忆力，连几秒钟以前的事也记不住，想不起来，那么，他的自我意识就会完全崩溃。他甚至连动作连贯也做不到。他的身体动作不会有任何意识来协调。他完全不能理解他的感觉，也不能将他对周围世界的感受理出头绪。他自己这一整个的概念与他所感觉到的世界之间的区别，也将会混乱。他将看不出各个事件的规律性或模式，连续性的概念，尤其是他自身的连续性概念也不能维持了。

因而，我们之所以能感到自身同一性，之所以每天能认出我们自己不是别人，在很大程度上是因为我们有记忆。我们在一生中都驻在同一个肉体之中，但肉体可能发生相当的变化。肉体中的原子因新陈代谢活动而有条不紊地被取代，肉体成长、成熟、衰老、最后死亡。我们的个性也会有大变化，然而，尽管我们在不停地变形，我们仍然相信我们依然是同一个人。假如我们不记得我们先前的状况，那么，"同一个人"这个概念除了表示肉体的连续性之外，还会有什么意义呢？

我们现在不妨设想，有一个人自称是拿破仑再世。假如他长得不像拿破仑，那么，可以用来判定他的说法真伪的唯一标准就该是他的记忆。拿破仑最喜欢的颜色是什么？在滑铁卢大战之前，他有什么感觉？他该讲出一些关于拿破仑的具体的（并且是完全可以证实的）事来，然后，你才能相信他真是拿破仑再世。然而，假如这人说他已完全丧失了关于他的前世的记忆，只记得他是拿破仑，那你该怎么办？他说"我是拿破仑"这话有什么意义呢？

他很可能会跟你争辩说："我的意思是，尽管我的肉体、我的记忆，还有我全部的个性现在都属于约翰·史密斯，然而，约翰·史密斯的灵魂的确就是已故的拿破仑·波拿巴的。我以前是拿破仑，现在是史密斯。但拿破仑和史密斯都是同一个我。只是我的特征改变了。"他这话难道不是胡言乱语吗？要想把一个人的精神与另一个人区别开来，不就是要看他的个性和记忆吗？若说存在着某种可能转移的标记，即灵魂，而灵魂除了表现为一种神秘的记号之外又没有什么特性，那么，这样的话便是毫无意义的猜测。要是有人否认有这样一种标记，那该怎么反驳他呢？假如真有这样的一种标记，我们岂不可以说万物都有灵魂了吗？植物、云彩、岩石、飞机岂不都有灵魂吗？有人很可能说："这机车看上去是一台普通的内燃机车，但它实际上带着的是史蒂文森的那台火箭号机车的灵魂！尽管二者式样不同，材料不同，这内燃机运行时一点也不像那火箭号机车，但它确实就是那台火箭号，只不过结构、外表、设计完全不同罢了。"这样的空洞的话有什么用处呢？

我们可以再举一个比拿破仑再世更平实的例子。假设一位亲密好友接受了一场大手术，手术后面容体貌完全改观，认不出来了。你怎么知道他与手术前的那个人是同一个人呢？假如他告诉你他先前的事，让你想起以前的一些小事，还有以前你与他之间的私下谈话，而且，他还表现出他对以前的情况了如指掌，那么，你就会得出结论说，他的确就是你以前的那位亲密好友。"没错，就是他，别人不可能知道那些事。"但是，假如那场大手术也使你的这位朋友失去了很多记忆，或干脆损坏了他的记忆，那么，你就很不容易判断他是谁了，假如他一点记忆也没有了，你就没有任何根据说眼前这个人是你的朋友（有点根据的话也是他身上还残留了一些原先的体貌特征）。实际上，一个人假如没有任何记忆能不能算是个人还不清楚，因为他一点具有连续性的特征也没有。假如他没有如个性之类的连续性特征，我们通常就不能把他看成是一个"个人"。没有记忆的人对外界的反应或者是完全没有规律的，或者是纯粹的刺激反应，因而，他的行为跟一个程序没编好的自动装置没什么两样。

在这里我们看到，相信人死后灵魂继续存在的二元论者面临着明显的困难。假如灵魂得靠大脑来储存记忆，那么，肉体死后，大脑怎么还能记事呢？假如肉体死后，灵魂什么也记不住了，我们又怎么能说它跟某一个人是同一的？是不是可以认为，灵魂有某种非物质的备份记忆系统，这记忆系统与大脑平行地发挥作用，但离开了大脑也照样能独立运作？

有人为了试图摆脱这种难题，主张灵魂是超越时间的。灵魂不在空间之中，同样，它也不在时间之中。但这么一来，又引起了一大串难题，我们在前一章里已经看到了。

假如我们注意一下很多哲学家的一个观点，我们似乎就能接近于理解自我。哲学家们的观点是：人类的意识并非仅仅是由知觉构成的，而是由自觉构成的。我们知道我们知道。1690年，约翰·洛克就强调指出："谁想感知什么事，而对他自己有感知这一点却没有感知，这是不可能的。"[4] 牛津的哲学家J. R. 卢卡斯也持有相同的观点：

> 说一个有意识的人知道某事，这不仅是说他知道该事，也是说他知道他知道，而且他知道他知道他知道……意识之所以会出现悖论，这是因为一个有意识的存在能够知道自己，也知道其他的事物，然而它却不能被解释为可分的。[5]

同样，A. J. 艾耶尔也写道："人们很想把人的自我看成是中国的套盒，每一个盒都俯视着套在它里面的那个盒。"[6]

要想解开精神之谜，自指（self-reference）的性质无疑是一个关键。在普里高津的耗散结构里，我们已经看到了反馈和自联结（self-coupling）的重要性。耗散结构具有自组织的能力，而自然界中似乎存在着从无生命到有生命到有意识这样一个复杂性和自组织的等级排列。但在这等级排列之中还隐藏了另一个等级排列，这就是上一章里所讨论过的概念层面之分。生命是一整体概念，而还原论者的观点只揭示了我们身体中的无生命的原子。同样，精神也是一整体概念，是属于另一个描述层面的东西。我们不能通过大脑细胞来了解精神，正如我们不能通过构成细胞的原子来了解细胞。在大脑细胞之间寻找智能或意识是徒劳的。在脑细胞的层面上，意识的概念是无意义的。那么，自知的属性显然是整体性的，在大脑具体的电化学机制中是找不出来的。

对自指的研究总是碰上悖论，不仅是在自知这一哲学问题上，而且也在艺术上，甚至在逻辑和数学层面上都碰上了悖论。古希腊学者埃庇米尼底斯使人们注意到自指陈述的问题。通常，我们认为每一个有意义的陈述或是为真，或是为伪，二者必居其一。但我们且来看看埃米尼底斯的命题（我们称之为A），其命题可翻译如下：

> A：本陈述是伪的。
>
> A是真是伪呢？假如是真，可陈述本身却说它是伪的；假如是伪，那陈述肯定就是真的。但A不可能同时又真又伪。因此，A是真还是伪这个问题是没有答案的。

我们在第3章里所见到的罗素的悖论，也与此类似。二者都是由说得通的陈述或概念组成的悖论。只是这些陈述或概念套成环，指向它们自己，结果就造成逻辑乱了套。A还有一个形式：

> A：下面的陈述是真的。A1
> 　　上面的陈述是伪的。A2

在这个形式中，A1和A2这两个陈述单独看都是完全平铺直叙，毫无悖论的。但二者一连结起来，组成一个自指的环，再看上去就成了没有逻辑意义的东西了。

在他那本著名的书中，霍夫斯塔特指出了荷兰艺术家M. C. 埃舍尔如何在其作品中戏剧性地表现了"局部"有意义的概念圈成了"全局的"悖论。例如，在《瀑布》这幅画中，假如我们顺着圈中的水流看下去，水流在每段路上似乎都是完全正常的、自然的，但最后，我们突然惊讶地发现，我们又回到了开始的地方。作为整体来看，整个的圈显然是不可能的，但圈上的每一段却都"没问题"。呈现悖论的是全局的或整体的方面。霍夫斯塔特在巴赫的赋格曲中也发现了相应的音乐"怪圈"。

一些关注数学逻辑基础的数学家和哲学家，对自指的问题进行了深入的探讨。其中最惊人的成就很可能要算德国数学家库尔特·哥德尔所证明的一个结果，叫作"不完备定理"。霍夫斯塔特的书的贯穿性主题，就是这个定理。哥德尔的定理，起因于数学家们试图将推理过程系统化，以便为建立数学大厦清理好基础。例如，罗素的悖论就起因于试图以一种尽量普遍和尽量不明确的方式使众多的概念分属不同的"集"，以便使概念组织起来。他的这一努力导致了灾难。

哥德尔偶然想到了用数学符号来编排陈述。这种做法本身并无新奇可言。任何一个看过枚举简算的人都会做。哥德尔所探索的新奇的东西是用数学来编排关于数学的陈述，这就又出现了自指。于是，很可能是必然的，类似于埃庇米尼底斯悖论的东西出现了，不过这次是一条关于数学的陈述，实际上是关于那老掉牙的数字1，2，3，… 的陈述的。哥德尔在其定理中证明，总是有一些关于数字的陈述，这些陈述在一有限的公理集的基础上，永远也不能被证明为真或为伪。甚至在原则上也不能证明（就像上面所说的A一样）。所谓公理，就是你不加证明就假定为真的东西，如1=1。这就是说，即使像数论这样相对简单的一个数学系统也具有一些性质，这些性质不可能在一有限的公理集基础上被证明（或被否证），不管那些公理有多么多，多么复杂！

哥德尔的不完备定理的重要性在于，它通过把主体与客体混在一起，证明了在逻辑分析的基本层面上，自指能够导致悖论或不决。这定理现在也被认为是意味着，一个人永远也不能了解他自己的精神，甚至原则上也不能了解。霍夫斯塔特推测道："哥德尔的不完备定理很有那个古代童话的味道。那童话警告人们说，寻求自我认识就是踏上……永远也完结不了的旅程。"[7]

哥德尔的定理也被人们用来说明精神的非机械性质。在一篇题为"精神、机器和哥德尔"的文章中，卢卡斯断言人的智能是计算机永远也达不到的："在我看来，哥德尔的定理证明了机械论是错误的，即精神是不能像机器一样解释的。"他的这一论点的核心是，我们人能够发现数学上关于数字的真实，而按照程序在一有限的公理集范围内工作的计算机则因受哥德尔定理的制约，不能证明我们所能发现的真实。

> 不管我们建造的机器有多么复杂，它都会受制于哥德尔程序，发现某一公式在这一系统中不能证明。该公式机器不能证明为真，但人运用智力却可以看出它是真的。因此，用机器来作为精神的模型仍然是不适当的。[8]

无疑，把精神的尊贵地位建立在难解的数学上，会让很多人觉得难受。这是因为，平时被提出来作为非机械的精神或"灵魂"的证据的，是像爱、审美力、幽默之类的品质。总之，人们根据若干理由批驳了卢卡斯的观点。例如，霍夫斯塔特就指出，实际上人类心智发现复杂的数学真实的能力是有限的，因而一个人仍可以为一台计算机编制程序，使这台计算机能够证明一个特定的个人就数学所能发现的一切。而且，人们也很容易认识到，我们碰上了埃庇米尼底斯型的陈述，就会像计算机面对哥德尔不完备定理一样束手无策：建构涉及史密斯的关于世界的逻辑真实是可能的，但这些逻辑真实永远也不能被史密斯证明！

正如前面所强调指出的那样，意识、自由意志的印象以及自我感都涉及自指的成分，因而都可能有悖论的方面。一个人感觉到什么时（比如，感觉到一个物体），按定义讲，观察者是外在于观察的客体的。尽管他被某种感觉机制与被观察的客体联系起来，但是，在内省时，也就是说一个观察者观察他自己时，主体和客体就以一种最令人迷惑不解的方式重合起来。这就好像是观测者同时既在他自身之内，又在他自身之外。

这一奇妙的精神拓扑结构也可以用一些奇妙的图形表示出来。例如，我们可以看看有名的莫比乌斯带。把某种带子扭转一下，使它连成一闭合的环。在该带子的任何一点，似乎都有内面和外面。但是，假如你沿着已成环的带子看一遍，就会发现实际上它只有一面。局部地看，似乎有内外之分（相当于主体和客体），但从全局看则只有一面。

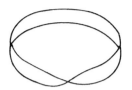

图10 著名的莫比乌斯带。把一条带子扭转一下，使其两端连在一起，作成一个环。仔细观察就会发现，这带子现在只有一个面，也只有一条边

关于自指的另一个启发性的图形是由霍夫斯塔特提供的，用的是他那怪圈语言：

> 我认为，对大脑的"显现性"现象——如想法、希望、意象、类比、最后还有意识与自由意志——进行解释的基础在于一种怪圈，也就是两个层面的相互作用，上面的层面反求于下面的层面，并影响它，同时，又被底下的层面所决定……自我一旦有能力反映它自己时，自我也就产生了。[9]

上述探求更好地理解自我的所有方案都有一个主要特点，就是承认等级层面是缠在一起的。由大脑细胞与其电化学机件构成的硬件支持着思想决策之类的软件层面，而思想、决策之类反过来与神经层面联系起来，因而修正并维持自己的存在。想把大脑与精神、肉体与灵魂分离开来的企图，是因为没有搞清这两个层面是缠在一起的（用霍夫斯塔特的话说，就是二者是"缠结为一体的等级"）。搞这样的分离是无意义的工作，因为使你之所以为你的，正是这层面的缠结。

引人注目的是，现代基督教教旨早就走向把大脑和精神看成是

不可分离的整体，而且向这个方面走得相当远。现代基督教教旨强调，通过基督，整个的人得以复活，而不再像传统的观念所认为的那样，复活就是不死的独立的灵魂卸去其物质对应物，在某个场所以离体的形式继续存在。

然而，人们就精神所谈的一切并不仅限于人。科学似乎找不到证据证明人身上有特殊的神性，人们也看不到任何基本的理由来说明，为什么一台先进的电子计算机不能够在原则上与我们一样具有意识感。这当然不是说计算机有灵魂，而是说纠结层面的复杂缠绕产生了我们所认为的精神，这种复杂缠绕在各种各样的系统中也能发生。

然而，自我还有一个方面与低层面的确定性的描述相矛盾，这一个方面就是意志。所有的人都相信，在有各种各样的行动方案时，他们在某种有限的程度上能够进行选择。这种明显的引发行动的自由能够编制成程序，输入计算机吗？

霍夫斯塔特说，在原则上我们能够做到这一点。他把我们所具有的自由意志感说成是自知和不自知的微妙的平衡。霍夫斯塔特说，把适当程度的自指结合进计算机的程序性，计算机的行为就会开始像是有它自己的意志。他试图将自由意志与哥德尔式的不完备说成是一回事。而任何一个能监测自己内部行动的系统都必然会有这种不完备（在第10章里，我们将更深入地探讨自由意志和决定论的问题）。

我们且来设想有一个人，通过上述的论述，相信了人的大脑是极其复杂而精巧的电化学机器，而其他类型的人造机器，如计算机之类，也可以通过程序而具有自由意志和像人一样的感情。相信了这些，是不是就贬低了人的精神？再回想一下"不过……"的圈套吧。说大脑是机器，这并不否定精神与感情的实在。精神和感情的实在指的是高一层面的东西（蚁群、小说的情节、拼板构成的图形、贝多芬的交响乐）。说大脑是机器，这并不一定意味着精神不过是机械过程的结果而已。若说大脑的活动具有确定性，因而自由意志便是虚幻的东西，这种说法的谬误，如同说生命的深层基础是无生命的原子作用，因而生命便是虚幻的一样。

若干科幻作家描写了具有精神的机器，其中最著名的是艾萨克·阿西莫夫关于机器人的短篇小说，还有阿瑟·C.克拉克的长篇小说《2001年：太空奥德赛》。有些作家还进行了更为深入的分析，他们描绘了"精神移植"，试图澄清自我的定义。

例如，可以设想一下，假如你的大脑被取出，放入一个"大脑维持系统"，但仍是通过某种无线电通信网与你的身体联系在一起，在这种情况下会发生什么事？（当然，这种事是目前可以预见的技术所完全做不到的，但在逻辑上没有任何理由说它不可能做到。）你的眼、耳以及其他的感官仍是同以往一样发挥着作用，你的身体也可以毫无阻碍地活动。在这种情况下，实际上一切仍同往常一样（可能你会觉得有点头轻），只不过你可以俯视你的大脑。现在的问题是，你到底算是在哪里？假如你的身体乘火车出去旅行了，你的感觉就是一个人在旅行，这感觉与你的大脑仍在头颅中时是完全一样的。你肯定会感觉着你是在火车上。[10]

假如我们现在设想你的大脑被移植到另一个人的身体上，难解的问题可就多了。该说你有了一个新的身体呢，还是该说那新的身体有了一个新的大脑？你能够认为你自己仍是同一个人，只不过是有了一个不同的身体吗？或许你可以这么说。但要是那身体是异性的或是一动物的呢？你之所以为你，你的个性，你的能力，等等，在很大程度上是与你身体的化学和物理状况联系在一起的。假如在移植过程中你的记忆被消除了，那会发生什么事呢？那时，说那个新的人仍然是你还有什么意义吗？

假如考虑到自我的复制，就会出现新的问题。且设想你大脑的全部信息被放进某处的巨型计算机里，你原先的身体和大脑死亡了。是不是你仍然活着，活在计算机里？

把精神存入计算机的设想，使人觉得有可能将你在其他的计算机里制成多个复本。当然，已有很多文献涉及"多重人格"。所谓多重人格指的是精神紊乱。患这种紊乱症的人，其大脑左、右两半球之间的联系被切断，导致出现一些精神状态，大致来说就是，左手不知道右手在干什么。

尽管某些这样的设想似乎很可怕，然而，这些设想也确实显现出我们有希望能够从科学的角度来理解永生，因为这些设想强调的是，精神的主要成分是信息。使我们成其为我们的，是大脑之内的模式，而不是大脑本身。贝多芬的第五交响乐在乐队停止演奏时依然存在，同样，把大脑中的信息转移到别处之后，精神可以照样存在。我们在上面考虑过如何能在原则上将精神移入计算机。但假如精神基本上就是"有组织的信息"，那么，表达信息的媒介就可以是任何东西，用不着必得是某一特定的大脑，或干脆用不着大脑。因此，我们并不是"机器中的灵"，倒更像是"电路中的信息"，而这信息是超越其表达方式的。

麦克埃用计算机语言表述了上面的观点：

> 假如一台正在完成某一给定程序的计算机着了火，烧毁了，我们肯定会说，这程序的具体体现完蛋了。但是，假如我们想使这同一个程序再有一个新的体现，那肯定不必把那烧毁的计算机再抢救过来，甚至也不必重复先前的机制。任何一个能动的媒介（甚至可用铅笔和纸张来完成程序）若表达了与原先的程序同样的结构、同样的关系序列，在原则上都可以体现那原来的程序。[11]

有了这个结论，那么，"程序"是否可以在另一个身体里重新运行（再世），或在一个我们觉得不属于物质宇宙的系统中重新运行（在天堂），以及"程序"是否只是在某种意义上被"储存"起来（处于中间过渡状态）？这一类问题，就成了开放性的问题了。就对时间的感觉来说，我们将看到，只有在程序正被完成如一部交响乐正被演奏的时候，时间之流才能被赋予任何意义。程序的存在，如同一部交响乐的存在一样，一旦被创作出来，其存在基本上就是非时间的了。

本章所说的是，认知科学方面的研究已越来越强调人与机器的心智具有相似性，这种强调对宗教具有多重的含义。一方面，认知科学方面的研究没有给传统的关于灵魂的概念留出多少地盘；另一方面，这些研究又为人死后继续存在留出了可能性。

因为精神是复杂的，所以，通常不在物理学的框架中对精神进行研究，因为我们已经看到，物理学在还原论的层面上对简单的、基本的东西处理得最好。然而，新物理学有一个重要的领域在基本层面上已被精神所侵入，使得物理学家们大为不解。那个领域被称作量子论。量子论引导我们进入了艾丽丝的奇境世界，而这世界正是对直穿过传统的宗教框架。

第 8 章
量子因素

假如一个人不为量子论感到震慑震惊，那他就是没有明白量子论。

尼尔斯·玻尔

前面的两章所展开的论点都认为，精神虽然不是通常意义上的一个事物，不是一个有某种位置的具有一定体质的实在，然而它却是一种真实的存在，是大自然结构等级中的一个抽象的"高层面"概念。精神与肉体的关系是古老的哲学之谜，二者之间的关系如同计算中的硬件与软件之间的关系。但精神与肉体的联系要比平常的计算机软件、硬件的联系要紧密，就是说，作为软件的精神（程序）在霍夫斯塔特所谓的"缠结的等级"或"怪圈"中与作为硬件的大脑联结在一起，或交织在一起。这一幅自指的拼花图，就是意识的主要特征。

把硬件与软件、大脑与精神或物质与信息连接起来，这种想法对科学来说并不新鲜。在20世纪20年代，基础物理中发生了一场革命震撼了科学界，并使人们头一次把注意力集中在观察者和外在世界之间的关系上。那革命性的理论称作量子论，是后来被称作新物理学的顶梁柱，它提供了迄今为止最令人信服的证据，证明意识在物质实在的本质中扮演了极重要的角色。

　　量子论现在已经好几十岁了，奇怪的是，它的那些令人震惊的观念花了这么长的时间才渗透到普通大众那里。不过，现在越来越多的人认识到，量子论中包含了一些令人惊讶的思想，使人得以洞见精神的本质以及外在世界的实在；要想寻求了解上帝和存在，就必须充分考虑量子革命。很多现代作家都发现，量子论中所用的概念与东方神秘主义与禅宗用的概念很相似。但不管一个人的宗教论点是什么，总之量子因素是不可忽视的。

　　在开始讨论与量子论相关的问题之前，必须明确一点，这就是量子论主要是物理学的一个实用的分支。而且作为实用的东西取得了辉煌的成功。它使我们有了激光、电子显微镜、半导体和核能。它一举解释了化学键、原子以及原子核的结构，电流的传导，固体的机械性质以及热性质，以及一大堆其他的重要物理现象。量子论现已深入到大部分科研领域，至少在物理学中如此。在两代人的时间里，理科的大学生们把它当作理所当然的东西来学。当今，它在工程技术中被应用于很多实际的事上。一句话，量子论在其日常应用中是一个很实际的学科，有大量的证据证明其有效性。证据不但来自商业性的发明创造，而且也来自精微的科学实验。

　　尽管没有多少专业物理学家静下心去思考量子论会有怎样奇异的哲学含义，然而，量子论那确实不同寻常的性质在其发端之后不久就显现出来。量子论起因于人们试图描绘原子以及原子的成分，因而它主要是涉及微观世界的。

物理学家们早已知道，某些过程，如放射性之类，似乎是随机的，不可预测的。虽然大多数放射性原子都遵从统计学的规律，但某一具体的原子核在什么时刻衰变却是无法准确预测的。这种基本的测不准性涉及所有的原子及亚原子现象，因而，通常用于解释这些现象的观点就需要进行大大的修正。原子的测不准性在20世纪初被发现之前，人们以为所有的物质客体都严格遵守力学定律。力学定律使得行星一直在其轨道上运转，使得子弹飞向靶标。原子那时候被认为是缩微的太阳系，其内部的构件像精确的时钟一样运转。这种看法后来被证明是虚幻的。20世纪20年代，人们发现原子世界充满了含糊和混沌。像电子这样的粒子似乎根本就没有一个有意义的清晰的轨迹。在这一时刻发现它在这里，下一时刻，它又在那里，无法判定在某一时刻它在哪里。不仅是电子，所有已知的亚原子粒子，甚至是原子，我们都不可能知道其具体的运动规律。细察之下，我们日常体验到的硬邦邦的物质化成了由幽灵一般逃逸的影像组成的大旋涡。

不确定性是量子论的基本要素。不确定性直接导致了不可预测性。每一个事件都有一个原因吗？对这一问题，没有人会说没有。第3章已经说明了因果链如何被用来证明上帝的存在，证明上帝就是万事的最初原因。量子因素显然挣断了因果链，根据量子论，在没有因的情况下也可能有果。

早在20世纪20年代，人们就围绕着原子的不可预测性背后的意义展开了激烈的争论。大自然内在的本性是不是反复无常的，准许电子以及其他的粒子无规律地到处乱窜，没有节奏也没有理由？这不就是没有原因的事件吗？或者，这些粒子是些软木塞，在那看不见的微观力的海洋中摇荡？

　　大多数科学家在丹麦物理学家尼耳斯·玻尔的率领下，都认为原子的测不准性的确是内在于大自然的：机械运动的规则可以适用于寻常的物体，如小球之类，但到了原子那里，适用的就是轮盘赌的规则了。一位著名的大人物阿尔伯特·爱因斯坦却对此持有异议。他宣称："上帝并不掷骰子"。很多平常的系统，如股票市场和天气情况，也都是不可预测的。但之所以不可预测，是因为我们的知识不到家。假如我们完全了解有关的一切力量，我们就能够（至少在原则上能够）预测所有的结果。

　　玻尔—爱因斯坦之争不仅仅是细节之争。它涉及量子论这一科学的最成功的理论的整个概念结构。其核心是这样一个问题：原子是一个东西，还是一种抽象想象的构想，只是用来解释广泛的观察结果？假如原子真的是一种独立的实体，那么，它至少应当有位置，并有确定的运动。但量子论不这么看。量子论认为，原子只能二者有其一，但不能二者都有。

　　这就是著名的海森伯不确定性原理。海森伯是量子论的创始人之一。不确定性原理的意思是，你不能知道一个原子，或一个电子，或一个什么东西在什么位置上，同时又知道它在如何运动。你不仅不可能知道，而且，具有确定的位置和运动的原子这一概念本身就是无意义的。你可以问原子在哪里，并得到一个有意义的解答。或者，你可以问原子在如何运动，并得到一个有意义的解答。但是，"原子在哪里，它运动得多快？"这种问题是没有答案的。位置与运动（严格地说应为动量）构成了微观粒子实在性两个互不相容的方面。但是，假如原子没有位置，或没有有意义的运动，我们还有什么理由说它是个东西呢？

玻尔认为，原子的模糊世界只是在受观察时才变成具体的实在。没有观察时，原子就是一个幽灵。只是当你看它时，它才变成物质。你可以决定要看什么。想着它的位置，你就能在某一位置上看到一个原子。想看它的运动，你就可以看到以某一速度运动的原子。但你不能两者同时看到。观察所造成的实在是与观察者以及观察者所选用的测量方法分不开的。

假如你觉得玻尔的话令人摸不着头脑、矛盾、令人难以接受，那么，爱因斯坦跟你是一个观点。不管我们观察与否，世界不也确实是照样存在着吗？一切事物的发生，都有其原因，而不是因为被观察才发生的，难道不是这样吗？不错，我们的观察可能揭示出原子的实在，但怎能说我们的观察创造了原子的实在？的确，原子以及原子构成成分的行为方式似乎可能是既模糊又不准确的，但这只是由于我们拙于探测这些精巧的东西。

微观粒子的二象性可以借助简单的电视机来加以说明。电视屏幕上的影像是由一些光脉冲产生的。当电视机后部的电子枪发射出来的电子打到荧光屏上时，就出现光脉冲。你所看到的电视画面相当清晰，原因是发射出来的电子数目极大。根据平均律，很多电子的累加结果是可以预测的。但是，任何一个特定的电子都具有内在的不可预测性，因而也就不可能出现在荧光屏的任何一个特定位置上。这一特定的电子到达何处，构成了画面的哪一个部分，这都是不确定的。根据玻尔的哲学,从平常的枪支中射出的子弹是沿着精确的轨道奔向靶标的,但从电子枪射出的电子只是出现在靶标上。不管你瞄得多准,也不可能保证命中靶心。"电子出现在荧光屏的 X 处",这一事件不能够被认为是由电子枪或由什么别的东西造成的。因为,我们不知道为什么该电子会去 X 点,而不去其他的地方。于是,由该电子构成的荧光屏画面的一斑,就是一个没有原因的事件。你要是记住了这说法,下一次你看你所喜爱的电视节目时,怕是要觉得吃惊。

当然,没有谁说,电子枪与电子打到荧光屏上一事没有关系。这里只是说,电子枪并不完全决定电子能打到哪里。物理学家们并不认为打到靶标上的电子在到达靶标之前就已存在,也不认为靶标上的电子与电子枪之间有一条精确的轨迹。他们认为,离开电子枪的电子是处于一种中间过渡状态,只是有一些幽灵代表其存在。每一个幽灵都独自地探索通向荧光屏的道路,不过,只有一个电子实际显现在荧光屏上。

这些稀奇的想法怎么能证实呢?

在 20 世纪 30 年代,爱因斯坦设想了一个实验,他认为这实验能够揭露量子幽灵的欺骗,并一劳永逸地证明每一个事件都有一个不同的原因。该实验的原理是,大群的幽灵不是独自行动的,而是共同行动的。爱因斯坦说,假设一个粒子一分为二,其两半碎片可以在不受干扰的情况下作反向运动,运动到相当远处。尽管二者相距相当远了,但每一碎片都具有其同伴的印记。比如说,假如一半碎片以顺时针自转的方式飞去,那么,另一半碎片就要以逆时针自转的方式朝相反的方向飞。

幽灵理论则认为,每一碎片的自转都有一个以上的潜在可能方式。用上面的例子说就是,A有两个幽灵,一个顺时针转,一个逆时针转。哪一个幽灵成为实在的粒子,得等到一个确定的测量或观察进行之后才能知道。同样,作相反运动的B也是由两个自转方向相反的幽灵代表的。然而,假设测量了A,使其顺时针转的幽灵成为实在,B就没有选择了,它必须使其逆时针转的幽灵升格为实在。这两个分离开来的幽灵粒子必须相互配合,以便于作用力与反作用力的定律相一致(图11)。

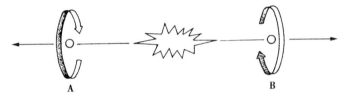

图11 一个原子或一个亚核粒子的衰变,能产生两个旋转方向相反的粒子(例如光子),这两个粒子向相反方向运动,很可能运动到相当远的位置

B如何能知道A选择了它的两个幽灵中的哪一个?这问题至少是令人困惑的。假如碎片A和碎片B相隔相当远,真是很难明白它们能如何通信。而且,假如同时观察这两个碎片,那么,两者就是想传送什么信号,时间上也来不及。爱因斯坦坚持说,这种结果是自相矛盾的,除非碎片在它们分离的那一刻是实际存在的(已经按一确定的方式旋转的)。他还说,两块碎片作反向飞行时,它们都保持着各自的旋转方式。实际上不存在幽灵,根本没有延迟到测量发生时的选择,两碎片之间也没有那神秘的不用通信的合作。

玻尔回答说,爱因斯坦在推理中假定了两个碎片分别都是实在的,理由是它们相距相当远。玻尔断言,人们不可能把世界看成是由许多分离的碎片构成的。在进行实际测量之前，A与B必须看作是单一的整体，即使它们相隔几光年之遥。这的确是道道地地的整体论！

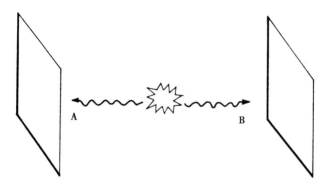

图12 假如两个具有相关旋转和偏振的光子碰撞上平行的两块偏振材料，这两个光子就会显示出百分之百的合作：假如光子A被阻挡了，光子B也被阻挡。尽管（1）光子和起偏镜碰撞的实际结果是完全不可预测的，（2）两个光子可能相距很远，但这种合作仍然发生

爱因斯坦对玻尔的理论提出的挑战在第二次世界大战之后才得到真正的验证。在20世纪60年代，物理学家约翰·贝尔证明了关于爱因斯坦所提出的那类实验的一个最引人注目的定律。贝尔证明，在一般情况下，如果按照爱因斯坦的看法，假定两块碎片在被观察之前实际上就已经以相当确定的状态存在，那么，分离的系统之间协作程度不能超出某个一定的极大值。量子论则预言，这个所谓的极大值是可以超出的。如今，需要的是一个实验。

技术的进步使得用实验来检验贝尔的不等式成为可能。物理学家们进行了好几个这样的实验，其中最好的一个是阿莱纳·阿斯贝及其同事1982年在巴黎大学做的。他们用一个原子同时放出的两个光子来作亚原子碎片。在每一个光子经过的通道上，他们放置了一块起偏材料。起偏材料滤出了那些其振动与起偏材料的光轴不匹配的光子。这样，只有那些与起偏材料光轴匹配的幽灵光子才会穿过起偏材料。再者，光子 A 与 B 是协作的，因为作用力与反作用力迫使它们的偏振是平行的。假如光子 A 被阻挡住了，光子 B 也要被阻挡住。

真正的测验是这样的：把两块起偏材料摆放成斜角，那么，两个光子间的协作程度就降低，因为这两个光子的偏振现在不能够与其各自的起偏材料同时匹配了。玻尔–爱因斯坦之争在这里就可以决出个胜负。爱因斯坦的理论所预言协作程度，比玻尔的理论要低得多。

那么，实验的结果如何呢？

玻尔赢了，爱因斯坦输了。巴黎大学的实验，连同 20 世纪 70 年代所做的其他不那么精确的实验都证明，对微观世界内在的测不准性是没有什么好怀疑的。没有原因的事件、幽灵影像、只有通过观察才会出现的实在，这一切因为有了实验的证据，显然必须得到承认。

这个令人震惊的结论有什么含义呢？

很多人觉得，只要大自然只限于在微观世界里淘气，那么，就用不着为微观世界硬邦邦的实在消解了而感到很不安。在日常生活中，一把椅子仍旧是一把椅子，不是吗？

这得说，不完全是。

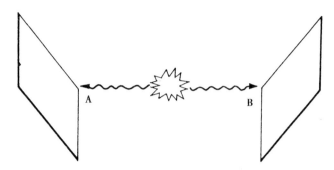

图13 测验贝尔的不等式：假如起偏镜摆放成斜角，A与B的协作程度就降低了，有时，A得以通过，B却被阻挡住了。然而，却发现仍有残留的协作。那些设定（1）外在世界的独立的实在和（2）相距相当远的两个光子之间不存在神秘的逆时间通讯的理论，不能够解释光子为什么会有如此之多的残留的协作

椅子是由原子构成的。原子的一大群幽灵怎么会结合成为实在的、硬邦邦的东西？作为观察者的人又如何呢？人有什么特殊性，使他有能力把原子的幽灵聚成坚硬的实在呢？观察者必须是人吗？猫行不行？计算机呢？

量子论是最难解又最具技术性的科目之一。我们这里的简短评论只能揭开那神秘的面纱之一角，好让读者一窥其不同寻常的概念（我在另一本书《其他的世界》中更详细地讨论了量子论）。不过，这里的素描式描述也确实说明，人们对世界的常识性看法，即把客体看作是与我们的观察无关的"在那里"确实存在的东西，这种看法在量子论面前完全站不住脚了。

量子论很多令人困惑的特点，都可以用一种奇特的"波粒"二象性来理解。这使人想起了精神肉体的二重性。根据"波粒"二象性，一个像电子或光子这样的微观实体有时行为像个粒子，有时行为像一

个波。是波还是粒子，要依所选择的实验来定。粒子与波是完全不同的东西。粒子是一小块浓缩的物质，而波则是无定形的运动，能够扩散和消失。一个东西怎么会既是粒子又是波呢？

这里又是并协性的问题了。精神怎么可能既是思想，又是神经兴奋呢？一部小说怎么能既是一个故事，又是一大堆字词呢？波粒二象性是一种软件硬件的双重性。粒子的一面是原子的硬件面 —— 这些小球在格格地碰撞。波的一面则相当于软件，或精神，或信息，因为量子波与人们所知的任何种类的波都不同。它不是任何实体或物质构成的波，而是知识或信息的波。它是一种告诉我们就原子来说我们能了解什么的波，而不是原子本身构成的波。没有谁说原子会像波一样扩散开去。但是，能够扩散开去的是观察者对原子的了解。我们都知道犯罪率的波动，犯罪率的波不是物质的波而是或然率的波。在犯罪率的波最强的地方，最有可能出现重罪。

量子波也是一种或然率的波。它告诉你在什么地方可能有粒子，粒子具有这样或那样的属性（如旋转的方向、能量的大小之类）的可能性有多大。因此，量子波也就包含了量子因素的固有的测不准性和不可预测性。

托马斯·杨的双狭缝系统是说明波粒二象性的冲突和二重性的最好实验。根据经典物理学长久以来的传统观点，光是一种波，是一种电磁波，是电磁场的波动。然而，在1900年，麦克斯·普朗克从数学上证明，光波在某些方面行为可以如同粒子一样 —— 现在我们已把这些粒子叫光子。普朗克认为，光是以不可分的块状或批量的形式

（量子的名词quantum［量］这个希腊词就是这么来的）传播的。爱因斯坦使普朗克的思想进一步精确化了。他指出，这些光子微粒子把原子的电子击离原子，这正是现在大家已经见惯不怪的光电管中发生的事，有些奇怪，但还不离谱。

但是，当两道光线合并起来时，最初的意料不到的事发生了。假如两个波系统重叠了，就会出现所谓的干涉效应。可以想象一下，两块石头相距几寸，落入一平静的池塘。当扩散开去的波纹重叠时，就出现了复杂的波形条纹。在一些区域，两个波运动的相位一致，于是，波动就放大了，在另一些区域，波的相位不一致，于是就相互抵消了。

要想用光来得到相同的效应，我们可以用光来照射屏幕上的两个缝，通过两个缝的光波扩散开来，就形成了干涉条纹。这很容易用照相底版显示出来。两个缝的映象并不是两个模糊的斑点，而是由明暗斑块组成的条理分明的图样，分别标明了在哪些地方两个光波是同步的，在哪些地方两个光波是不同步的（图14）。

这一切在19世纪开始时人们就都知道了。然而，一考虑到光的微粒子性质，这就有些奇特了。每一个光子都打到照片底版上的某一特定的点上，形成了一个小点。大群光子如同万箭齐射打到底版上，形成了成百上亿的光点，于是就出现了底版上的影像，就像电视机荧光屏上的情况一样。任何一个单个的光子要到达哪一点，这是完全不可预言的。我们所知道的只是光子打到底版的明亮区域的可能性很大。

然而，还不仅仅就是这些。假如我们降低照明度，使每一次只有一个光子通过实验系统，那么，只要时间足够长，由众多光子累加造成的斑点仍是组成明暗相间的干涉花纹。这里，令人难解的问题是，假如说任何一个特定的光子肯定只能通过一个缝，那么，干涉花纹则表明必定是有两个重叠的波系列，每一个缝都发出一个波系列。整个的实验也可用原子、电子或其他的亚原子粒子来做。不管用什么粒子来做，都会出现明暗相间的条纹，表明光子、原子、电子、介子等都同时显示出波与粒子的特征。

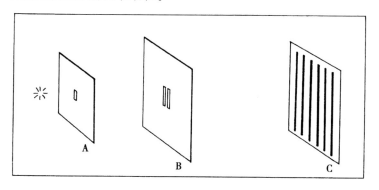

图14 著名的杨氏双缝实验典型地揭示了光的奇妙的波粒二象性（此实验也可用电子或其他粒子来做）。屏幕A上的小孔照亮了屏幕B上的两个狭缝。两个狭缝的影像显示在屏幕C上。显示出来的，并不是两道光，而是一系列明、暗条纹（即干涉条纹）。形成干涉花纹，是因为从两个狭缝发出的光波在某些位置上是同步到达屏幕C的，在另一些位置上则是不同步的。即使每一次只有一个光子通过实验装置，仍是照样形成同样的干涉条纹，尽管任何一个给定的光子只能经过屏幕B上两个裂孔中的一个，而且它也没有邻近的光子可用来为它量"步"

在20世纪20年代，玻尔为这一难题提出了一个可能的解决方法。可以把光子通过狭缝A的情况看成一可能的世界（世界A），把光子通过狭缝B的情况看成另一个可能的世界（世界B）。不知为什么，这两个世界即世界A与世界B一同出现了，叠加起来了。玻尔断言，我们不能说我们的经验世界就是A或就是B，而应当说我们的经验世界纯粹是这两个可能的世界的混合物。而且，这种混合的实在并不是两种可能性的简单相加，而是二者难以捉摸的结合：每一个世界都干涉另一个世界，形成了那有名的条纹。两个可能的世界叠加、结合在一起，颇像两张电影胶片同时打到一块屏幕上。

爱因斯坦是位死心塌地的怀疑论者，拒绝承认所谓混合的实在。他又提出一个经过修改的双缝实验继续与玻尔争论。在这个实验中，屏幕是可以自由移动的。他坚持认为，只要仔细观察，就可以判定光子走的是那个缝。若光子通过左边的缝，就会稍微向右偏转，那么，原则上就能够看到反冲的屏幕移向左边。假如屏幕移向右边，就说明光子通过了右边的缝。用这种方式，就可以通过实验判断是世界A还是世界B相当于实在。而且，这样一来，原先实验中光子行为明显的不确定性也就可以归结为实验技术的粗糙造成的。

玻尔对爱因斯坦提出的实验思路进行了决定性的反驳。他说，爱因斯坦这是在游戏的中间改变游戏规则。假如屏幕可以自由移动，那么，其移动也同样是受量子物理学内在的测不准性支配的。玻尔很容易地证明，准许屏幕反弹，将会毁坏照相底片上的干涉花纹，而只留下两个模糊的斑点。要么是屏幕固定，使光的波一样的性质以干涉花纹的形式显现出来。要么就让屏幕自由移动，使光子有确定的轨迹。但这么一来，光的波一样的特征就消失了，光的行为就纯粹是微粒一样的了。这里是两个不同的实验。它们不是矛盾的，而是并存的。爱因斯坦提出的实验思路并没有对原先实验中光子的路径问题进行任何说明，而原先的实验确实显示了那混合的世界。

玻尔与爱因斯坦的交锋，可以使人得出一个不同寻常的结论，那就是，我们这些实验者以一种基本的方式参与了实在性质的形成。假如我们固定住屏幕，就可以建构出一个神秘的混合世界，在这个世界中，光子的路径是确定不了的。

1979年，在普林斯顿召开了一个纪念爱因斯坦诞辰一百周年的专题讨论会。约翰·惠勒在会上说了一番具有讽刺意味的话。他从双缝实验得出一个更让人吃惊的结论。他指出，只要对实验设备稍微进行些改造，就能够延迟选择测量方式，直到光子通过了屏幕之后再选择测量方式。这样，我们要制造一个混合世界的决定就可以在这世界出现之后再做出！惠勒说，实在的确切性质，要等到一个有意识的观察者参与之后才能确定。如此说来，可以让精神对实在进行逆时间的创造—— 即便是人类存在之前的实在，也可以由精神创造出来。这就是第3章中所提到的逆动因果关系。

前面的叙述表明，量子论打碎了人们的常识所珍视的关于实在性质的概念。它使得主体与客体、原因与结果之间的界限模糊了，将强烈的整体论观念引入了我们的世界观。我们已经看到，在爱因斯坦实验中，两个相距很远的粒子如何必须被看作是一个系统。我们还看到，若是不在特定的实验安排当中谈论原子的状况，甚至谈论原子这个概念是没有意义的。原子在何处以什么方式运动，这种问题是不能问的。你得首先明确你想测量什么，是位置还是运动，然后你才能得到一个有意义的答案。测量要动用大量的宏观仪器。因而，微观的实在与宏观的实在是不可分的。然而，宏观是由微观构成的，仪器是由原子构成的！这又是怪圈。

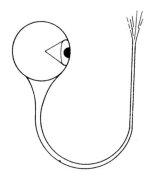

图15 这幅象征性图画，出自约翰·惠勒。图画表示宇宙是一个自观察的系统。惠勒以令人惊讶的方式，修改了杨氏的双缝实验，表明了可以让今天的一个观察者来部分地产生遥远的过去的实在。图画中的尾部可用以表示宇宙的早期，而后来的意识对宇宙的早期进行的观察使宇宙的早期升格为具体的实在。同时，意识本身也是依存于它所形成的实在的

大卫·玻姆这位著名的量子理论物理学家在其《整体性与暗含的秩序》一书中探讨了这些问题：

> 量子论所要求的关键性的描述变化就是，放弃分析的想法，不再把世界分析成相对自主的部分，分别存在但同时又相互作用。相反，现在最受强调的是不可分的整体性，在整体的世界中，观察工具与被观察的东西不是分开的。[1]

一句话，世界不是相互分离却相互联系的东西的集结，而是一个关系网络。玻姆这样就回应了沃纳·海森伯的话："习惯上把世界分成主体与客体，内心世界与外部世界，肉体与灵魂，这种分法已不恰当了。"

宏观世界（即我们日常经验的世界）决定微观实在，而宏观世界

又是由微观实在构成的，这个怪圈该怎么解开呢？当我们寻问在进行量子测量时实际发生了什么时，就立刻碰上了这个问题。观察者怎么会把模糊的微观世界推入具体的实在状态之中呢？

量子的"测量问题"实际上是精神肉体或软件硬件问题的变体。物理学家和哲学家已经与它相持了好几十年了。硬件粒子是用波来描述的，而波则将一个观察者观察粒子时有可能发现的关于粒子的信息变成了密码。进行观察，就使波"崩溃"成为一种具体的状态，这种具体的状态将一个确定的值赋予了被观察到的东西。

假如从头至尾全是在硬件层面上描述测量行为，就出现了悖论。可以设想一个电子正从一个靶那里扩散开去。它可以往右去，也可以往左去。你计算一下波，看看波往哪里去。波从靶那里折射开去，一部分向右扩散，一部分向左扩散，比如说，向右向左的强度相同。这就意味着，你在观察时，将会发现电子或者在左边，或者在右边。不过得要记住，在实际观察进行之前，是不可能说（也不可能有意义地讨论）电子实际在靶的哪一边的。在你进行实际的探测之前，该电子一直保持着自己的选择。两个可能的世界以一种混合的、模糊的叠加方式共存（图16）。

现在你进行观察，比如说发现电子在左边，右边的"幽灵"立刻就消失了。波突然崩溃了，倒向了靶的左边，因为现在电子已不可能是在右边了。为什么会发生这种戏剧性的崩溃呢？

为了进行观察，就必须将电子与一种外在的装置或一系列装置

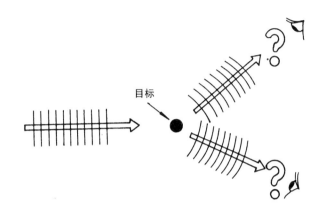

图16 被描述为一种波的一个电子从一个靶那里弹开，产生的波纹向左向右扩散。在进行观察，判定电子向哪个方向偏转之前，必须认为是有两个幽灵世界（或幽灵电子）共存于一种非实在的混合状态中。若进行观察，其中的一个幽灵就立刻消失了，与它相关的波也就崩溃了。电子就从先前的中间过渡状态升格为单一的具体实在。现在还不知道，观察者做的什么事使电子发生了这突然的升格。是不是精神作用于物质？是否宇宙也分裂为两个平行的实体

连接起来。这些装置被用来测试电子在哪里，并把电子存在的信号放大到宏观的层面以便记录下来。但这些连接和装置作用本身也涉及原子的机械活动（尽管涉及的原子很多），因而也是从属于量子因素的。我们可以写下一个波来代表测量装置。假设测量机器有一个指针，指针有两个位置，一个位置表示电子在左边，一个位置表示电子在右边。那么，把电子和测量装置组成的整个系统看成是一个量子大系统，就迫使我们得出一个结论：那个左右不定的电子的混合性质转移到测量装置的指针上了。测量装置必须进入一种量子中间过渡状态，而不能显示其指针指向左还是指向右。这样，测量行为似乎就把那讨厌的量子世界放大到实验室的尺度上了。

数学家约翰·冯·纽曼对这一难题进行了探讨，用了一个简单的

数学模型证明，将电子与测量装置连接起来，结果的确促使了电子选择在左边还是在右边，但这只能是将电子混合的非实在状态转移到测量装置的指针上。冯·纽曼还指出，假如测量装置再与另一个装置连接起来，这一个装置能够显示出第一个装置的测量结果，那么，第一个装置的指针因而也就被促使做出选择。现在，进入中间过渡状态的是第二个装置。于是，可以有一连串的机器互相测量，得出有意义的"非此即彼"的结果，但冯·纽曼机器链总是有一台最后的机器必得处于一种非实在的状态之中。

薛定谔的一个著名实验突出地表明了量子论中这难解的问题。在这个实验中，有一个放大装置被用来引发一种毒剂的释放，该毒剂能杀死猫。于是，左右指针的二重性转换成了活死猫的二重性。假如一只猫要被描述为一个量子系统，那么，我们就被迫得出结论：在一个人或一个什么物去观察猫之前，猫处于一种两可的"活－死"状态，而这状态似乎是荒谬的。

假设用一个人来代替猫，这代替猫的人能够体验到一种活死状态吗？当然不能。那么这就是说，量子力学到了人类观察者这里就失效了吗？难道说，冯·纽曼的机器链到了人的意识那里就到头了吗？杰出的量子物理学家尤金·威格纳实际上就提出了这个令人激动的主张。威格纳认为，量子系统的信息进入了观察者的精神，使得量子波崩溃了，并且突然地将那种混合的、两可的幽灵状态转变成为泾渭分明的具体的实在状态。于是，当实验者观看装置的指针时，就使得指针做出偏向左边还是偏向右边的决定。因而，靠着机器链的传导，也使得电子打定了主意要往哪边去。

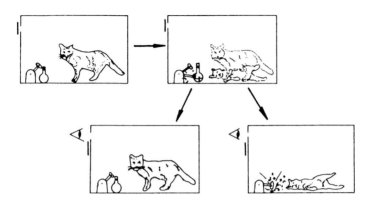

图17 薛定谔猫的悲惨故事。一个量子过程可以50∶50的概率使杀猫剂释放出来。量子论认为，整个系统必得进入幽灵般的混合状态，在进行观察之前，猫就是处于这种死活的混合状态。一旦进行了观察，就会发现那猫不是活的就是死的。这种想象实验突出了量子论中观察行为的不可思议的含义

假定我们承认威格纳的说法，那就是又承认了早先的二元论：精神是独立于物质的但又与物质处于同一个层面的实体，精神可以作用于物质，使之发生显然违反物理定律的运动。对此，威格纳倒不以为意。他说："意识对（大脑的）物理-化学状态有影响吗？或者说，人的肉体违反那种通过研究无生命的物质得来的物理定律吗？对此问题的传统回答是，'不'，肉体影响精神，但精神却不影响肉体。然而，至少可以举出两个理由来支持相反的观点。"[2] 威格纳举出的一个理由是作用与反作用的定律。假如肉体作用于精神，那么，精神也反作用于肉体。另一个理由就是前面提到的由之而来的量子测量问题的解答。

必须承认，同意威格纳说法的物理学家很少。尽管有些物理学家借用量子的精神作用于物质的思路，主张某些超自然的现象如意念致动和遥距意念弯物之类是可能的。（"假如精神可以启动神经元，为什么就不能弯曲调羹呢？"）

　　威格纳的论点，从头到尾有强烈的层面混淆的味道。试图借助于软件（精神）来讨论硬件（四处奔忙的电子）的运行，便是掉进了二元论的陷阱。然而，这里的问题更为棘手，因为硬件和软件在量子论中是死死地缠结在一起的（如波粒二象性）。不管威格纳的论点正确性如何，其论点确实表明，精神－肉体问题的解决可能是与量子测量问题的解决密切相关的，不管最后结果如何。

　　另有人试图解开量子测量难题的方法，或许比威格纳求助于精神还来得离奇。只要人们处理的是有限的物理系统，冯·纽曼的机器链就可以延长。你总是可以说，你观察到的所有东西都是实在的，因为有一个更大的系统，使你通过"测量"或"观察"所看到的东西崩溃成为实在。但是，近年来，物理学家们注意到了量子宇宙学，也就是关于整个宇宙的量子论。从定义上讲，没有任何东西可以处在宇宙之外，来使整个宇宙崩溃成为具体的存在。（或许，上帝是例外？）在这一层面上，宇宙似乎就处于一种中间过渡状态，或宇宙两可状态。假如没有一个威格纳的精神来使宇宙一体化，宇宙似乎就注定要这么不死不活地延续下去，只是一堆幽灵，是多种可能的实在多重混合又叠加，其中哪一个实在也不是实际的实在。那么，为什么我们还是感觉到一个单一的、具体的实在呢？

　　有人提出了一个大胆的设想来正面解决这一问题，这设想就是平行宇宙的理论。休·埃弗列特 1957 年创立了这一理论，后来得到了现在得克萨斯大学奥斯汀分校任教的布莱希·德威特的支持。该理论认为，所有可能的量子世界都是同样的实在，而且是平行存在的。一旦进行一次测量来测定，比如说，猫是活是死，那么，宇宙就一分为二了，一个包含着活猫，另一个包含着死猫。两个世界都同样实在，二者也都包含着人类观察者。然而，每一个世界的居住者都只能察觉到他们自己所在的宇宙。

宇宙因为一个电子的古怪行径就分岔，由一变为二，这种不寻常的概念或许是人们的常识难以接受的。但是，进一步仔细察看，就会发现这理论颇站得住脚。当宇宙分岔时，我们的精神也随之分了岔，成为两个副本，一个世界住一个。每一个精神副本都以为自己是独一无二的。那些认为感觉不到自己分了岔的人，应该想一想他们也感觉不到地球绕太阳转的运动。随着所有的原子、所有的亚原子粒子的四处跳跃，分岔的事也就一次又一次地发生。宇宙在每一秒钟之内都被复制无数次。用不着进行一次实际的测量以便使这种复制发生。只要一个单独的微观粒子以某种方式与一宏观的系统互相作用就够了。用德威特的话来说：

> 每一个恒星，每一个星系，每一个宇宙的遥远的角落发生的每一个量子跃迁都使我们这里的世界分岔，变成成千上万个它们的副本……这就是带有某种报复的两可状态。[3]

为恢复实在所付出的代价是实在的多重性 —— 数目庞大而且不断增加的平行的宇宙沿着各自的演化分支在发散开去。

其他的世界是什么样子的呢？我们能不能去呢？可不可以在其他世界里找到关于不明飞行物或百慕大三角区人、船失踪之谜的解

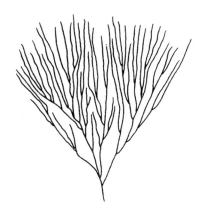

图18　为了回避活－死猫以及其他的量子两可非实在，埃弗列特提出，量子系统的不确定性产生了一种多枝状实在，在这种实在中，宇宙不断分岔，变为众多的"平行宇宙"，这些平行宇宙在物理上是不连通的，但都是同样实在的。观察者的精神也随着宇宙的分岔而分成无数的副本

释？对研究不明飞行物专家们来说，遗憾的是，埃弗列特的理论在这一系列问题上态度明确。平行的宇宙一旦分离之后，从物理上讲就完全分家了，互不相通了。要想使它们再聚在一起，就得将测量的过程倒回去，也就相当于让时间倒转。这很像是一个原子一个原子地把一个打碎的鸡蛋再恢复原样。

但是，这些其他的世界又在哪里呢？从某种意义上说，那些与我们所在的世界很相像的世界都靠我们很近。然而，这些其他的世界是完全不可进入的。不管我们在我们的时空中走得多远，也到不了这些其他的世界。本书的读者离他自己成千上万的副本不过一寸之遥，但这一寸却不是用我们所感知的空间所测量得出的。

各个世界分岔分得越远，它们彼此间的差异也就越大。以某种细微的方式与我们的世界分离的那些世界如在双缝实验中的光子的路径，假如不仔细看，就看不出它们与我们的世界的差异。然而，在其他与我们的差异较大的世界中，猫的数目可能与我们的世界不同。在某些世界里，希特勒没有出现过，约翰·肯尼迪还活着。还有些世界差异大得不得了，尤其是那些在时间开始后不久就分岔的世界。实际上，一切可能发生的事（尽管不是一切可以在想象中发生的事）都在这多枝状的实在的某一个枝上发生着。

所有可能的世界同时存在，这就引起了一个令人感兴趣的问题，即为什么在有人读这本书的这个世界是现在这样的世界，而不是在不同的分支上的其他的世界？显然，本书的读者不可能在所有的或大多数其他的世界中存在，因为在那些世界中，没有适合于生命发生的条件（在第12章我们还要再回来讨论这个问题）。

很多人提出，量子论为我们了解自由意志开辟了道路，因为量子论是以非常基本的方式与精神相联系的。先前人们用决定论的观点看待宇宙，认为在宇宙中我们所做的一切都是在我们出生以前很久由宇宙的结构决定好了的。现在，这种观点似乎被量子因素扫除了。这难道是说，自由意志现在活得还好吗？要想正式地讨论这个问题，我们必须首先较为深入地探究一下时间之谜。

第9章
时间

假如不预先假定过去和将来有区别，经验这个词就不会有意义。

卡尔·冯·魏泽克

但我总是听到在我背后，
有翼的时间之车在迅速驶近。

安得鲁·马维尔

两场大革命促成了新物理学的诞生，一场是量子论，一场是相对论。后者几乎完全是爱因斯坦一人的成就。相对论是一个关于空间、时间和运动的理论。其影响同量子论一样，既深刻又令人迷惑，并对人们抱有的关于宇宙本质的很多观念构成了挑战。相对论对时间的处理，是有史以来对人们的传统观念最有挑战性的，因为时间是世界上各大宗教长期以来所热切关心的一个问题。

就我们对世界的经验而言，时间是如此基本的东西，以至谁若想摆弄摆弄它，便会遭到人们的反抗，遭到极大的怀疑。每个星期，我都收到一些业余科学家的来稿。这些人一心想找出爱因斯坦的错误，企图再将传统的、常识性的时间概念复原，尽管过去将近80年以来，相对论一直是成功的，还没有任何一个实验证明按相对论做出的完美无缺的预言有什么错误。

我们对个人同一性的看法，即对自我、对灵魂的看法，是与记忆、与延续的经历密切相关的。只是说在此刻"我存在"还不够。是一个人，就意味着经验的连续，还有将经验连接起来的某些特征，如记忆。这个问题具有很强的宗教意味，也是一个让人容易动感情的问题。很可能就是因为这个缘故，新物理学的那些看法才受到了抵制，同时科学家和科学门外汉，都深深地被相对论的那些让人不知所措的推论所吸引。

爱因斯坦的所谓狭义相对论发表于1905年。狭义相对论起源于爱因斯坦试图消除物体的运动和电磁扰动的传播之间明显的矛盾。光信号的行为尤其显得违反人们信奉已久的原理，即一切匀速运动都是完全相对的。我们在这里不必去讨论那些技术性细节。反正结果是，爱因斯坦重建了相对性原理，使之即使在涉及光信号的情况下也能成立，但做到这一点是有代价的。

狭义相对论的第一个受害者是人们对时间的信仰 —— 时间是绝对的，普遍的。爱因斯坦证明，时间实际上是有弹性的，可以被运动伸长或压缩。每一个观察者都带着他自己的时间尺度，而他的时间尺度在一般情况下是与别人的不一样的。在我们自己的参照系中，时间从来也不会显得有什么异常，但相对于另一个以与我们不同的方式运动的观察者而言，我们的时间就可能是被扭曲了，与他们的时间不同步了。

　　时间尺度发生这样奇妙的错乱，使得我们有可能进行一种时间旅行。从某种意义上说，我们都是时间中的旅行者，都在奔向将来，但时间的弹性使得一些人能比另一些人早一些到达将来。高速运动使你能够减慢你自己的计时器的运转，好像是让别人冲在时间的前面。用这种办法，就有可能比静坐不动更快地到达某一遥远的时刻。从原则上讲，我们这些20世纪80年代的人可以在几小时之内就到达2000年。然而，要想得到可观的时间弯曲，就必须有每秒几万英里的高速。现有的火箭速度，只能使精确的原子钟显示出些微的时间膨胀。时间膨胀的关键是光速。随着我们接近光速，时间弯曲也逐步升级。相对论禁止任何人超过光速，因为超过光速，就会出现时间倒转的情况。

图19　时间膨胀效应现在对物理学家们来说已是司空见惯了。可以用高速运动的灵敏的原子钟或具有已知的衰变率的亚原子粒子显示出时间膨胀。运动的钟相对于不运动的钟而言，其走时要慢一些。这个现象就导致了著名的"双生子效应——一个宇航员高速航行若干年后返回地球，变得比他留在地球上的孪生兄弟年轻了

　　可以用高速的亚原子粒子使时间戏剧性地缩短。μ 介子在巨大的回旋加速器中被加速到接近光速，可享有十几倍于它静止时的寿命（它静止时，大约在1微秒之内就会衰变）。

相对论也同样使空间受到了重大损害，因为空间也有弹性。当时间被伸长时，空间就被缩短。假如你坐在列车上，列车驰过车站，从你的参照系来看（你的参照系是与站台上的搬运工的参照系相对的），车站上的钟走得要稍微慢一点。作为补偿，站台在你看来也显得短了一些。当然，这些事我们从未注意过，因为在常规的速度下，时钟走时和站台长短的变化太小，不过这些很小的变化很容易用灵敏的器具测量出来。空间和时间的这种共同的扭曲可以看作是空间（收缩了）变成了时间（伸长了）。1秒钟的时间相当于很大很大的空间 —— 准确地说是相当于299000千米。

科幻小说里常有这种时间扭曲的花招，但时间扭曲的确不是虚构的。这种扭曲真的会发生。有一个奇特的现象，即所谓的双生子效应，就说明了这种扭曲。一个孪生子以接近光速的高速飞向我们邻近的一个恒星。他那待在家里的孪生兄弟等了10年，终于等到他返回地球。火箭着陆之后，他的孪生兄弟发现在这10年里，他只长了1岁。高速使他只过了1年的时间，而在他的1年里，地球上已过了10年。

爱因斯坦将其狭义相对论做了进一步的推广，使之包括了引力效应。于是就有了广义相对论。在广义相对论中，引力不是一种力，而是时空几何中的一种扭曲。按广义相对论来看，时空并不是服从通常"平坦的"几何学规则的，而是弯曲的，产生时间弯曲和空间弯曲。

我们在第2章里说过，现代的工具十分灵敏，连地球引力的时间弯曲都可以用火箭里的钟探测出来。在太空中，时间走得确实要快些，因为在那里，地球的引力比较弱。

图20　引力使时间减慢，这在地球上也可以用实验证明。相对于塔脚下的钟而言，塔顶上的钟走时快

　　引力越强，时间弯曲也就越明显。现已知道，在有的恒星上，引力十分强大，以致那里的时间相对于我们要慢百分之几。实际上，这些恒星正处于某种临界值的边缘，一过了临界值，时间弯曲就开始加倍增长。假如这样的恒星再大几倍的话，时间弯曲就会升级，最后，在引力的某一临界值上，时间就会停下来。从地球上看，这恒星的表面就是冻结住了，没有任何活动了。不过，我们是看不到这种奇异的时间停止现象的，因为我们借以看到它的光线也冻结在那里了，这恒星发出的光的频率被移到了光谱的可见区域之外。这恒星看上去是黑的。

　　理论告诉我们，处于这种状态的恒星不可能保持原状，而会在它自己强大的引力压迫下在1微秒之内坍缩成为一个时空奇点，在空间留下一个空洞，即黑洞。原先恒星的时间弯曲仍然在空洞的空间中留有痕迹。

因此，黑洞就代表着通向永恒的近路。在这种极端的情况下，火箭上的那位李生子不但可以快一些到达将来，而且能够在一瞬间到达时间的终点！他一旦进入黑洞，黑洞之外的一切永恒从他相对固定的"现在"来看，就会立刻成为过去了。因而，他一进入黑洞，就会被锁闭在一种时间弯曲之中，不能再返归外面的宇宙了，因为外面的宇宙都已经过去了。就宇宙的其他部分而言，他的确是处于时间的终点之外了。他要想从黑洞中出来，就必须在进入黑洞之前就出来。这是荒谬的，说明他不可能从黑洞中逃出来。黑洞的引力毫不留情地死死抓住这倒霉的宇航员，把他拖向奇点，到了奇点，在1微秒之后，他就到达了时间和湮没的边缘；奇点就标志着通向"无空间"和"无时间"的单程旅程的终点。奇点是自然宇宙终结之"地"。

相对论在我们的时间观念中引发的革命，可用如下的话做出最好的概括：从前，时间被认为是绝对的，不变的，普遍的，是独立于物体和观察者的。现在，时间被认为是能动的。时间能够伸长收缩，弯曲，甚至可以在奇点处停止。钟表的走时不是绝对的，而是与运动状态和观察者的引力状况相对的。

把时间从普遍性的紧身衣中解救出来，使得每一个观察者的时间都能够自由而独立地运行，这就迫使我们放弃一些长期抱有的假设。比如说，现已不可能就选择何时为"现在"达成一致意见了。在双生子的实验中，火箭上的那一位在向外飞的途中或许会想"现在我那李生兄弟在地球上干什么呢？"但这两位李生兄弟相对时间尺度的错乱意味着，火箭参照系中的"现在"与地球上的人所判定的"现在"是完全不同的时刻。没有普遍的"现在"。假如在不同的地点发生了两件事 A 和 B，一个观察者认为 A 与 B 同时发生，另一个观察者就会认为 A 先于 B，而第三个观察者就可能认为 B 先发生。

两个事件发生的时间顺序在不同的观察者看来竟会不一样，这似乎是不可思议的。靶标在发枪之前就会碎吗？谢天谢地，没有这种事。否则该多出多少伤亡。要想使事件 A 与 B 发生的顺序难以确定，A 与 B 就得在足够短的时间内发生，使光在该时间内来不及从 A 跑到 B。在相对论中，光信号是一切的规则，而光信号尤其禁止任何信号跑得比光信号快。假如光不能快到把 A 与 B 联系起来，就没有任何东西能把二者联系起来，因此，A 与 B 就不可能以任何方式相互影响。二者之间没有因果联系：将 A 与 B 的时间顺序调换过来，就不会造成因果颠倒。

世上没有普遍的现在，这一事实不可避免地使那种把时间整齐地划分为过去、现在和将来的做法失去意义。过去、现在和将来这些术语在我们周围的场所中可能有意义，但不能适用于别的地方。诸如"现在火星上正在发生什么事"这一类的问题指的是该行星上的某一特定的时刻。但正如我们已经看到的那样，一个乘火箭掠过地球的太空旅行者在同一时刻问同样的问题，指的就是火星上的另一个时刻了。实际上，在地球附近的一个观察者根据其运动的情况的不同，其可能的"现在"要有好几秒钟那么长。观察者离被观察对象越远，"现在"的范围也就越大。对一个遥远的类星体来说，"现在"可能是一段几十亿年的时间。即便是在地球上漫步这样的运动，也会使类星体上的"现时刻"变为几千年！

因为人们长久以来是如此相信只有现在"确实存在"，所以，抛弃那种把时间整齐地划分为过去、现在、将来的做法，就是人类思想历程中意义深远的一大进步。人们通常不假思索地认为，将来是尚未形成的，很可能还没有确定下来；过去则是过去了的，虽留在记忆中，却是泼出去的水，没法子了。人们希望相信，过去与将来都不存在。"每一次"似乎只有一瞬的实在发生。相对论使得这一切观念成了无意义的东西。过去、现在和将来必定是同样实在的，因为一个人的过去是他人的现在，另一个他人的将来。

一个物理学家对时间的看法很受他对相对论的了解的影响，因而很可能显得与常人有相当的差异，尽管物理学家自己对这事并不怎么在意。物理学家并不认为时间是由发生的事件构成的一个序列。相反，他们认为，过去和将来的一切都在那儿，时间在任何一个给定的时刻都向过去和将来两个方向延伸，就像是空间在任何一个给定的位置延伸一样。事实上，这里把时间和空间相比较还算不得什么，因为时间和空间在相对论中已经变得交织在一起密不可分了，两者合成为物理学家们所谓的"时空连续体"了。

我们对时间的心理感觉与物理学家们的时间模型的差别是如此之大，以至连许多物理学家也觉得这中间是不是缺了点什么重要的东西。爱丁顿曾经说过，我们的精神有一种"后门"，时间除了通过常规的感官途径和实验室仪器的途径进入我们的精神，还走"后门"。我们对时间的感知，比起对空间方位或物质的感知来，是更为基本的。对时间的感知是一种内在的体验，而不是一种肉体的体验。我们尤其感觉得到时间的流逝 —— 这种感知是如此明显，以至构成了我们感觉的最基本的一面。这一面是一个有力的背景，我们的一切思想，一切活动都是在这一背景的衬托之下被感觉到的。

很多科学家在寻找那神秘的时间之流时被搞得晕头转向。所有的物理学家都承认，宇宙中存在着过去将来不对称，这种不对称是由热力学第二定律造成的。但要是仔细检查一下该定律的基础，这种不对称似乎就消失了。

这个难题可以简单地说明如下。假设在一间封闭的房间里，把一个香水瓶的瓶塞拔去。不一会儿，香水就挥发出来，弥漫整个房间，房间里所有的人都闻得到。香水由液体变为香气，从有序到无序的转变是不可逆的。不管过多长时间，散布开来的香气分子也不可能自动地返回香水瓶，规规矩矩地再变回为香水液体。香气分子的挥发、散布，就是过去和将来不对称的一个典型例子。假如我们在电影上看到香气分子返回香水瓶，我们立刻就可以知道，这电影片子是倒放的。因为香气分子一从瓶子里冒出来，就不可能再回去的。

然而，这里却有一个问题。香气分子的挥发、散布，是几十亿分子撞击的结果。空气分子的热运动一刻也不停，把香气分子到处乱撞，使之移来移去，最后香气分子终于不可收拾地与空气混合到了一起。然而，任何一次特定的分子碰撞都完全是可逆的。两个分子相互接近、碰撞、倒退。在这事上没有什么时间不对称。相反的过程仍是相互接近、碰撞、倒退。

对称的分子碰撞怎么会产生不对称的过去和将来，这个由时间

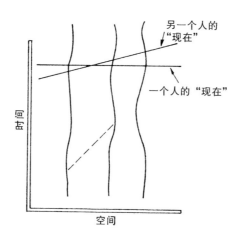

图21 物理学家们并不认为时间是在流逝。他们认为，时间作为"时空连续体"的一部分摆在那儿。在本图中，时空连续体的四维结构被绘成二维的面，其中两个空间维度被省略去了。面上的一点代表一个"事件"。图上的曲线代表运动物体的路径，虚线代表在两物体之间传播的光信号。图中的水平线代表一个观察者在某一时刻所看到的整个空间的一个切面。另一个观察者因为以不同的方式运动，所以，他所看到的整个空间的切面就是一个斜面。于是，为了理解世界，就必须有时间的纵向延伸。不存在一个代表单一的、共同的"现在"的普遍"切面"。因此，把宇宙切分成过去、现在，将来就办不到了

之矢构成的谜牵动了很多杰出的物理学家的想象。路德维希·玻尔兹曼在19世纪后期首先阐述了这个问题，但直到今天，大家仍是对此议论纷纷。有些科学家断言，存在着一奇异的非物质的性质，即时间流，正是这时间流造成了时间之矢。他们断言，分子运动在通常的情况下是不能在时间上打下过去-将来不对称的印记的。因此，要想形成时间不对称，就必须有额外的成分，即时间流。有人甚至到量子过程中或宇宙的膨胀中去寻找时间流的起源。相信有时间流在很多方面就像是相信有生命力一样，都很让人怀疑。

相信有时间流是个错误，它错在忽视了这一事实：时间不对称如

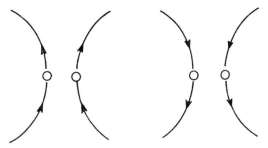

图22 假如我们在分子水平上观察物质，就会发现时间不对称在世界的起源上是个不解之谜。任何两个分子之间碰撞的过程都是完全可逆的，没有任何从过去到将来的倾向

同生命一样，是一整体概念，因而是不能把整体的性质归结为单个分子的性质的。在分子水平上的对称和在宏观尺度上的不对称，这二者之间没有什么矛盾。它们纯属两个不同的描述层面。于是，人们就想，时间怕是并非真的在"流动"，一切都是我们的头脑在作怪。

假如我们想在感觉中找到时间流的起源，我们就会碰到在理解自我时所碰到的那些混乱和悖论。我们就很难不得出这样的印象：时间流的问题和自我的问题是密切相关的。只有在时间的流水中，我们才能感觉到自我。霍夫斯塔特曾写道，"自指的旋涡"造成了我们所说的意识和自我意识；而我则坚决相信，推动心理上的时间流的也正是那同一个旋涡。正是因为这一点，我才坚持认为只有在我们解开了时间之谜后，才能解开精神之谜。

在艺术和文学中，到处都可以发现关于时间的天真想象。时间被描绘成箭，是河流，是飞车，时间在前进。人们常说，我们意识到的"现在"在不断地向前推移，由过去移向将来，这样，2000年也会最终变成"现在"; 同理, 你读这个句子的时刻现在也已经过去, 成了历史。有时, 现在被认为是固定的, 时间本身是流动的, 就像是河水流过河边的一个观察者。时间的这些形象是与我们对自由意志的感情不可分割的。将来似乎尚未形成, 因而就能够在它尚未到来时, 用我们的行动来使它成形。这一切是不是胡说八道呢?

假如说, 上段里所说的关于时间的形象都是对的, 那么, 就立刻会出现一大堆问题。1983年, 在一个物理学家和一个怀疑论者之间或许有一场如下的对话:

怀疑论者: 我刚刚看到爱因斯坦的这一句话:"你必须承认, 主观的时间将着重点放在现在, 而主观的时间并没有客观的意义……过去、现在、将来之间的区别, 只是一种幻觉, 不管人们怎么坚持这种区别也没有用。"爱因斯坦肯定是发了疯吧?

物理学家: 绝对没发疯。在外在的世界中, 根本就不存在什么过去、现在、将来。你能用仪器测定现在吗? 不能。现在是个纯心理概念。

怀疑论者: 哦, 你是在开玩笑吧? 谁不知道, 将来还没有发生, 而过去已经过去了, 我们都记得过去发生过了。你怎么能把昨天和明天或今天混为一谈呢?

物理学家: 当然, 你得把那么多天理出个次序来, 但我所反对的是你用的那些标签。怕是连你自己都承认, 明天永远不会来。

怀疑论者: 别玩文字游戏好不好? 明天怎么不会来? 只不过来

　　　　　　　　　了之后，我们把它叫作今天就是了。

物理学家： 一点不错。每一天在当天都叫作今天。每一时刻在被人感觉到的时候都叫"现在"。过去和将来的划分是语言混乱的结果。我来帮你澄清这个混乱吧。时间的每一个时刻都可以有一个确定的日期。例如1997年10月3日下午2点。记日期的系统是任意的，但一旦约定俗成地确定下记日期的系统，任何一个事件或时刻的日期就确定下来了。所有的事件，我们都给它一个日期标签，这样，我们在描述世界上的一切事的时候，就可以不用过去、现在、将来这些模模糊糊的东西了。

怀疑论者： 但是，1997年的确是将来。1997年还没来到呢。你所说的日期系统忽略了时间的一个关键方面，即时间的流动。

物理学家： 你说"1997年的确是将来"是什么意思？ 1997年是1998年的过去。

怀疑论者： 但现在不是1998年。

物理学家： 现在？

怀疑论者： 不错，就是现在。

物理学家： 什么时候是现在？每一个时刻在我们感觉到它的时候，都是现在。

怀疑论者： 此刻是现在。我说的现在是指此刻。

物理学家： 你说的是1983年的现在？

怀疑论者： 就算是吧。

物理学家： 不是1998年的现在？

怀疑论者： 不是。

物理学家： 好，那你说的意思就是，1997 年是 1983 年的将来，但却是 1998 年的过去。这我并不否认。我的日期系统所描述的恰恰也正是这么回事。所以你瞧，你根本用不着说什么过去将来之类的东西。

怀疑论者： 不用区分过去和将来？这真是荒谬。1997 年还没来，这一点你要承认吧？

物理学家： 自然要承认。你所说的意思是，我们的谈话发生在 1997 年之前。让我再重复一遍：我并不否认众多事件有一个顺次的序列，它们之间有先后或过去将来的关系。但我所否认的是过去、现在、将来的存在。显然，并没有一个现在，你和我在一生中都会感觉到很多"现在"。一些事件在另一些事件的过去或将来。但事件只是在那儿存在，并非是一个接一个地发生。

怀疑论者： 有些物理学家说，过去和将来同现在并排存在，过去、现在、将来都在那儿，只是我们顺次地一个挨一个地遇见过去、现在、将来的事件罢了。你说的话跟这些物理学家是一个意思吗？

物理学家： 我们实际上并不是"遇见"事件。我们只是感觉到所有的我们意识到的事件。从时间的角度来看，并没有一大堆事件等在那儿让我们去悄悄地接近。众多事件就在那儿，是人的头脑把它们联系起来了。你刚才说的那番话，意思就好像是今天的精神被用一种什么方法给向前挪，好去碰上明天的事件。其实，你的精神是延伸在时间之中的。明天的精神状态反映明天的事件，今天的精神状态反映今天的。

怀疑论者： 难道是我的意识从今天向明天移动吗？

物理学家： 不！你的精神今天和明天都是有意识的。没有什么东西向前向后，或向左向右移动。

怀疑论者： 但我明明感觉到时间在流逝。

物理学家： 且慢1分钟。真对不起。说"且慢1分钟"这话意思是让你等等，我先说几句。但这话听起来倒好像是时间是你手里的东西，你能拖住它似的。言归正传，首先，你说你的精神在时间上是往前挪的，后来，你又说时间本身在向前挪。你到底是说的哪个呢？

怀疑论者： 我把时间看成是一条流动的河，将来的事件朝我冲过来。我既可以把我的意识看成是固定的，时间流过我的意识，从将来流向过去；我也可以把时间看成是固定的，我的意识从过去移向将来。我想，这两种说法都是一回事。运动是相对的嘛。

物理学家： 你这运动是幻想的东西！我问你，时间怎么个动法？假如说时间在运动，那它肯定就有速度。请问：时间的速度多大？每天1天？这不是绕口令吗？1天就是1天的1天。

怀疑论者： 要是时间不动，事物怎么会发生变化？

物理学家： 这好说。物体在时间里活动，变化于是就发生了。可时间并没动。我小时候常纳闷："为什么这会儿是现在？为什么另外一个时候不是现在？"我长大了才知道，这样的问题是无意义的。"这会儿"可以是任何一会儿。

怀疑论者： 我倒是认为，你小时候提的那个问题很有道理。不管怎么说，为何这就是1983年？你总得说出个所以然吧？

物理学家： 为何什么就是1983年？

怀疑论者： 哦，为何现在就是1983年？

物理学家： 你问的问题很像是问："为何我是我、不是别人？从定义上说，我就是我自己，就是那个问问题的人。显然，在1983年，我们就把1983年看作是"现在"。在哪年，就把哪年看成现在。你其实该问："为什么我活在1983年，而不是活在，比如说，活在公元前5000年？"你也可以问："为什么我们在1983年而不是在1998年进行这场谈话？"你看，这么问，就用不着动用过去、现在、将来之类的概念。

怀疑论者： 我还是不明白。我们日常的思维活动，如语言的时态结构，希望、恐惧、信仰，等等，这一切几乎都是根植于对过去、现在、将来的基本区分上的。我害怕死亡，因为我尚未碰到它，我不知道死亡之后是怎么回事。但是，我虽不知道我出生之前是怎么回事，可我却不害怕。我们不可能害怕过去。我可以再说一遍，过去的事是改变不了的。靠着我们的记忆，我们知道过去发生了什么事。但我们不知道将来。然而我们相信将来是未定的，我们的行动可以改变将来。至于现在嘛，可以这么说，所谓现在，就是我们跟外在世界发生接触的一瞬间。在这一瞬间里，我们的精神可以命令我们的肉体去行动。拜伦曾写道："行动吧，要在活的现在行动。"他这句话，就把我的意思，全说明白了。

物理学家： 你说的大部分都对，但你仍用不着用一个移动的现在来说明问题。当然，过去和将来之间存在着不对称。这不对称不光是记忆之类的感觉所感觉到的，在外在世界中也确实存在着过去和将来的不对称。例如，热力学第二定律表明，一切系统会越变越乱，越无序。我们大脑之外的其他系统也具有累积的记录和"记忆"。你可以想想月球上那么多的环形山。那都是对过去事件的记录，不是对将来事件的记录。你刚才说的那番话，意思不过是说，后来的大脑要比先前的大脑储存了更多的信息。可是，我们接着犯了一个错误，把这至浅至明的事实译成了混乱又模糊的话："我们记得过去，却不记得将来。"其实我们都知道，"过去"是个无意义的词儿。到了1998年，我们将能记得1997年，尽管1997年是1983年的将来。只要你按日期说就能说明白，用不着时态，或用时间之流，现在之类的玩意儿。

怀疑论者： 可你刚才自己就用了个将来时"将能记得"。

物理学家： 我其实完全可以说，"我1998年的大脑记录关于1997年的事件。但1997年是1983年的前头，因此，我1983年的大脑没记录1997年的事"。瞧，我这里就用不着使用过去和将来的概念。

怀疑论者： 可是，对将来的恐惧、自由意志和不可预测之类又该怎么解释呢？假如将来早已存在，这岂不成了彻头彻尾的决定论了吗？什么都早定好了，改不了了，自由意志不就成了冒牌货了吗？

物理学家： 将来并非"早已"存在。你的话本身就有矛盾。因为你的话等于说将来的"事件与那些先于它们的事件同时存在"，按"先于"一词的定义来看，这显然是无意义的。至于说到不可预测性，那也是有实际的局限的。不错，由于世界太复杂，我们只能预测某些简单的事件，如日食之类。但可预测性与决定论并不是一回事。你是把你的认识论同你的形而上学搞混了。世界将来的状况都可以是被在先的事件决定了的，但实际上照样还是不能预测世界的将来状况。

怀疑论者： 但是，难道将来是被决定了的吗？对不起，我不该说将来。我是说，难道一切事件都完全是被在先的事件决定了的吗？

物理学家： 实际上不是这样。比如，量子论就说明，在原子水平上，事件都是自发地发生的，没有什么完全的前因。

怀疑论者： 这就是说，不存在将来！我们可以把它变来变去！

物理学家： 不管有没有我们现在的行动，将来就是将来。物理学家把时空看成像是展开的一张地图，时间在图的一边展开。事件在图上是一些点。有些事件由因果关系与先前的事件联系在一起，其余的事件，如放射性原子核的衰变，则被标作是"自发的"。不管有没有因果联系，一切都在那儿了。所以，我所说的没有过去、现在、将来之分并没有涉及自由意志或决定论。这完全是另外一个问题，这是一个布满了混清的领域。

怀疑论者： 你仍是没有给我解释为什么我感觉到时间的流逝。

物理学家： 我不是神经病学家。不过，你之所以有那样的感觉或许跟短期记忆过程有关。

怀疑论者： 你是说，时间的流逝完全是主观的问题，是一种幻觉？

物理学家： 求助于感觉来把一些物理性质归因于外在世界，这是不智之举。我问你，你感觉过眩晕没有？

怀疑论者： 当然有过那样的感觉。

物理学家： 可你并没有把你的眩晕归因于宇宙的旋转，尽管你的确感觉到世界在打转儿。

怀疑论者： 这倒是。因为眩晕时觉得世界在打转儿，显然是一种幻觉。

物理学家： 所以我说，时间的流逝，就像眩晕时感觉到的空间在打转儿，不过是一种时间性的眩晕而已。时间流逝这种幻觉之所以有了一个虚假的真实外表，是我们混乱的语言造成的。语言里的时态结构和那些关于过去、现在、将来的无意义的词语使得时间流逝的幻觉像是实有其事。

怀疑论者： 请详细说说好不好？

物理学家： 现在不行。我没时间了……

从这样的谈话里我们能得出什么结论来呢？无疑，我们在安排日常事务时是大大倚仗过去、现在、将来这些概念的。我们从不怀疑时间真是在流逝。即便是物理学家，要是头脑里一放松分析推理这根弦，就会很快地在言谈思维中像常人一样认为时间是流逝的。然而，必须承认，我们越是仔细检查过去、现在、将来这些概念，这些概念似乎就越是变得难以把握，晦涩不明，我们的陈述最后不是同义反复，就是无意义。在物理学的世界里，物理学家不需要时间的流逝或现在之类的东西。实际上，相对论干脆就排除了所有的观察者有一个共同的、普适的现在的可能性。假如过去、现在、将来这些概念确有意义（很多哲学家如麦克塔戈特否认这些概念有意义[1]），那么，其意义似乎要归属于心理学而不是物理学。

于是，这就引起了一个令人迷惑的神学问题。上帝有没有时间流逝的感觉？

基督徒认为，上帝是永恒的。然而，"永恒"一词有两个颇为不同的意义。其较为简单的意义是永存的，没有开始和终结的，无限延续的。可是，有人对基督徒的这种看法大不以为然。处在时间之中的上帝是要有变化的。但是，使上帝发生变化的原因又是什么呢？假如上帝是万物万事的原因（如同第3章里的关于上帝存在的宇宙论证明所说的那样），那么，谈论最终原因本身变化岂不是无意义吗？

在前面的几章里，我们已经看到，时间并非仅仅存在而已，其本身也是自然宇宙的一部分，时间是"有伸缩性的"。根据明确的、依赖于物质行为的数学法则，时间能伸也能缩。同时，时间与空间也是紧密相连的。时间和空间一起表达了引力场的运作。简言之，时间像物质一样，在所有的细节上，参与了自然过程。时间并非是神圣不变的，而是能用物理方式甚至人工改变的。因而，处在时间之中的上帝在某种意义上说，也是受制于自然宇宙的。实际上，时间很可能在将来的某一阶段停止存在（第15章将会讨论这个问题）。这样，上帝的地位显然就不保险了。很清楚，假如上帝是受制于时间物理的，那他就不可能是全能的。假如他没有创造时间，也就不能认为他是宇宙的创造者。事实上，因为时间和空间是不可分离的，那么，上帝没有创造时间，也就是没有创造空间。但正如我们已经说过的那样，时空一旦存在，完全是自然的活动就会自动地造成宇宙中的物质和秩序。因此，很多人认为，只要上帝创造出时间（严格地说应当是时空），其他的一切就用不着上帝来创造了。

于是，我们就得出了"永恒"这个词的另一个意义，即"时间之外的"。上帝是在时间之外的，这种概念至少自奥古斯丁以来就有了。我们在第3章讲过，奥古斯丁认为，上帝创造了时间。奥古斯丁这种看法获得了很多基督教神学家的支持。圣安赛尔姆将其看法作了如此的表述："你（上帝）不存在于昨天、今天、明天，而是存在于时间之外。"[2]

时间之外的上帝就没有上面提到的那些麻烦问题，但却有第3章上讨论过的那些缺点。时间之外的上帝不可能是一个人格的上帝，不可能思想、说话、有感觉、筹划，因为这一切都是时间性的活动。很难想象时间之外的上帝怎么会在时间之内行动（尽管有人说这不是不可能的）。我们也说过，自我的存在与时间流逝的感觉是多么密切地相联系的。时间之外的上帝算不得我们所知的任何意义上的一个人格（Person）。这一类的疑惑促使若干现代神学家拒斥上帝永恒的观点。保罗·蒂里希写道："假如我们说上帝是活的，我们就是肯定上帝包含时间性，因而就与时间的变化有关系。"[3] 卡尔·巴斯也持有相同的观点："假如上帝的时间性不完全，基督教启示的内容就不成形。"[4]

时间的物理对人们相信上帝是全知的这一信仰也具有很有意思的含义。假如上帝是在时间之外的，就不能说他会思想，因为思想是一种时间性的活动。但是，时间之外的一个存在会有知识吗？获得知识显然是要时间的，但知识本身却不需要时间，假如所知的东西本身不随时间变化的话。假如上帝知道今天的每一个原子的位置，那么，上帝的知识明天就会变化。上帝若是具有不受时间限制的知识，就必须知道贯串时间的一切事件。

因此，要把上帝所有传统的属性调和起来就有了一个严重而根本的困难。现代的物理学发现了时间的变易性，就在上帝的全能和上帝的人格存在之间打入了楔子。现在已很难说上帝既能全知又具有人格了。

第 10 章
自由意志与决定论

一切都是确定的；将来如同过去，我们都可以看得着。

彼埃尔·德·拉普拉斯

当牛顿发现他的力学定律时，很多人都以为，自由意志的概念这下子算是寿终正寝了。牛顿的理论认为，宇宙像是一个巨大的钟表，钟表的弦正严格地按预先定好的方式放松，最后松到不能再松的地步。据认为，每一个原子的行踪都是事先定好的，在时间开始时就确定下来了。人类不过是这巨大的宇宙机制之中的附属机器，一进入这机制之中就逃脱不了。后来，出现了新物理学，随之也有了时空的相对性和量子的不确定性。于是，选择自由和决定论的问题又重新热闹起来。

构成新物理学基础的两个理论是相对论和量子论。这两个理论似乎彼此怀有根本性的敌意。一方面，量子论认为，观察者在形成物理实在的本质时具有十分重要的作用；我们说过，很多物理学家认为，有确凿的证据证明，不存在所谓的"客观实在"。这似乎使人类获得了一种独一无二的能力，使人能够以一种牛顿时代梦想不到的方式影响自然宇宙的结构。另一方面，相对论则破除了普遍时间的概念，也破除了绝对的过去、现在、将来的概念，把将来描绘成在某种意义上说早就存在的东西，因而将我们借助量子论获得的胜利就这么给打发掉了。假如说将来早已存在，那么，是不是说我们无力改变将来了呢？

按照牛顿从前的理论来看，每一个原子都沿着一个独一无二的轨道运动，其轨道是由作用于该原子的所有的力决定的。而作用于该原子的力则是由其他的原子决定的，以此类推。牛顿力学认为，在了解某一时刻的情况的基础上，原则上可以精确地预测将来会发生的一切。世上存在着严格的因果网络，一切现象，从一个分子的极微小的跳动到一个星系的爆炸，都是很早以前就连细节都定下来了的。正是因为这种力学观点，使得彼埃尔·德·拉普拉斯（1749 — 1827）宣布，假如谁知道某一时刻宇宙中的每一个粒子的位置和运动情况，他便掌握了所有的必要信息，可以计算出整个宇宙的过去和将来的历史。

然而，这种拉普拉斯式的计算却并不像是那样简单。首先，大脑能否计算出它自己将来的状况（即便是在原则上计算）就成问题。麦克埃曾经指出，对每一个人来说，完全的自我预测是不可能的，即使是在牛顿式的机械宇宙中也不可能[1]。可以设想，有一个超级科学家能够窥探你的大脑，精确地计算出在将来的某一个场合你将做什么；然而，这在逻辑上并不排除你有某种意义上的自由意志。原因是，尽管这位超级科学家或许预测得正确，但他却不能告诉你（在事前）他的预测，否则，他就会搞乱他的计算。例如，假如他跟你说，"没错，你要拍手"，你的大脑状况必然因而发生变化，变得与他跟你说这话之前不同。之所以会出现这种情况，是因为你获得了来自他的新信息。这时，你就不能相信他的预测了，因为他的预测是按照发生变化之前的大脑状况做出的。因此，不可能有任何预测能够准确地预测你会正确地想见到你未来的行为。于是，麦克埃认为，不管你的行为在那假想里掌握着预测的超级科学家看来是多么可以准确预测，多么不可避免，但对你自己来说在逻辑上却仍是不可预测的，因此也就至少是保留了通常所谓的自由意志。

还有一个问题是，宇宙按照牛顿力学是否是可以预测的？近来，在对力学系统进行数学描述方面取得了一些进展。这些进展表明，某些力能造成一些系统在其演化过程中产生强烈的不稳定，因而，可预测性便是一个无意义的概念。在"通常的"系统中，初始状态的微小变化只能造成系统行为的微小变化；然而，那些超敏感的系统则会因初始状态的极其微小的差异而产生全然不同的演化。而且，现代宇宙学的发现也表明，我们的宇宙在空间中具有膨胀的视界，每一天都有新的扰动和影响从视界之外的区域进入我们的宇宙。因为那些区域自时间起始以来与我们这部分宇宙从未有过任何因果性的交往，所以，我们即便是在原则上也不可能知道这些新来的影响是什么。

对完全可预测性的最重要的驳难来自量子因素。按照量子论的基本原则来看，大自然在本质上是不可预测的。海森伯著名的不确定性原理告诉我们，在亚原子系统运行过程中总是有一种无法消除的不确定性。在微观世界中，事件的发生并没有明确的原因。

决定论的垮台是不是与相对论矛盾呢？相对论认为，不存在普遍的现在，宇宙的整个过去和将来是一个不可分割的整体。世界是四维的，三个维是空间，一个维是时间，一切事件都在四维世界里，不会有什么将来"发生"或"展开"。

　　实际上，决定论的垮台与相对论并不矛盾。决定论说的是，一切事件都完全是由一个在先的原因决定的。决定论并没有涉及事件是否在那儿的问题。毕竟，将来就是将来的样子，不管它是不是由先前的事件决定的。相对论的四维图景则只是使我们不能以绝对的方式把时空切割成普遍的时刻。两个事件在不同的地方是否"同时"发生，这得看我们的运动状态如何。一个观察者或许会认为它们是同时发生的，另一个观察者则可能认为二者是相继发生的。因此，我们必须把宇宙看成是既在时间中延伸，也在空间中延伸。但相对论并未说时间的延伸是否包括宇宙中发生的事件之间的严格的因果关系。因此，尽管过去、现在、将来似乎没有客观的意义，然而相对论却并未说人不可能用在先的行动决定在后的事件（要记住，先后的次序是时间的一个客观性质，而过去和将来却不是）。

　　然而，目前尚不清楚的是，非确定性的宇宙是否是确立自由意志所需要的。实际上，决定论者认为，只有在确定性的宇宙中才谈得上自由意志。毕竟，具有意志自由的人是一个能在自然世界中运用因果律来做某些行为的人。而在一个非确定性的宇宙中，事件的发生是没有原因的。假如你的行为不是你造成的，你还能说你的行为是你干的吗？自由意志的辩护者认为，一个人的行为是由其人品、偏好、个性决定的。

　　我们不妨设想，一个本分的人突然犯了罪。非决定论者可能会说，"这纯是自发的事件，没有前因。这个人是不能责备的。"决定论者则会认为，这个人该为其罪行承担责任，同时，还会认为通过教育、劝导、心理疗法、药物等可以使他将来不犯罪。大部分宗教思想所传达的一个中心信息就是：我们能够改好。但是，我们将来的品行所能改好的程度是由我们在先的决心和行动决定的。在这里我们应当认识到，决定论并不是说事件的发生与我们的行动无关。有些事件之所以发生，是因为我们决定了它们的发生。

千万不可把决定论与宿命论混为一谈。宿命论说的是，将来的事件是我们完全不能控制的。宿命论者会说："一切事其实早就由星宿定下来了，将有的事必会有。"假如一个身处枪林弹雨之中的士兵心想，"要是我气数已尽，不管怎么防备也免不了一死"，于是就在战场上无所顾忌，毫不躲避，那么，这个士兵就是一个宿命论者。某些东方宗教就有宿命论的味道，而且很多人也会时时跌入宿命论中，尤其是在涉及世界大事的时候，"那些大事我是无能为力的"。这倒是不假。普通的人的确不能制止世界大战，也不能阻止一颗大流星毁掉一个城市。然而，在日常生活中，我们不停地以数不清的小手段来影响事件的结局。毕竟没有人会认真地说："我会不会让汽车撞死，这是命中注定的事，所以过马路的时候我不必费心去看左右来往的车辆。"

尽管决定论跟宿命论不是一回事，但我们对它还是放心不下。无怪乎很多人在得知量子因素显然推翻了决定论之后，不禁长长地大松了一口气。的确，我们对自由的要求，是要求我们所决定的事真的可以因我们的决定而发生。但是，在一个完全确定的宇宙中，决定本身也是早就决定了的。在这样的宇宙中，尽管我们可以随意而行，但我们想做的事却是我们所控制不了的。道理是这样的：当你决定喝茶不喝咖啡时，使你做出这个决定的是环境的影响（比如，茶相对便宜），生理因素（比如，咖啡的刺激性较强，你受不了），文化的因素（茶是传统饮料），等等。决定论认为，所有的决定，所有的奇想，都是早就决定了的。假如事情果真如此，那么，不管你在决定喝茶还是喝咖啡的时候觉得多么自由，实际上，你的选择在你出生的那一刻就定了，很可能定得还要早。在一个完全确定的宇宙中，一切都在宇宙创生的时刻就定下来了。这岂不是使我们一点自由也没有了吗？

现在的问题是，很难判定我们到底要的是哪样的自由。有人说，在咖啡和茶之间做出选择的真正自由意味着，假如导致一种选择的环境再次出现时（即宇宙中的一切都跟当初做选择时一模一样，包括你的大脑状态也跟当时一样，因为你的大脑也是宇宙的一部分），你很可能在这第二次做出不同的选择。只有环境相同时选择不同，才称得上是自由。这样的自由显然与决定论大相径庭。但是，这种终极的自由怎样才能得到验证呢？宇宙怎样能照原样再来一次呢？假如自由真是这样的，那么，自由的存在必定纯是个信仰。

或许，自由意味着另一回事。也许就是麦克埃所说的不可预测性？你将要做的事是被你所不能控制的因素决定的，但你永远也不能知道，即使在原则上也不能知道你将做什么。这难道就足以满足对自由意志的要求吗？

另一种自由观认为，某些（不是所有的）事件是有原因的，但我们不能在自然宇宙中找到其原因。具体地说，这种观点认为，我们的精神是外在于物质的世界的（这是二元论哲学），但我们的精神能够以某种方式进入物质的世界，能够影响发生的事件。于是，仅就物质世界而言，并不是所有的事件都是能被决定的，因为精神并不是物质世界的一部分。不过，人们仍可以问，使精神做出其决定的原因是什么？假如其原因来源于物质世界（某些原因显然如此），那么，我们便是又回到决定论那里去了，将非物质的精神提出来便成了放空炮。但是，假如某些原因是非物质性的，我们能因而更自由一些吗？假如我们控制不了非物质性的原因，那么，我们就跟控制不了物质性原因一样，也谈不上什么真正的自由。假如我们能够控制使我们做出自己的决定的原因，那么，又是什么决定了我们如何进行控制的呢？是更多的外在影响（物质的或非物质的）还是我们？"我之所以做出这种选择，是因为我使我自己使我自己使我自己……"，这得"使"到什么时候才到头？我们是不是都必须跌入无穷的倒退？我们能不能说，这因果链条的第一环是自动的，不需要外部的原因？这种自动因的概念，即没有原因的原因是有什么意义的吗？

到目前为止，我们一直对非决定论避而不谈。大多数物理学家会说，决定论与自由意志论之间的争论是无关宏旨的，因为我们知道量子因素已证明决定论是不成立的。但我们在此必须小心谨慎。量子的影响很可能太小，不会对神经元层面上的大脑行为产生多大的影响，但假如真有影响的话，我们肯定就不会有自由意志了，我们肯定会精神崩溃。量子起伏使一个通常不该兴奋起来的神经元兴奋起来（或使通常应该保持兴奋的神经元兴奋消退），这肯定会被看作对正常的大脑运作的干扰。假如一些电极被植入你的大脑，由一个外人随机地通电或断电，你一定会认为这种形式的干扰削减了你的自由：这个外人"接管了"或至少说是妨碍了你的大脑的运作。你大脑中量子的随机活动难道不是跟"噪声"一样吗？你决定要抬起你的胳膊，有关的神经元也按正确的次序兴奋起来了，可量子起伏打乱了信号，你的胳膊没动，腿倒动了。这难道就是自由？非决定论的致命问题就在这里：因为你的行动不是由你或由什么别的东西决定的，所以，你可能不能够将你的行动置于你的控制之下。

然而，有人仍旧摆脱不了那种虚幻的印象，以为量子因素的确带来一些自由的希望。不错，只要我们神经元的兴奋序列一旦开始，我们就不希望它被打断。但是，有人会说，量子作用也正是在初始阶段才具有重要性。我们可以设想一个神经元已准备好兴奋，只差原子水平的那极微小的扰动来使它兴奋起来。量子论认为，该神经元是否兴奋，是有确定的概率的。实际结果如何是不确定的。精神（或灵魂）就是在这里起了作用。它（下意识地）说："电子向右运动！"或下了诸如此类的命令，于是，神经元兴奋起来。在这里，精神作用于物质，但却没有违反物理定律，因为神经元无论如何要兴奋起来的可能性显然存在。精神只是触动了一下可能性的天平，使得神经元真的兴奋起来罢了。

然而不幸的是，并没有任何证据证明大脑真有这么微妙的平衡，假如真有，外来的电磁扰动就可能搞乱大脑的作用。而且，精神作用于物质的说法也有我们上面说过的问题——一开始使精神命令电子向右运动的原因是什么？反对用二元论解释精神肉体问题的人也会强烈反对这种说法，因为他们坚持认为，精神并不是一种能作用于大脑的物质。假如把大脑看成是一种软件，代表大脑的电化学结构，那么，再谈论精神作用于大脑就是又一次混淆层面了。这样的谈论之无意义，就如同把一本小说的出版归因于小说中的一个人物，或把计算机中的一个电路开关的开通说成是程序使它开通的。

　　上面所说的一切，实际上并没有真正抓住量子论的中心悖论——即精神在决定实在的过程中所扮演的独特的角色。我们前面说过，观察的行为使幽灵般叠加在一起的潜在的实在，凝聚成单一的具体的实在。在没有观察的情况下，一个原子本身是不能做出选择的。我们必须观察，然后才会有某种具体的结果出现。通过选择测量原子的位置或测量原子的运动，你能够决定是创造一个在一个特定位置的原子，还是创造有一个特定速度的原子。这一事实便证实了你的精神在某种意义的确进入了物质世界，且不管这种进入的实质是什么。但现在我们可以再一次问：为什么你决定测量原子的位置而不测量原子的运动？这种建构实在的自由，比起那种我们已司空见惯的自由，即用移动物体的方式（比如，用接触）影响外部世界的自由，难道是更有力的吗？

　　如今，很多物理学家倾向于接受埃弗列特的所谓多宇宙量子论的解释。埃弗列特的观点（其观点已在第3章简短地讨论过）对自由意志具有奇特的含义。埃弗列特认为，每一个可能的世界实际上都是实在的，同时，所有其他可能的世界也都平行地共存。这些重叠的世界延伸开来供人类选择。可以设想你面临一个选择——要茶还是要咖啡？埃弗列特的解释认为，你一旦进行了选择，宇宙立刻就分为两个岔，在一个分岔里你有茶，在另一个分岔里你有咖啡。这样，你就什么都有！

多宇宙理论似乎是可以满足上面讨论过的选择自由的终极标准。当宇宙分岔时，导致每一种结局的条件在所有的方面都是完全相等的，因为这些条件实际上是在同一个宇宙里。然而，人却做出了两种不同的选择（我们在前面讲过，没有人能够直接证实多宇宙理论，因为所有的人都必定局限于分了岔的宇宙当中的一个分岔里）。然而，这理论虽满足了选择自由的标准，却似乎付出了过大的代价。假如你不得不进行所有的可能的选择，那你还有什么自由可言呢？这自由似乎是过了头，让它自己的成功给毁了。你想选择的是茶或是咖啡，是二者择一，不是两样都要。

但是，赞成多宇宙理论的人会说，"你这里的你是什么意思"？那个有了茶的"你"和那个有咖啡的"你"不是一个人，他们住在不同的宇宙里。假如要想把他们区别开来的话，那么可以说，这两个我们漫不经心地称作"你"的人在感觉经验方面是不同的，比如，这两个"你"对饮料的口味不同。这两个人不可能是同一个人。因而，假如你得到选择的机会，你实际上不会既有茶又有咖啡。不管我们讨论的是哪个"你"，反正那个你做出了选择。那么，按照多宇宙理论的观点来看，说你选择了茶而不要咖啡，不过是给"你"下了一个定义而已。说"我选择了茶"不过是说"我是喝茶的人"而已。因此，虽说面临选择的是一个单个的你，结果却涉及两个人，不是一个。按埃弗列特的理论来看，自我在不断地分成无数个相近的复本（这对传统的那种灵魂独一无二的概念会有什么含义，探讨起来会很有趣的）。

犯罪要承担责任、责难与自由意志的关系，有很多这方面的文献。假如自由意志是虚幻的，那为什么有人要因其行为而受责难呢？再者，假如一切事件都是早就注定了的，那么，我们每一个人就逃不脱我们出生之前就已定下的定数。在一个埃弗列特式的多重宇宙中，一个罪犯可不可以为自己辩护说，按照量子论的定律，他那多重的自我中至少有一个成员得要犯下罪行？然而，我们还是先避开这一是非之地，先询问一下上帝在一个决定论式的宇宙中的地位如何吧。我们一旦把上帝放在这种宇宙中，就立刻碰上了一大堆难题。

上帝能够施行自由意志做出决定吗？

假如人有自由意志，上帝肯定也有吗？假如有，那么，前面所讲的涉及自由的各种问题也要困扰上帝了。而且，就无限的、全能的上帝而言，我们也有很多理解不了的难题。假如上帝有一个宇宙计划，而这计划又作为其意志的一部分得到执行，为什么上帝不干脆创造一个决定论式的宇宙，使其计划目标成为不可避免的东西？或者，在创造出宇宙的同时就使其计划得到实现，这岂不更省事？假如宇宙是非决定性的，那么，上帝也不能决定或预测结果会是什么，这岂不是说他的能力是有限的吗？

或许有人可能争辩说，假如上帝愿意，他便可以自由地放弃他的一部分能力。他可以赋予我们自由意志，使我们能够逆他的计划而行，假如我们愿意这么做的话。他也可以赋予原子以量子因素，使他创造宇宙的过程变成一个宇宙规模的或然率游戏。但是，一个真正的全能者是否能放弃一部分能力，这倒是一个逻辑难题。

全能意义上的自由与人类所享有的那种自由是很不一样的。你可以自由地选择茶或咖啡，但只有在茶和咖啡存在的情况下，你才能有这份自由。你没有做成你想做的任何事的自由，比如，徒手游过大西洋，或把月亮变成血的自由。人类的能力是有限的，只有一小部分愿望有可能得到实现。而全能的上帝却没有能力的限制，他能够自由地做成他想做的事。

全能这一概念也引起了一些令神学家难堪的问题。上帝能自由地杜绝恶吗？假如上帝是全能的，那就是能。但假如他能，那为什么没有做到这一点呢？大卫·休谟提出了一个对神学来说具有毁灭性的论点：假如世上的恶出自上帝的意志，那么，上帝便不是仁慈的；假如恶是违反上帝的意志的，那么，上帝就不是全能的。上帝不可能既全能又仁慈（就像大多数宗教所宣扬的那样）。

对大卫·休谟的论点，有人提出一个反驳：恶完全是由人的行为造成的；因为上帝给了我们自由，我们就可以自由地做恶事，从而破坏上帝的计划。然而，这里仍有一个问题：假如上帝能够自由无碍地预先阻止我们作恶，那么，他若是没有做到这一点，岂不是也必须承担一份责任吗？假如一个做父母的让他那任性的孩子胡作非为，在四邻中打砸抢，我们通常认为那做父母的也要承担一份责任。我们是不是因而必须得出一个这样的结论：恶（或许就一个有限的量而言）是上帝计划的组成部分？或者说，上帝不能自由地做到预先阻止我们逆他的意志而行？

假如我们按照基督教的信条进行思想，相信上帝是超越时间的，那么，我们还会碰上一大堆新的难题，因为选择自由这一概念从本质上说是一个时间性的概念。假如选择不是在一个具体的、特定的时刻进行，而是没有时间限制的，那么，选择还有什么意义呢？假如上帝早已预知了将来，那么，上帝为宇宙制订计划以及我们参与他的计划还能有什么意义呢？一个无限的上帝知道在所有的地方现在正在发生什么事。但我们已知，不存在一个普遍的现在，所以，假如上帝的知识是延伸在空间中的，就必定也在时间中延伸。于是，我们就可以得出这样的结论：基督教的永恒的上帝具有选择自由是无意义的。但是，我们能够相信人类具有人类的创造者所没有的能力吗？我们似乎是被迫得出一个悖论性的结论，即选择自由实际上是我们所受的一种限制，就是说，我们需要选择是因为我们不能知晓将来。上帝摆脱了现在的束缚，就不需要做选择所必需的自由意志了。

　　这些问题似乎是无法解答的。新物理学无疑为解开自由意志和决定论这一对长期悬而未决的谜提供了一个新思路，但并未把谜解开。量子论虽动摇了决定论的基础，但在涉及自由时也给它自己出了一大堆难题，而其中最难的难题是多重实在的可能性。毫无疑问，随着我们将来对时间了解的加深，这些有关我们的存在的基本问题必会出现新线索。

第 11 章
物质的基本结构

通过寻找越来越小的物质单位，我们并不能找到基本的物质单位，或曰不可分割的物质单位，但我们却的确碰上了一个点，在这一点上，分割是没有意义的。

沃纳·海森伯

当前种种寻求建立统一场理论的努力其实都非常简单。

I. M. 辛格

科学之所以能成为科学，只是因为我们生活于其中的宇宙是一个井然有序的宇宙，这宇宙符合质朴的数学定律。科学家的工作，就是研究、讲述大自然的井然有序，并将其有序分门别类，而不是对大自然的秩序的起源提出疑问。但神学家们长期以来一直认为，物质世界存在的秩序是上帝存在的证据。假如神学家的看法是对的，那么，科学和神学也就是目的一致地显示上帝的工作了。实际上，一直有人认为，西方科学的出现，是由基督教 — 犹太教的传统促成的，因为这种传统强调，上帝有目的地把宇宙组织起来，而这种组织可以借助理性的科学研究被人们看出来。这是一种哲学，这种哲学的精义似乎可以用斯蒂芬·黑尔斯（1677 — 1761）下面的话来表示：

　　既然我们确信全知的造物主在创造万物的时候遵守了最为严格的数、重量、尺度的比例，那么，若想洞见进入我们的观察范围之内的那些被造物的本质，最有可能成功的方式必定是从数、重量、尺度入手。

　　宇宙之井然有序似乎是自明的。不管我们把目光投向何方，从遥远辽阔的星系，到原子的极幽深处，我们都能看到规律性以及精妙的组织。我们所看到的物质和能量的分布并不是混乱无序的，相反，它们是按照从简单到复杂的有序的结构安排的，从原子到分子，到晶体、生物，到行星系、星团等，一切都井井有条，按部就班。而且，物质系统的行为也不是偶然的、随机的，而是有章法、成系统的。科学家们面对大自然难以捉摸的美和精妙时，常常感到一种敬畏和惊奇。

　　将不同种类的有序区分开来是有用的。首先，有一种质朴的有序，如我们在太阳系中或在钟摆的摆动中所看到的那种规律性。还有一种复杂的有序，如木星旋转的大气中气体的排列，或一个生物的复杂组织。这种区别是还原论对整体论的又一个例子。还原论试图揭示出复杂组织中的简单成分，整体论则关注整体的复杂性。复杂的有序在很多人看来有一种目的成分。在复杂的有序中，一个系统所有的组成部分和谐地组织在一起，合作着去达到一个特定的目的。在这一章里，我们将看看质朴的有序，看看基本物理最新的发现如何证实了数学规律控制大自然的那些重要过程。在下一章里，我们要回过头来探究复杂的有序。

　　康德提出，为了理解世界，人的精神不可避免地要将秩序强加于世界。但我认为很多科学家对他的观点不以为然。比如说，康德根本就不懂原子或原子核的结构，他哪能知道，后世的人们对原子进行研究，显示出原子也具有太阳系组织的那种数学规律性。这一发现的确是惊人的，跟我们所选择的观察世界的方式没有任何关系。而且，我们还将看到，亚核物质也是服从某些质朴有力的对称原理的。人们很难相信，在某些基本力的作用过程中，左右对称是无意义的，只不过是对人类精神的赞美。

人们在传统上一直遵循着科学的还原论来揭示大自然中的质朴有序：把复杂的系统分解成较为简单的部分，再分别对这些部分加以研究。一切物质都是由少数基本单位（即最初的"原子"）组成的，这种观念起源于古希腊。但是，只是在本世纪，技术才有了足够的进展，使我们能够详细地研究、了解原子的作用。这方面最早的发现之一，主要是卢瑟福勋爵在本世纪初做出的。这个发现就是，原子根本就不是基本的粒子，而是由其内部的构件合成的结构。原子质量大部分集中于小小的原子核，原子核只有一厘米的一万亿分之一大小。核的周围包围着由较轻的粒子（即电子）构成的云，电子云延伸的距离达一厘米的一千万分之一。因此，一个原子的绝大部分是一无所有的空间，加上量子因素排除了电子具有精确的轨道的可能性，原子便让人觉得像是一种非物质的模糊的实体了。

电磁力使电子离不开原子核，原子核带有正电荷，原子核的周围是电场，电场使带负电荷的电子逃脱不了。很久以前人们就发现，原子核本身也是复合体，是由两种粒子组成的，一种粒子是质子，带正电荷，另一种粒子是中子，既不带正电荷，也不带负电荷。质子和中子的质量分别都是电子质量的 1800 倍。

物理学家们一旦发现了原子的基本构造，就能够将量子论应用于原子，从而揭示出一种惊人的和谐。电子的波的性质通过电子存在于其中的某种固定的"定态"或"能级"将它自己表现出来。假如能量以光子的形式（小批的光能）被吸收或被发射，就会发生能级之间的跃迁。因此，能级的存在是以光能的形式显示出来的，而光能的情况可以从光的频率（颜色）推断出来。分析一下原子所吸收或发射的光，就会发现一种光谱，光谱是由一系列谱线或不连续的频率组成的。最简单的原子是氢原子，是由一个质子（原子核）和一个电子组成的。氢原子的能级可用一个简单的公式

$$\frac{1}{n^2} - \frac{1}{m^2}$$

乘以一个固定的能量单位表示。式中的 n 和 m 是整数 1，2，3，…。这种紧凑简洁的算术式使人想起音乐的音调，比如吉他或管风琴上的泛音，这些音也可以用简单的数字关系来表示。这并不是偶然的巧合。一个原子的能级的排列是与量子波振动相对应的，正如一部乐器的频率是与声音的振动相对应一样。

假如在氢原子中使电子束缚于质子的力在数学上不是简单的，那么，原子的和谐就不会如此完美。实际上，原子就是依存于这种和谐的。使电子束缚于原子核的电引力满足一个叫作平方反比定律的有名的物理学定律。这个定律说的是，假如质子和电子之间的距离加倍，二者之间的电引力就降低为原来的四分之一；假如二者之间的距离是

原先的3倍，二者之间的电引力就降低到原先的九分之一，依此类推。这种井然有序的数学规律也可以在引力中见到，例如，行星和太阳之间的引力就是这样。平方反比定律导致了太阳系的引人注目的规律性，这些规律可用算式表示。运用这些算式，就可以预测日食月食以及其他的天文现象。在原子中，这些规律是量子性质的，表现为能级的排列和发射的光的频谱。但太阳系的规律性和原子的规律性都来自平方反比定律的质朴性。

明白了原子核的结构之后，物理学家们接着就开始探寻原子核内部使原子核结为一体的力。这种力不可能是引力，因为引力太弱，也不可能是电磁力，因为同性的电荷是相斥的，所以，带有正电荷的质子如何竟能在一起相安无事就成了一个谜。显然，必定有一种很强的吸引力来克服质子之间的斥力。实验表明，使原子核成为一体的力要比电磁力强得多，这种力在质子的一定距离或范围之外就突然消失了。这距离很短，比原子核还要小，所以，只有最近的粒子才处于核作用力的范围之内。中子和质子都处于核力的影响之下。因为这种力很强，所以大多数原子核要用很大的力量才能破开，但要想破开还是办得到的。重原子核不那么稳定，可以很容易地裂变，放出能量。

核粒子也是按不连续的量子能级排列的，只是没有原子和谐的那种质朴性。原子核是一种复杂的结构，这不仅是因为组成原子核的粒子数目多，而且也是因为核作用力并不遵守质朴的平方反比定律。

20世纪30年代，物理学家们在量子论的框架中研究核作用力，终于明白了这种力的性质是与粒子的结构分不开的。在日常生活中，我们把物质和力看成是两个独立的概念。力可以通过引力或电磁效应作用于两个物体之间，或直接通过接触作用于物体。但物质只是被看作是力的来源，而不是力的传播媒介。因此，太阳引力跨越一无所有的空间作用于地球，用场的语言来描述就是：太阳的引力场（若是没有引力表现出来，引力场是看不见也摸不着的）与地球相互作用，对地球施加了一种力。

在亚核的领域里，量子效应是重要的，有关的语言和描述也就发生了深刻的变化。量子论的一个中心论点是，能量是以不连续的量的方式传导的。这也是量子论的由来。例如，光子就是电磁场的量子。当两个带电粒子互相靠近时，就受到了它们都有的电磁场的影响，电磁力就在它们中间起作用。电磁场使它们的运动轨迹发生偏转。但一个粒子通过场对另一个粒子所施加的扰动必须以光子的形式传导。因而，带电粒子之间的相互作用不是一个连续的过程，而应被看作是由一个或多个光子转移造成的脉冲。

在这里，使用理查德·费恩曼所发明的图解有助于说明问题。图23 上有一个光子往来于两个电子之间，因而这两个电子便分离开来。有人把这种相互作用的机制比作两个打网球的人，这两个人的行为通过球的往来而有了联系。因此，光子的行为颇像是信使，在两个带电粒子之间来回跳荡，告诉这个带电粒子那里还有一个带电粒子，从而引起一种反应。物理学家们借助于这样的概念，就可以计算出原子层面上的很多电磁过程的效应。在所有的场合中，实验的结果与利用计算得来的预测惊人地相符。

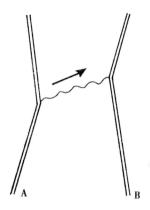

图23 在量子层面上，带电粒子A与B之间的电磁力被认为是光子的交换或转移。当光子发射时，粒子A的运动路线便显示出一种回弹。后来，B因为吸收了光子而偏转。粒子之间的力就这样借助其他的粒子（在这里是光子）传导。实际上，这里的描述是有些简化了的。力的传导涉及许多复杂的粒子作用。这些粒子是短寿的（或说是"虚的"），双向运动的，而且各自还绕着A和B运动。大自然的其他基本的力也可以如此描述。这一类的图象征性地表示了那些抽象的数学式，这些数学式可用来精确地计算亚原子的作用

电磁场的量子论应用起来如此成功，于是20世纪30年代的物理学家们很自然地又把它应用于核力场。日本物理学家汤川秀树应用量子论，发现质子和中子之间的力实际上可以用二者之间信使般往来的量子为模型，但这里的量子与我们所熟悉的光子大不相同。汤川的量子必须有质量，才能再现出核力的那种作用距离极短的效果。

这里有一个微妙而又重要的问题。一个粒子的质量，就是其惯性的大小，也就是保持其运动状态不变的力的大小。施加一个同样的力，一个轻粒子要比一个重粒子容易推动。假如一个粒子变得极轻，那它就会被任何杂散的力加速，于是就会以非常大的速度运动。在那极端的场合下，粒子的质量降低为零，粒子就会以最快的速度运行，这速度就是光速。光子就是这种情况，因而可以认为光子是没有质量的粒

子。而汤川的粒子则有质量，其运行速度比光慢。汤川把它们称作介子，但现在人们把它们叫作 π 介子。

π 介子在原子核里，往来于中子和质子之间，用核力使中子、质子黏结在一起。通常，π 介子是看不见的，因为它们一产生，就接着被另一个核粒子吸收了。然而，假如向原子核系统中输入能量，π 介子就能从原子核中飞出来，使人能够单独地对它进行研究。两个质子高速相撞时（这个过程在第 3 章曾简略地讲过）π 介子就会飞出来。第二次世界大战结束不久，π 介子就这么被发现了。π 介子的发现，出色地验证了汤川的理论，并被誉为理论物理学、尤其是量子场论的胜利。π 介子的另一个与众不同的特色是极不稳定，在产生之后几乎立刻衰变成为较轻的粒子。其衰变而成的粒子之一是 μ 子，这种粒子在各方面都与电子相同，只是质量与电子不同。μ 子要比电子重许多，而且也很快就衰变。

物理学家们一旦意识到，通过亚原子粒子的高速碰撞可以造出全新的物质裂片，他们就开始建造巨大的加速器来制造物质的裂变。这些加速器可以把任何一种亚原子粒子加速到接近光速，而接近光速的冲击为人们揭示了亚核行为的整个新世界。这些加速器一旦投入使用，便出现了几十个迄今为止人们未曾想到的新粒子。这些新粒子蜂拥而至，使物理学家很快连名称都来不及给它们取了。一时间，各种各样的粒子乱哄哄地像个乱了套的动物园。后来，物理学家们渐渐地不那么晕头转向了，于是便在亚原子碎片中看出了某种秩序。图样开始出现了。

自20世纪30年代以来人们便知道，核力不是一种，而是两种。强力将核粒子粘在一起，但还有一种弱得多的力。弱力使某些不稳定的核粒子衰变，例如，π介子和μ子就是由于弱力而衰变的，有些粒子既能感受到强力，又能感受到弱力，但有些粒子则感受不到强力。这种感受不到强力的粒子一般都比较轻，包括μ子、电子和中微子。至少存在着两种中微子，它们都是让科学最捉摸不透的东西。它们与其他物质的相互作用是如此之弱，以至可以轻而易举地穿透好几光年厚的固体铅！

这些相互作用弱的较轻粒子都被称作轻子。带电荷的轻子如电子，既能感受到弱力也能感受到电磁力。但不带电荷的中微子则不受电磁力的影响。相互作用强的较重粒子被称作强子。强子分两种：一种是质子和中子，以及许多衰变为质子和中子的较重粒子，这一种强子被称作重子；其余的强子是介子，包括π介子。

在这些大致的粒子分类中，还可以发现很多亚类。组成这些亚类的粒子具有若干性质，如质量，电荷，以及其他一些更为技术性的特性，其性质随其种类的不同而呈现出有系统的变化。在20世纪60年代，理论物理学家们发现，这些成系统的性质可以用一个数学的分支——群论——来给以非常漂亮的表达。其中的原理是对称的概念；或许可以这么说，物理学界一旦最终意识到了亚原子粒子的对称性，于是便勇往直前了。

人们一直就知道，对称在组织自然界的过程中扮演了一个很重要的角色。我们都熟悉太阳的圆形，雪花和结晶体的规则性。然而，并非所有的对称都是几何性的。男女的对称、正负电荷的对称也是很有用的概念，但这种对称是抽象的。在重子和介子当中也发现了这种抽象的对称，这表明任何特定的一类粒子都被一个简单的数学图表紧密地联系起来。可以用我们所熟悉的几何对称来对此做些许说明。我们都知道，从镜子里看，我们的左手是在右边。左手和右手构成了一个由两个组元组成的对称系统，而镜中的左右手映像又使我们看到了原来的手的样子。从某种意义上说，质子和中子也可以被看成类似左手和右手。在"映像"中，中子变成了质子，质子变成了中子。当然，这里所说的映像不是通常意义上的在实在的空间里的映像，而是在想象的空间里的一种抽象的映像。这想象的空间用行话说就是同位旋空间。尽管这对称是抽象的，然而，其数学表达却与几何对称是一样的，而且这表达具有足够的真实。在散射实验中的质子和中子的性质，以及质子和中子吸引其他粒子的方式，就显示出这种表达是真实的。

更为复杂的对称群，使人们得以对粒子的一些大家族而不仅仅是质子和中子进行统一的描述。某些粒子家族包含有8个、10个或更多的粒子。某些对称乍看之下不明显，因为这些对称被复杂的作用掩盖起来了。但通过数学分析和仔细的实验就可以把它们揭示出来。

这些抽象的对称所显露的物质内部构造的优美，使大部分物理学家感到惊奇。对亚核粒子进行研究的全部基础就是一种坚定的信仰：质朴性存在于一切自然的复杂性之中。尤瓦尔·尼曼和莫里·盖尔曼最先发现，在一个由8个介子构成的集合中隐藏着对称性。他们于是仿照佛陀的话，把他们的新原理称作"八正道"："这雅利安八正道就是正见，正志，正语，正业，正命，正精进，正念，正定。"

随着越来越多的对称被揭示出来，粒子物理学家们被其精微的规则性深深地吸引住了。这些规则性自天地开创以来就掩藏在原子的深处，不为外界所知。现在，人类才第一次借助先进技术的令人眼花缭乱的器具看到了这些规则性。

物理学家们不久便开始发问这些对称性背后的意义。一位杰出的理论物理学家说："大自然似乎是想用这些对称来告诉我们什么秘密。"数学分析的力量在这个时候显露了出来。群论表明，一切对称都可以在一个单一的主要基本对称中找到其自然的起源。人们发现，较为复杂的对称都可以通过非常简单的组合得到。用粒子研究的术语来说，数学表明，强子根本就不是基本粒子，而是由更小的粒子组成的合成物。

这的确是轮中之轮！原子是由原子核和电子构成的，原子核是由质子和中子构成的，质子和中子是由什么构成的呢？这些新发现的物质的基本构件构成了质子和中子，它们与原子隔了三层，当时还没有名称。盖尔曼于是便杜撰了一个名称——夸克。而这名称还真的就这么叫上了。强子是由夸克构成的。古希腊人认为，一切物质都是由为数不多的基本粒子（即他们所谓的"原子"）构成的。这一伟大的原理已被事实证明不那么好理解。基本粒子是否就是夸克？难道夸克也是复合体吗？我们一会儿再来讨论这个问题。

夸克以两种构型附着在一起。一种构型是两个夸克附在一起，另一种构型是三个夸克附在一起。两个夸克在一起就构成了介子，三个夸克在一起就构成了重子。夸克也有量子能级。能够通过吸收能量而受激进入较高的级位。受激的强子看上去与其他的强子一样，于是，很多先前被认为是独立的粒子现在被看作是单个夸克结合的受激状态。

为了解释所有已知的强子，就必须设想夸克不止一种。在20世纪70年代初，人们设想有三种"味道"的夸克。这三种夸克被异想天开地称作"上"、"下"、"奇"。后来，出现了更多的强子，又多出了第四种夸克，即"粲"夸克。近来，出现了更多的粒子，人们认为还得有另外两种夸克："顶"夸克和"底"夸克。现在，很多种粒子作用都可以借助详细的夸克计算获得系统的了解。

夸克理论的基本预设是，夸克本身是真正浑然一体的基本粒子，是一种像点一样的物体，没有内部成分。在这方面，夸克颇像轻子，因为轻子不是由夸克组成的，它们本身似乎就是基本粒子。事实上，夸克和轻子之间有着自然的对应，使人们获得意想不到的机会得以洞见大自然的运作。夸克和轻子之间的系统联系见下面的表1。表右边一栏是夸克的味道，左边是已知的所有轻子。要记住，轻子感受到的是弱力，而夸克感受到的是强力。轻子和夸克之间还有一个区别是，轻子或是不带电，或是只带1个单位的电荷；而夸克则带三分之一或三分之二单位的电荷。

尽管轻子与夸克有着如此的差别，但二者之间存在着深刻的数学对称，使轻子和夸克在上面的图表中有了逐层面的对应。第一个层面只有4种粒子：上、下夸克、电子及电中微子。奇怪的是，一切普通的物质竟全是这四种粒子构成的。质子和中子是由三个三个的夸克组成

表1　　　　　　　　　　两类亚原子粒子

轻子			夸克	
	名称	电荷	名称	电荷
I	电子 (e)	-1	上 (u)	$+\frac{2}{3}$
	电中微子 (Ve)	0	下 (d)	$-\frac{1}{3}$
II	μ子 (μ)	-1	奇 (S)	$-\frac{1}{3}$
	μ中微子 (υ_μ)	0	粲 (C)	$+\frac{2}{3}$
III	τ子 (T)	-1	顶 (t)	$+\frac{2}{3}$
	T中微子 (υ_T)	0	底 (b)	$-\frac{2}{3}$
	?	?	?	?

亚原子粒子可分为两大类：轻子和夸克。夸克没有被发现单独存在，而是两个或三个地在一起。夸克的电荷是分数的。一切普通的物质都是由 I 层面的粒子构成的。II 层面和 III 层面似乎是 I 层面的简单复制，其中的粒子是高度不稳定的。可能尚有未发现的层面。

表中没有列入信使粒子：光子、引力子、胶子以及弱作用力的介体W和Z。

的，而电子只是充任构成物质的一种亚原子粒子。中微子只是跑进宇宙里，一点也不参与物质的大体构造。就我们所知，假如其他的粒子都突然消失了，只要有这4种粒子，宇宙就不会有多大变化。

下面一个层面的粒子似乎就是第一个层面的复制，只不过较重而已。第二个层面的粒子都极不稳定（中微子例外），它们所构成的各种粒子很快就衰变为层面 I 的粒子。第三个层面的粒子也是这样。

于是就必然产生这样的问题：层面 I 之外的其他粒子有什么用处

呢？为什么大自然需要它们？在形成宇宙的过程中，它们扮演了什么角色？它们是多余的赘物？或者，它们是某种神秘的、现在尚未完全明了的过程的一部分？更为令人不解的问题是，随着将来能量越来越高的粒子加速器的出现，是否也只有这三个层面的粒子？是否会发现更多的或无穷多的层面？

还有一种复杂的情况加深了我们的不解。为了避免与量子物理学的一个基本原则相冲突，我们必须设想每一种味道的夸克实际上有三种不同的形式，即人们所说的"颜色"。任何一个给定的夸克都必须被看作某种多层电镀（比喻说法）的叠加，不断地闪现出（又是一个比喻说法）"红"、"绿"、"蓝"的颜色。这样一来，一切又看上去像是乱了套的动物园了。但是，收拾局面的方法就在眼前。对称又来救驾了。不过，这一次的对称，其形式更微妙、更深奥，怪不得被人们称作超对称。

为了理解超对称，我们就得说说物质基本结构分析的另一个大线索：力。不管粒子动物园有多么纷纭复杂，其中看来只有4种基本的力：引力，电磁力（因与日常生活密切相关而广为人知），弱作用力和强作用力。中子和质子之间的强力，当然不可能是基本力，因为中子和质子本身就是复合物而不是基本粒子。当两个质子相互吸引时，我们实际上看到的，就是6种夸克相互作用的合力。夸克之间的力才是基本力。可以用描述电磁场的方式描述夸克之间的力，而夸克的颜色就相当于电荷。质子的对应物是所谓的"胶子"，其作用就是我们先前说过的像信使那样，不断地在夸克之间来回跳动，将夸克胶结在一起。物理学家们仿照电动力学，把这种由"颜色"产生出来的力场理论叫作色动力学。色动力作用要比电磁力作用复杂。这有两个原因。第一，夸克有三色，而电荷却只有一种，于是，与一种光子相对应的就是8种不同的胶子。第二，胶子也有颜色，因而彼此也有很强的相互作用，而光子不带电荷，彼此间又是那么不相干。

20多年前，某些富有远见的理论物理学家突然想到，大自然有四种基本力，这数目似乎太多了。很可能这四种基本力并不是真正独立的。麦克斯韦在19世纪60年代提出了一个数学式，使电力和磁力统一于一个单一的电磁场理论。很可能还会有进一步的综合。

一种徘徊不去的难以解决的数学问题更推动了某些理论物理学家这样认为。除了最简单的作用之外，每当人们把量子论应用于所有的作用时，得到的结果总是无穷，因而也就是无意义的。而将量子论应用于电磁场时，有一种数学特技使人们能够绕开无穷，量子论因而也就一直能预测一切人们所能想象的电磁作用。但同一个数学特技对其他三种力却不灵。人们希望，通过某种方式把电磁力和其他三种基本力结合进一个单一的描述式，这一个单一的描述式所具有的数学温顺性会使其他三种力受到感染，从而可以得出一种可理解的算式。

实现这一宏伟目标的第一步是斯蒂芬·温伯格和阿布杜斯·萨拉姆在1967年迈出的。他们成功改造了电磁力和弱作用力的数学表达式，使这两种力被结合进一个统一的数学表达式之中。他们的理论表明，我们通常之所以把电磁力和弱作用力看成是不同的力（确实，二者在性质上显著不同），是因为在我们现行的实验中所利用的能量极低。当然，这里所说的"低"是相对而言：现在的加速器可以给一次对撞足够大的能量，假如这能量不是加在一个质子上而是加在一个台球上的话，释放出来的能量就能为一个普通人家提供几百万年之需！不过，温伯格－萨拉姆理论有一种内含的能量单位，这种单位的能量只是到了现在才能由现有的技术达到。上面所说的现行实验所利用的能量"低"，也是与这种单位相对而言的。

在20世纪70年代，实验的证据慢慢积累起来，情况变得有利于温伯格－萨拉姆理论。1980年，他们因为统一力研究方面的工作获得了诺贝尔奖。1971年就已经证明，那令人头痛的无穷可以像所希望的那样，在一个统一式中被扫除，物理学家们开始谈论大自然的三种而不是四种基本力了。

那令人头痛的无穷之所以能被扫除，其主要原因是在统一力的理论中出现了更加抽象的对称群。人们早就知道，麦克斯韦优美的电磁理论之所以有力量，之所以优美，在很大程度上要归功于该理论的数学描述中所显示出来的平衡和对称。统一力的理论中又来了平衡，这平衡被称作规范对称，是一种抽象的平衡。但这种平衡能让人想起日常生活中的事。

可以用攀登断崖的例子来说明规范对称。从崖底攀到崖顶要耗费能量。但是，由下往上攀登有两条途径。一条较短，是垂直着直接登上崖顶；再一条较长，是顺着较缓的坡道登上崖顶。这两条途径哪一条更有效率呢？（图24）回答是：两条途径都要耗费相同的能量（在这里，我们对诸如摩擦之类不相关的复杂情况忽略未计）。实际上很容易证明，攀登崖顶所需的能量是与所选用的途径完全无关的。这就是规范对称。

上面所举的例子说的是引力场的一个规范对称，因为你要攀上崖顶，必须克服的是引力。规范对称适用于电场，也适用于与电场类似但更为复杂的磁场。

现已证明，电磁场的规范对称是与光子没有质量的特性密切相关的，同时，也是使统一力理论避开灾难性的无穷的一个关键性因素。温伯格和萨拉姆终于驯服了弱力，使之与电磁力合并起来。

物理学家们受到统一规范理论成功的鼓舞，把注意力转向了另一种核力 —— 夸克间的色动力。不久之后，就提出了色规范理论，接着，有人便试图将弱力和色动力统一到一个"大统一理论（GUT）"中去，办法是使用更大的规范对称将所有的其他对称包容在一个规范对称之中。目前，估价 GUT 的成就还为时尚早，但至少它所作的一个预测 —— 经过很长很长的时间之后，质子可能会很不稳定并自发地衰变 —— 现在正有人进行检验。

但是，引力仍是没有就范。无穷的难题报复性地缠住引力不放。现在，物理学家越来越倾向认为，只有在包含了某种超对称的一种超统一理论中，这一难题才会获得解决。一大群数学家和物理学家正在为创制一个这样的理论而奔忙。这一理论的目标，是那不可抗拒的统一场理论的梦想 —— 一个单一的力场，涵盖大自然的所有的力：引力，电磁力，弱作用力和强作用力。但是，这还远远不够。量子粒子和作用于这些粒子之间的力表明，任何一种力的理论同时也是一种粒

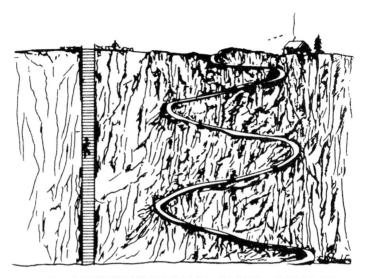

图 24　攀登断崖可以用来说明"规范对称"这一抽象的概念。不管是走那条直而短然而却是艰难的路，还是走那条长而易走的之字形路，攀上崖顶所需的全部能量是相同的。这反映的就是引力场深刻而有力的对称。大自然其他的力场与此相似而更为复杂的对称，最近在统一场理论的数学表达中得到了利用

子的理论。那么，超统一理论也应当能完全描述一切夸克和轻子，解释为什么在表1中有三个层面的粒子。

有人说，要是真能达到这个令人目眩的目标，也就是达到了基本物理学的顶点，因为像超统一理论这样的一个理论能够解释一切物质的行为和结构 —— 当然，是以一种还原论的方式进行解释。有了超统一理论，我们就能够用一个方程式，用一种宇宙的总公式把大自然的一切秘密都写下来。这样的一个成就会证实人们长久以来所宠爱的信仰 —— 宇宙是按照一个单一的、质朴的、具有惊人优美的数学原理运行的。约翰·惠勒下面的话，就表达了人们要达到这一最终目标的迫切心情："总有一天，有一扇门肯定会开启，显露出这个世界的闪

闪发光的中心机制，既质朴，又优美。"[1]

我们离这智慧的极乐世界还有多远呢？理论物理学家们现在正把他们的希望押在一套理论上。这套理论的名称叫超引力。这套理论的关键是一种奇异的超对称，这超对称被描述为时空的平方根。它的意思是，假如两个超对称运算式相乘，你就会得到一个普通的几何对称运算，如空间中的移动。

乍看之下，这种抽象似乎没有什么大用处，但仔细分析就可以看到，超对称与一个粒子可能具有的最基本的属性之一 —— 旋转 —— 有着密切的关系。人们发现，所有的夸克和轻子都以一种颇为神秘的方式旋转。我们现在且不去管它如何旋转。我们要关心的是，那些"信使"粒子 —— 胶子、光子还有引力和弱力的相应的粒子 —— 或者是不旋转，或者是以一种正常的而不是神秘的方式旋转。超对称的意义就在于，它把以神秘的方式进行旋转的粒子和其他的粒子联系了起来，正如同位旋对称把质子和中子联系起来一样。于是，超对称的运作能把一个旋转的粒子变成一个不旋转的粒子。当然，这里所说的"运作"指的是数学步骤。实际上，把一个旋转的粒子变成一个不旋转的粒子是不可能的，正如你不能把你的左手变成右手一样。

通过把引力理论置于超对称的构架之中，引力的信使粒子（称作引力子）就获得了以一种"好玩的"方式旋转的同伴粒子（称作gravitons），其他的粒子也是一样。这么多种类的粒子进入超引力理论，这就有力地表明，那可怕的无穷难题被压下去了，而且，到目前为止利用这一理论进行的一切具体运算得出的结果都是有穷的。

在最为人们看好的一种超引力理论中，整个的粒子大家族的成员总数不超过70。这种理论所包含的许多粒子都能够被认定就是现实世界中已知的粒子。不能被认定的粒子则是可能存在但现在尚未发现的粒子。这一理论是否将迄今为止被认作基本粒子的一切粒子都包括进去了？是否实际上可能会有更多的基本粒子？对此，人们的意见尚不统一。有的理论物理学家认为，夸克的数目太多，现在是进一步深入研究，搞明白这么多的夸克是否是由更小的物质单位构成的时候了。对此看法，有人提出了反对意见，认为物质的结构没有比夸克更低的层面了，夸克的世界已经是原子核的大约 $\frac{1}{10^{15}}$ 了，而这离空间失去意义的那个最终尺度已相去不远了。理论研究显示，在一个原子的约 $\frac{1}{10^{20}}$ 的尺度内，引力的量子效应使时空变成了模糊不清的东西，在这一尺度上谈论什么东西存在于什么东西"之内"就变得无意义了。因此，关于是否还有更基本的物质单位的研究工作仍在进行。

我希望，我对物理学家们正在进行的揭示物质终极结构的工作所做的简略介绍，至少能让大家多少对现代物理学研究有点认识。物理学家对待其研究对象的态度近乎敬畏，因为他们总是受一种信仰的支配，这就是，大自然是由数学的优美和质朴统治的；通过深入探究物质的结构，大自然的统一性将会显明出来。迄今为止的一切经验表明，所探寻的系统越小，所发现的原理就越一般。按照这一经验来看，被我们偶然发现的世界的复杂性，在很大程度上纯是我们的物质取样系统的能量相对较低的结果。人们相信，随着取样系统的能量越来越高，大自然的统一性和质朴性也会变得越来越显明。这也就是为什么这么多的人力物力被投入建造超高能粒子加速器的缘故。人们想通过超高能粒子加速器闯进那质朴的状态去探寻究竟。

　　然而，曾经有过那么一个时期，这种质朴的状态被大自然探寻过。那时，宇宙在大爆炸中诞生还没有1秒，当时的温度高达10^{27}度，正好可以用作探寻原初质朴状态所需的能量。这一段时间，物理学家们称之为大统一时代，因为当时的物理正是受基本力的大统一理论的过程支配的。我们在第3章里所提到的至关重要的非平衡就是在当时确立的，而有了那种非平衡，才导致了物质稍稍多于反物质。后来，随着宇宙的冷却，原初的统一力也分化为三种不同的力 —— 电磁力，弱作用力，强作用力。这些力都是我们在相对冷却下来的宇宙中所看到的。

　　今天的复杂的物理，是由原初大爆炸火焰构成的质朴的物理冷却而成的。这种看法，倒是美妙而吸引人。大自然的最终原理，也就是惠勒所孜孜以求的"闪光的中心机制"，我们因能量不足而难以窥见。假如人们追踪到大统一时代以前的那些时期，追到离时间起始处更近、温度更高的地方，就可以找到超引力了。超引力所代表的，就是存在的起始，在起始之处，时间和空间同基本力都结为一体。大多数物理学家认为，时空的概念在超引力时代之内是不能用的。实际上，有迹象显示，时间和空间也应被看作是两种场，这两种场本身也是前几何元素组成的原初汤"冷却"而成的。因而，在这超引力的时代中，大自然的四种力是混沌一体的，而时空则尚未成一个像样子的形。当时的宇宙只是一堆超质朴的元件，是一些上帝用以造出时间、空间和物质的原料。

　　本章描述了物理学关于基本力研究的新近进展。这些进展已使人们以全新的观点看待大自然。这种观点的影响在物理学家和天文学家中间迅速扩大。现在，人们已开始把宇宙看成是由质朴的东西冷却而生成的复杂的东西，颇像是浑然无形的海洋冻成了姿态各异的浮冰。科学家们有一种感觉，这就是宇宙学的研究课题和人们对物质当中的基本力的研究正在为宇宙提供一个统一的描述。在这种描述中，物质的极微结构与宇宙的总体结构紧密联系在一起，两种结构都以一种微妙而复杂的方式影响着彼此的发展。

　　本章所描述的物理学的一系列成功，无疑代表了以还原论理论为其基础的现代物理学思想的一个胜利。物理学家们试图把物质还原为最终的构件 —— 轻子、夸克、信使粒子 —— 从而得以瞥见那基本的定律。而正是那基本的定律控制着形成物质的结构和行为的力量，从而能够解释宇宙的很多基本特点。

　　尽管如此，以这种方式追寻某种已被感觉到的终极真理是远远不够的。我们在前面的几章里看到，还原论不能够解释很多明显的具有整体性特征的现象。例如，我们不能用夸克来理解意识、活的细胞，甚至也不能以之理解诸如龙卷风之类的无生命的系统。否则，一定会闹出笑话的。

　　到目前为止，本章所用的语言在很大程度上并没有传达出物理学家心目中的物质结构的概念。当一个物理学家说，质子是由夸克"组成的"时，他的本意并非如此。比如，我们说一个动物是由细胞组成的，或一个图书馆是由书组成时，我们的意思是说我们可以拿来一个细胞或一本书，或从那较大的系统那里随便拿来什么东西，进行孤立的研究。但夸克却不是这样。就我们所知，不可能真的拆开质子拿出夸克来。

然而，拆开有着辉煌的历史。拆开原子现在已成了家常便饭；原子核敲开较难，但在高能的冲击下也会分裂。这或许意味着用高速粒子轰击质子或中子，将会把质子或中子粉碎为夸克。然而，实际情况却不是这么回事。一个极小的高速电子会穿过质子的内部，将其中的一个夸克猛烈地弹开，从而使我们确信质子内部的什么地方确有夸克。但是，若打击质子的不是小小的电子，而是一个大锤，即另一个质子，那么，我们就不会在质子的碎片中看见夸克，而只能看见更多的强子（质子、介子等）。换言之，夸克从不孤立地出现。大自然似乎只准许夸克以集体的面目出现，出现的时候总是两个两个或三个三个地在一起。

因此，当物理学家说质子是由夸克组成的时，他的意思并不是说这些神秘的夸克可以单独地显现出来。他只是指一个描述层面，这一层面比质子层面更基本。管辖夸克的数学法则要比管辖质子的更质朴、更基本。从某种意义上说，质子是合成的，不是基本的；但质子由夸克的合成与图书馆由图书的合成不是一码事。

当我们像在第8章里看到的那样，将量子因素纳入考虑之中时，理解物质的基本结构便有了更为严重的困难。这是因为，没有哪种亚原子粒子（不管是夸克还是什么别的基本粒子）是货真价实的粒子。实际上，亚原子粒子可能连"东西"都算不上。这就使我们又一次认识到，所谓物质是某某粒子的集合这种描述，实际上必须被看作是由数学所确定的描述层次。物理学家对物质结构的精确描述只能通过抽象的高等数学来进行，而人们只有认识到这一背景，才能明白还原论所说的"由 …… 组成"的真正含义。

海森伯的不确定性原理的一个方面，很好地说明了量子因素给研究"什么是由什么组成的"这一课题带来的困难。但这次的二象性，不是波粒之间的二象性，也不是运动与位置的二象性，而是能量与时间之间的二象性。能量与时间这两个概念处于一种神秘莫测的对立关系之中：你知道了一个就不知道另一个。因而，哪怕在一个很短的时间内观察一个系统，其能量也有可能发生巨大的起伏。在日常的世界里，能量总是守恒的。能量守恒是经典物理学的柱石。但在量子微观世界里，能量可能以自发的、不可预测的方式不知从哪里冒出来，或消失在哪里。

当考虑到爱因斯坦著名的 $E=mc^2$ 的公式时，量子能量的起伏就变成了复杂的结构。爱因斯坦的公式说的是，能量和质量是相等的，或者能量能够创造物质。这已在前几章里讨论过了。不过，那几章里所说的能量来自外部。这里，我们想讨论一下，在没有外部能量输入的情况下，物质粒子如何能从量子能量的起伏中被创造出来。海森伯的原理颇像个能量库。能量可以短期借用，只要迅速归还就行。借用期越短，可借用的量就越大。

比如在微观世界中，一次突然的能量起伏可能使一个正负电子对在短期内出现又消失。这正负电子对的短暂存在，就是由海森伯式的借贷维持的。其存在的时间从不超过 $\frac{1}{10^{21}}$ 秒。但无数个这样忽隐忽现的幽灵粒子累加起来的效果，就使空无一物的空间有了某种变换不定的质地，尽管这是一种模糊的、不实的质地。亚原子粒子就必须在这不停运动的海洋中游动。不仅电子和正电子，而且质子和反质子，中子和反中子，介子和反介子，总之，大自然的所有粒子都是这么动荡不安。

从量子的角度来看，一个电子不仅仅是一个电子。变换能量的花样在其周围闪烁着，不知什么时候突然促成了光子、质子、介子甚至其他电子的出现。总之，亚原子世界的一切都附着在电子上，像是给电子穿上了看不见摸不着的、转瞬即逝转瞬又来的一件大衣，或者说，像是幽灵一样的群蜂嗡嗡地围着中间的蜂巢飞翔，构成了蜂巢的覆盖物。当两个电子相互靠近时，它们的覆盖物也纠缠在一起，于是，相互作用就发生了。所谓的覆盖物，只不过是将先前被看作是力场的东西加以量子的表达罢了。

我们永远也不能将电子跟其所带有的幽灵粒子分离开来。当有人问"什么是电子"时，我们不能说电子就是那个小粒子；我们必须说电子是不可分离的一整串东西，包括跟它在一起的产生力的幽灵粒子。说到具有内部结构的强子，就更加模糊难辨了。一个质子不知为何总是带着夸克，而夸克又是由胶子连在一起的。这里也有一种怪圈：力由粒子产生，而被产生的力又产生力……

而对光子这样的粒子来说，这种怪圈意味着光子可以展现出很多不同的面孔（faces）。通过借入能量，它可以暂时变成一个正负电子对，或一个正反质子对。已有人进行了实验，试图看到光子是如何变成正负电子对或正反质子对的。但是，人们又一次发现，要想从这种错综复杂的变化中分离出"纯"光子是不可能的。

就大多数不稳定而且寿命又极短的粒子来说，已难以说清哪些是"实在的"，哪些是"幽灵"。有一种 ψ 粒子，在 $\frac{1}{10^{21}}$ 秒内就衰变了；而由海森伯原理造成的正负电子对，其寿命也跟 ψ 粒子差不多。谁能说前者是实在的，后者只是个幽灵呢？

一些年前，一位叫杰弗里·邱的美国物理学家把亚原子世界中的这种闪烁不停的变幻比作一个民主政体。我们不可能抓住一个粒子，说它就是某某实体。我们必须把每一个粒子看成是在一个没有终结的怪圈中由所有的其他粒子组成的。没有哪一个粒子比其他任何粒子更基本（这就是我们在第 4 章里简短地提到过的"拽靴襻"）。

我们将会看到，物质的本性在其量子论方面具有强烈的整体论的味道：物质的不同层面的描述是相互连锁的，一切东西都是由另外的一切东西组成的，然而一切东西同时又显示出结构的等级次序。物理学家们就是在这无所不包的整体性中追寻物质的终极成分，追寻终极的、统一的力。

第 12 章
偶然还是设计？

我们在这世界上所看到的这一切秩序，这一切美，又是从哪里来的呢？

艾萨克·牛顿

人类终于知道了，他们在这广漠无垠、没有感觉的宇宙中是孤立无援的……他们的命运、他们的义务都没有被明文规定下来。

《偶然与必然》雅克·莫诺

威廉·佩利（1743—1805）在其《自然神学》一书中说的下面的话，是上帝存在的最有力的论证之一：

走过一块荒地时，设若我的脚碰上了一块石头，有人问我那石头是怎么到那里去的，我很可能回答说，那石头一直就在那里，因为我不知道它曾不在那里。要证明这样的回答是荒谬的，可不是件很容易的事。但是，设若我在地上发现一只表，有人问我表是怎么到那里去的，我就几乎不会用前面的答话来回答这一次的问题，我不会说，据我所知，表可能一直就在那里。可是，为什么仅因为一个是石头，一个是表，回答就该是两样呢？[1]

表的构造精微复杂，各个部件衔接精确。它不容置疑地显示了人的设计。即使一个从未见过表的人见了表之后，也会得出结论说，这种机械装置是一个有智慧的人为了一定的目的而设计出来的。佩利接着论证道，就其构造和复杂性而言，宇宙就像一只表，只不过比表大得多罢了。因而，肯定是有一位宇宙设计者为了某一目的把世界安排成这样——"就机制的复杂、精巧和奇异而言，大自然的机谋超过人工。"

宇宙出自设计这样的论证于是跟目的论挂上了钩。因为目的论就是认为宇宙是按照定好的程序向着某个最终的目的演化的。目的论在其最广泛的形式中包含了质朴的秩序和复杂的秩序。目的论是一种古老的观念。阿奎那曾经写道："人们在一切物体中都观察到趋向某个目的的行为秩序，一切物体都遵从自然规律，即使当它们没有意识时也是如此……这就表明，它们确实趋向一个目的，而不是偶然地碰上目的。"尽管阿奎那对物理基本定律的数学质朴性一无所知，但他点出了物体遵从秩序的规律这一引人注目的事实，并以之作为设计者上帝存在的证明。

目的论曾受到激烈的攻击，以致现在神学家们也对目的论怀有戒心。然而，一些现代人倒为目的论作辩护。斯温伯恩写道："宇宙中存在着秩序，这就显然地增加了上帝存在的可能性。"[2] 但是，斯温伯恩立论的基础是质朴的秩序，而不是复杂的秩序。复杂的大自然的结构证明有一个宇宙的设计者存在，这种论点似乎已经声名狼藉了。

这种论点之所以声名狼藉，主要是因为很多显示出复杂秩序的系统实际上可被解释为是由完全普通的自然作用所造成的最终结果。当然，这并不是说，一切有序系统都是自然地产生的，但这也的确使我们小心起来，不能仅仅因为看到某种事物很复杂，不像是偶然产生的，就推论说存在着一个设计者。我们也必须了解一些复杂的秩序得以产生的过程。

随着查尔斯·达尔文《物种起源》一书的出版，目的论与反目的论的重大冲突就产生了。生物的精巧组织似乎最充分地显明了一个超自然的设计者的存在，而生物学以及地质学则为生物的所有的不寻常的特性提供了充足的解释。现在，科学家和神学家实际都一致认为，生物界的秩序的演化，是由突变和自然选择造成的。尽管达尔文最初的理论到现在也没有完善，但进化的基本原理和机制则没有人去认真地怀疑了。

达尔文的进化论的主要论点是偶然性。突变是由纯粹的偶然造成的，由于生物特性中发生的这些完全随机的变化，大自然就有了广阔的选择范围，可以根据适应性以及优越性进行选择。这样，大量的小偶然变易积累起来，就产生了复杂的有组织的结构。这种趋势所引起的相应的有序的增长（熵的降低）是以更大量的有害突变为代价的。通过自然选择，有害的突变被除去了。因而，生物的进化与热力学第二定律并不矛盾。今天的美妙的生物是靠着遗传灾难作铺垫发展起来的。

不管人们是否准备承认达尔文提出的进化论机制是完善的，不可否认的是，突变和自然选择肯定是促成生物秩序发展的一个主要因素。

物质系统可以自发地组织起来，形成错综的复杂性，这一至关重要的原理是一个经验的事实。在第 5 章我们曾看到过，近年来物理学家和化学家如何在实验室里研究较简单的自组织的例子。实际上，这些研究变得如此重要，以致人们造出一个新词 —— 协同学 —— 来描述这些研究。所得出的结论必然是，一个系统当中所存在的秩序不管多么引人注目，多么复杂，但其本身并不能证明它必定是一个设计者创造出来的。秩序可以而且也确实自发地产生。

然而，这些意见仍没有解决一个重要的问题。尽管只要在其他地方产生代偿性的无序，秩序的自发产生就不会与热力学第二定律相矛盾，然而，假如宇宙作为一个整体在开始时没有相当的负熵储备，显然根本不可能存在任何秩序。假如总体的无序根据热力学第二定律一直是在增加，那么，在我们看来，宇宙创生时必定是有序的。这难道不是为一个创世主 —— 设计者的存在提供了一个强有力的证据吗？因为即使自然的过程可以产生出局部的秩序，但首先仍是需要先有些负熵来驱动这些自然的过程。不错，负熵的存在充其量只能证明有一个代理设计者，即一位创造者给大自然这部机器输满了能量，然后由它自己随便产生出什么结构来。但是，这样的说法仍是牵涉达到惊人程度的超自然的灵巧。其原因说明如下。

熵，即无序，是与概率和排列的概念密切相关的。一个高熵或无序的系统可能是很多原因的结果。例如，我们可以考虑一下一箱处于平衡状态的气体的情况。箱内的气体现在温度一致，密度一致，达到了最高熵的状态。在这种情况下，气体的所有的分子可以极多的方式重新排列（例如，把分子挪到不同的位置上，或改变它们的运动速度）而不影响气体的大体性质。另一方面，我们再考虑一下低熵状态。我们所考虑的低熵气体分子或以平行的轨道运动，或是都挤在箱子的一边。这些有序的分子排列构型对任何细微的分子重新排列都极其敏感。分子重排列的方式数目极大，但排列出这种有序构型的方式数目却很小。这也就是说，有序（低熵）的状态是高度不可几的，不稳定的。低熵状态要求数目庞大的个体分子进行细致的合作。而处于无序（高熵）状态的分子则可以撇开其他的分子不管，胡乱地运动。

例如现在让你随意挑一种分子排列，那么，极有可能的是，你挑的是具有最高熵的排列。原因很简单，因为可能的无序排列要比有序排列多得多。这颇似一个猴子在乱弹琴，它弹出一首名曲的可能性比弹出不成曲调的一串噪声的可能性要小得多。数学研究表明，有序状态对重新排列的敏感性是呈指数关系的。这就是说，进行一次随机的选择而导致有序状态的概率，随着负熵程度的增长而呈现指数下降。指数关系的特色是其迅速地增长或降低。例如，一些以指数关系增长的生物每隔一段时间数目就会加倍：1，2，4，8，16，32，…

指数因素的存在意味着随机发生有序状态的可能性极小。例如，一个箱子里的1升空气自发地全跑到箱子的一头的概率是 $10^{10^{20}}$。这个数字代表的是1后面有100000000000000000000个零！这样的数字说明，从数目庞大的各种可能的状态中挑选出低熵状态（有序状态）必定要多么细心。

这个谜在宇宙学中的意义是这样的：假如宇宙的创生纯属偶然，那么，宇宙中包含任何可观的秩序的可能性便小得不成样子。假如大爆炸只是个随机事件，那么，可能性极大的情况（用"极大"一词极不够分量）似乎就是，随大爆炸产生的宇宙物质将会处于热平衡状态之中，熵值极大，有序程度为零。而事实显然并非如此，于是，人们就很难回避这一结论：宇宙的实际状态是不知用什么方法从数目庞大的可能的状态中"挑选"出来的，因为这些数目庞大的可能的状态除数目极小的一部分之外是完全无序的。假如宇宙这种极不可能的有序的初始状态被选出来了，这岂不就是说当初必定有一个挑选者或设计者进行了"挑选"吗？

这里可以用一个形象进行说明。有个造物主带有一根别针。他前面摆着一大串各种宇宙供他挑选，其中每种宇宙都以其初始状态作其标记。假如这位造物主把别针胡乱别在一个宇宙上，就这样挑出一个宇宙，那么，极有可能的是，他所选择的宇宙是高度无序的，没有可观的结构或组织。事实上，这位造物主若想发现一个有序的宇宙，就必须在一大堆"模型"中进行搜索，而这些"模型"的数目又如此之大，以至在一张大如可见的宇宙的纸上也写不下来。

宇宙是如何进入其低熵状态的？这个谜牵动了好几代物理学家和宇宙学家的想象力，他们当中很多人一直不愿意求助于上帝的选择来解决这一问题。统计热力学的先驱路德维希·玻尔兹曼宁愿认为是盲目的机缘使宇宙进入了低熵的状态。他认为，宇宙的有序状态是由一些对平衡状态的偏离之间的协作造成的。这些偏离十分罕见，罕见得无法想象。他立论的基础是这一事实：即使是在平衡的状态中，气体分子也不是安然不动的，而是不停地以一种随机的方式四处冲撞。可以时时发现，一些分子由于纯粹的巧合而处于无意的合作状态之中，在一个极短的时间里，混沌的大洋里会出现一小块有序的飞地。加倍放大时间尺度，人们便可以相信更大的协作区域将会偶然地最终出现。假如给宇宙足够的时间，那么，人们就可以设想迟早会偶然地形成所有的恒星，所有的星系。出现这种不可能得近乎荒唐的事件所需的时间长得不可想象（至少得要$10^{10^{10}}$年），不过这没有什么要紧的，假如人们愿意相信宇宙的年龄无限的话。

照这种观点来看，宇宙在全然混沌没有任何组织的状态之中度过了其绝大部分时间。但是经过长得说不上来的间隔之后，宇宙间会出现几十上百亿年的偶然的秩序。我们人类之所以能亲眼看到这种极其不可能的事，只是因为若没有这样的"奇迹"，生命就不可能存在。因为生命是以负熵为生的（见第5章），有意识的观察者就只能存在于宇宙发生"奇迹"、偏离平衡状态的时期。

玻尔兹曼的推理有一个有趣的副产品，这就是它断言存在着某种形式的永恒。可以从数学上证明，使宇宙充满能量的分子的无间歇的往复运动具有下面奇特的特征。随着分子四处乱撞，宇宙也进入一个又一个的状态。最后，所有可能存在的状态都会被宇宙进入一遍，就是说，任何可能会发生的事迟早都会发生。然后，宇宙间的物质继续排列组合，宇宙就会开始重新进入先前有过的状态。最后，所有的状态都会被重新进入一遍，于是，这样的过程就这样持续不已。这种无限重复和复制的现象被称作庞卡莱循环，因为是庞卡莱这位数学物理学家证明了这个结果（至少，他证明一个理想的模型会有这种结果）。假如从字面上看，庞卡莱定理便意味着，在无限充足的时间里，行星地球消失之后，还会重新组合起来，并且连带着住在地球上的居民！

而且，这样的事会发生无限次。但是，这种大致精确的复制每发生一次，就会有无数次偏离目前的排列的情况。复制得越是精确，概率也就越小，等的时间也就越长。

玻尔兹曼对宇宙成因的解释，没有几个物理学家愿意相信。庞卡莱所证明的循环的基本机制虽没有受到怀疑，但人们现在知道，宇宙并不是在那里混日子，任其物质随机组合排列。宇宙现在处于一种全面的膨胀状态。人们普遍认为，宇宙的这种全面的膨胀迫使宇宙具有有限的年龄。宇宙区区几百亿年的年龄，比起能够产生一点点熵值降低所需的时间，完全是沧海一粟，不值一提。

不过，玻尔兹曼的观点确实提出了一个具有永久价值的重要问题。我们所感知的宇宙必然是由我们选择的。因为生命以及由生命而来的意识起码要在合适的物理条件下才能发展起来。明确地说，我们不可能观察一个没有人居住的宇宙。我们马上就会看到，有些人一直利用这一简单的事实来说明，我们所观察的极不可能的低熵宇宙是从众多可能的宇宙中选择出来的（几乎所有的可能的宇宙都是无序的）；但进行选择的是我们，不是上帝。

因而，假如承认有过大爆炸，那么，我们看来就只能认为宇宙是以一种少见的有序方式爆炸的，尽管从大得实际上是必然的概率上看，一次偶然的宇宙创生过程会造成一个全然无序的宇宙。宇宙学的这一基本的悖论引发了好几个不同的反应：

一、理所当然论

很多科学家倾向认为，从一种归纳的基础出发讨论概率、随机性以及可能性是无意义的。假如你在海边随便拣到一块卵石，仔细测量它的尺寸、形状，你就会正确地得到这样的结论：你挑选到具有如此尺寸的卵石的概率极小。但假如你进一步说你进行了这样的挑选必定是一个奇迹，或说某种超自然的或神秘的东西引导着你进行了这样的选择，那你可就不对了。因为，你在事后，在拣到这卵石之后再说这样的话是一点也不能令人信服的。当然，假如你所拣到的卵石的尺寸是事先说好的，你是有理由惊奇的。同样我们也可以说，只要宇宙存在，就不必对它特有的结构感到惊奇，因为它就是这个样子。

有一个与此相关的问题是，至少按一种概念看来，概率从定义上讲是与试验的集合相关的。例如，所谓掷骰子掷出"2"来的概率是六分之一，就是说掷过很多很多次后；得"2"的次数差不多是掷的总次数的六分之一。试验的次数越大，得2的次数与掷的总次数的比例就越接近六分之一这个值。至少，我们就概率所进行的讨论的主题肯定是由一些相似的东西构成的集合的一个成员。例如，骰子的一个面有5个邻面，海边的那块卵石有几百万个面。那么，假如宇宙只有一个，我们来讨论它的可能性又能有什么意义呢？

不过，上面所说的推论不能完全令人信服。假如拣到的那块卵石是完全规则的球形，那么，即使事先没有说好其球形的性质，我们也有理由感到惊奇。因为球形是一种很特殊的形状，它有一个特点，即具有高度的数学规则性。随机地选到一个完全是圆球形的卵石，即使是在事后，也会被认为是罕见的，是应当进行某种解释的。同样，一个适于人类居住的宇宙，对我们这些在绝大多数其他可能的宇宙中不存在的人类来说具有一种特殊的意义：其他可能的宇宙是不能住人的。

对此，持"理所当然"观点的人回答道，假如宇宙当初不是现在这个样子的话，我们也就不会在这里大发惊奇之语了。实际上，任何一个智能生物可在其中提出哲学问题和数学问题的宇宙，不管从演绎的角度看是多么的罕见，也必定是一种我们所观测到的宇宙。换言之，持"理所当然"观点的人认为，我们所感知的高度有序的宇宙并没有什么不同寻常，并不神秘，因为假如它不是现在这个样子的话，我们就不可能（明确地）感知它。

这种推理获得了逻辑实证主义哲学的一些支持。简略地讲，逻辑实证主义认为，谈论我们永远不能观察到的东西是没有意义的。谈论一个其中没有任何有意识的观察者的宇宙有什么意义呢？这样的宇宙永远也不会通过观察被证实或否证，因而，它的存在对有意识的人来说似乎是没有意义的。

与理所当然论相关的一个理论是所谓的强人择原理。天体物理学家布兰东·卡特最先详细地提出了这一理论，近年来物理学家和天文学家对此进行了广泛的讨论。按照这一原理来看，"宇宙必须是这样的，以便在某一阶段让有意识的生物在其中出现"[3]（黑点是我标的），这就等于说，宇宙是今天这个样子一点也不奇怪，它没有选择，只能带着适当的秩序出现，以使生命得以产生。

逻辑实证主义和强人择原理这两种理论的成立与否，全系于人类（或天外）智能观察者的至高地位。神学家会说，上帝就是一个观察者，而且上帝的存在不需要特定的物理条件。因此，只要是能被上帝观察到的话，那些永远也不会产生生命的宇宙也是有意义的。

二、多宇宙理论

根据多宇宙理论的观点，有一个由很多宇宙构成的集合，而我们的宇宙只是这个集合中的一个成员。我们所感知的宇宙只是庞大的或许是无限的宇宙集合中的一员。宇宙集合中的每一个宇宙都与集合中其他的宇宙有某种不同。在这集合中会有物质和能量的各种可能的安排。尽管在这集合中的绝大部分宇宙不适于生命存在，而且很接近最大熵的完全混沌的状态（即热力学平衡），然而，在数目极少的宇宙中，偶然地出现了合适的条件，于是生命发展了起来。显然，生物将要感知到的只能是这些偶然的宇宙，而且，这些生物还要写一些书，大谈他们所居住的世界多么不可思议。

上面所提到过的玻尔兹曼的假说，在逻辑上是与多宇宙理论一致的。玻尔兹曼假说中的宇宙是相继发生的，但宇宙获得组织的各个阶段之间有巨大的时间间隔，以致这些阶段在物理上几乎是互不相连的。现代有人修改了玻尔兹曼的宇宙相继发生说，提出了振荡宇宙理论。我们以后就会看到（第15章），现今的宇宙膨胀可能不会无限地进行下去。假如果真如此，那么，宇宙最终会开始收缩；于是就会出现人们所说的"大崩塌"这样的巨大灾变。有些物理学家推测，宇宙高度收缩之后，并不会缩为看不见的时空奇点，而会在高度质密的状态下

"反弹"，从而又开始新一轮的膨胀和收缩。如此看来，宇宙就是这样永无止境地反反复复，一时"大崩塌"，一时再膨胀，进入低密度状态，颇像是一个不停地充气又泄气的气球。

振荡宇宙是一种年龄无限的宇宙，因而也面临我们在第 2 章里所讨论的年龄无限长的宇宙所具有的物理难题。然而，围绕着极度塌缩状态这种物理现象的一切不确定的因素拓宽了物理学家们的推测范围。惠勒提出，"大崩塌"具有"重新处理"宇宙的作用。他的意思是，宇宙每一轮新的膨胀和收缩都是一种"新交易"，宇宙所有的物理条件在这交易中被随机地重新凑起来。现在没有谁试图解释这样的事怎么会发生，但假如真有这样的事发生，那么，经过足够多的次数的膨胀收缩之后，宇宙就会经历一遍所有的可能性——当然，所谓足够多的次数必须是一个很大的天文数字。于是，我们再次发现，在一轮又一轮的宇宙膨胀收缩中，只有在偶然搞对了的时候，才会演化出一些宇宙学家来推测宇宙如何创生。

上面所说的一派人的观点是认为在时间中存在着一个由很多宇宙组成的集合，然而，另外有人则猜想宇宙只有一个，这个独一无二的宇宙在空间上是无限的。几乎整个宇宙都接近平衡状态（没有结构也没有组织），但偶然的起伏会造成孤立的有序区域自发地分散出现。当然，这些孤立的有序区域之间的距离远得不可想象，但生命以及有意识的观察者只能在这样的孤立区域中形成，因而，其中的所有观察者就必然会感知秩序。

然而，多宇宙理论的一个或许最广为人知的变体，是由埃弗列特对量子论的解释构成的。在埃弗列特的理论看来，所有可能的量子世界实际上都是实在的，相互平行共存的。因而，一个电子每次面临两个选择时，便会发生两个可能性，于是整个宇宙便一分为二了。一分为二的宇宙当中的每一个都带有所有的居住者（居住者的大脑也一分为二了，而且他们的精神按理说也一分为二了），每一方的居民都自认为电子突然做出了一种选择。这两个宇宙互相分离，一方的居民不能通过普通的空间或时间到另一方去。从某种意义上讲，两个宇宙是"平行"存在的。有多少量子选择，就有多少宇宙，因而，在无穷的平行世界当中，一切可能的物质和能量的排列都会发生。

观察者从数目庞大的多种选择中选出一个高度非典型的宇宙，这种理论被称作弱人择原理。有人根据若干哲学和物理学的理由对这一理论进行了驳难。首先，从某种意义上讲，这个理论过于成功。这种理论认为大自然能够使一切可能实在化，这样，一切就可以都得到"解释"了。实际上这样一来，我们就可以不要科学了。只要说明某某事物对人的存在是必需的，于是，它一下子就算是得到解释了。

人择原理所受到的另一个驳难是，它似乎是与奥科姆剃刀原理正相反。因为根据奥氏原理，在一套可能的解释中，最有道理的是那个包含的原理最简单而且假设又最少的解释。求助于无限多的宇宙来解释一个宇宙显然是太过分了，过分到宇宙规模上了，且不说那无限多的其他宇宙除了极少数以外都从未被观察到（或许只被上帝观察到了）。持人择原理观点的人反驳道："根本没这回事。埃弗列特的量子论解释或许牵涉的宇宙是多一些，但在认识论上是极其简洁的。想一想吧，对量子测量问题的其他解释是多么牵强，多么没有道理。而在多宇宙理论中，解释只是来自形式主义，不需要另外的形而上的假说。"

　　然而，持多宇宙理论的人承认，他们的理论中的"其他的世界"甚至在原则上也永远不可能被观察。在分岔的量子世界之间往来是不可能的。而且，无限多的或振荡的典型宇宙中有序的区域彼此间隔着如此之大的空间或时间，以至没有哪个观察者能从经验上证实或否证多宇宙的存在。人们难以明白，这样一个纯粹的理论框架怎么能在科学的意义上被用作一个自然的特征的解释。当然，人们或许会觉得，比起相信一个无限的神明来，相信宇宙的数目无限要容易一些，但这样的信念只能以信仰而不以观察为基础。

　　弱人择原理和强人择原理二者的科学基础也受到了质疑。整个的人择原理的基础是概率的概念，然而有人也利用概率的概念来反驳它。这里的问题涉及小起伏对大起伏的相对可能性。我们可以再想一想那个乱弹琴的黑猩猩。那黑猩猩乱弹很长时间后，我们有理由期望听到一个熟悉的曲调的一串3个或4个音符。假如要想听到黑猩猩弹出有6个音符的乐句，等的时间就要长得多。随着有序程度的提高，黑猩猩弹出正确的音符的可能性便陡然下降。再举一个例子。4个人摸一副洗过的扑克牌，很可能每人都摸到1个A。但是，每个人都摸到1个A和2、3张同花的顺牌的可能性就小了。而每一个人都各摸全一套同花牌的可能性则极小极小。这是因为，小的巧合相对而言要比大的巧合可能性大得多。

　　从宇宙学上看，一个随机事件造成一颗恒星的概率比起造成整个一个星系的概率要大得多。而随机事件造成几十亿星系的可能性比起造成一个星系的可能性来，就该是无穷小了。但是，据有人推理，确实只有一个星系——很可能只有一个恒星适于生命形成并出现观察者。这推理对吗？那么，为什么我们观察到整个宇宙充满了结构？多宇宙理论认为，大多数宇宙都只有一个星系，每一个具有两个星系的宇宙，便有无数个单星系的宇宙与之对应。假如有更多的星系，比例的差异就迅速地增长。假如所有的宇宙当中都有观察者，那么，他们当中的绝大多数是居住在单星系的宇宙之中，而不是居住在多星系的宇宙之中。那么，我们又怎样解释在我们的宇宙中存在着如此众多的星系呢？

对此，人们所能想出的唯一回答是，由于某种尚未明了的原因，一个星系的形成不知如何与宇宙的大尺度结构联系了起来。很可能，只有在某种特定的整体条件具备的时候，星系才能够形成；而一旦出现了这种特定的条件，星系就在各处得以形成。换言之，宇宙要么到处有星系，要么就到处都没有星系。星系的形成与宇宙大尺度结构这种总体联系在物理学上现已明了，但星系形成的机制现仍很不清楚，不能据以对星系形成的可能性做实际性评价。

三、有序来自混沌论

对宇宙秩序的起源之谜，第三个反应是有人试图证明，宇宙的秩序是通过自然的物理过程从起始的混沌状态中产生出来的（这里所说的"自然的物理过程"不仅是罕见得不可想象的起伏）。（在第4章里，我们详细地讨论了这种理论，所以在这里只作一个简短的总结。）

乍看之下，这种理论似乎注定要失败。热力学第二定律岂不是说了吗，秩序能走向混沌，而混沌则不能走向秩序（这里暂且不谈偏离平衡态的起伏）。

事实的确如此，但我们还得把热力学第二定律搞得细一点。严格地说，热力学第二定律只是为应用于完全封闭的系统而提出的。显然，任何一部分宇宙，不管有多大，也不是封闭的，因为它与周围的那些部分的宇宙有接触。更为重要的是，整个宇宙都在膨胀，这是大家都知道的。而膨胀这种外在的扰动会造成完全出人意料的情况。

这里可以举一个很好的类比。设有一个普通的汽油发动机上的活塞和汽缸，一种气体被活塞堵在汽缸中。假如活塞处于静止状态，该气体便处于平衡状态，在汽缸中各处的温度和压力都是一致的。这是一种熵值最大的状态。在这种情况下，我们不能期望汽缸中的气体会进一步发生变化：该气体没有任何有序的结构或有组织的行为。假设现在活塞被猛然提起，使气体膨胀，那么，这种气体便立刻不再到处都有同样的温度和压力了。靠近退去的活塞处的气体密度变小了，因为它的空间大了。当气体流向这一空间时，便发生了湍流。假如活塞又被推回来，推到起始的位置上，气体就又会静下来，进入新的热平衡状态，但由于这种扰动，熵会增大。当活塞运动时，气体会暂时生出一种结构和组织。

在热力学第二定律中，我们有没有发现漏洞呢？没有。气体的熵在活塞运动一周之后增大了（气体更热了）。起始的平衡状态曾是最大熵的状态，这状态与对这活塞气缸系统的外在拘束是一致的。然而，当活塞运动时，这些外在的拘束发生了变化，使气体得以寻求更高熵的状态。简而言之，起初的平衡状态只是一种相对的最大状态，而不是绝对的最大熵状态。

在宇宙学的场合中，宇宙的膨胀所扮演的角色与上面所说的活塞类似。宇宙膨胀和活塞活动都使外在的拘束发生了变化。宇宙学家们指出，原初宇宙根本就不是处于一种有序的状态之中，而是接近于热平衡。我们现在所观察到的各种常见的结构 —— 星系、恒星、原子 —— 在大爆炸时都不存在。实际上，在宇宙创生之初大约一分钟之内，温度是如此之高，以至连原子核也不能存在。但不知为什么，从原初的混沌中产生出宇宙现在的有序结构。到底是如何产生的呢？

我们所熟悉的地球上的大多数复杂组织，如生态系统和天气模式，都是由太阳光产生的。太阳光是最重要的负熵来源，地球上一切复杂的组织都赖其为生。太阳的负熵储藏是其核燃料（主要是氢）。核物质自身最高熵形态是由质量不大也不小的元素构成的，如铁元素。阳光的产生就代表太阳产生的熵。太阳试图通过一系列核反应将氢变成铁，于是就产生了阳光，产生了熵。太阳有序（负熵）的秘密，以及大多数其他恒星保有负熵的秘密，应当在其氢含量中寻找。宇宙中的物质大约有四分之三是氢，剩下的四分之一几乎全部是质量之小仅次于氢的物质 —— 氦。为什么这四分之一不全是铁呢？

关于这个问题，第4章已给出过答案。原初的宇宙当时太热，容不得铁存在，随后，宇宙冷却得太快，容不得足够数量的核反应发生。于是，原初物质就这么落在低熵的氢的形态之中，不能够达到变成高熵的铁的目标。只是后来出现了恒星，这种情况才发生了变化。

　　按着这一思路解释，显然就不必假想宇宙在创生之初就处于显著的有序状态之中。原初的物质实际上是处于一种完全无序的状态（最大熵）。这样的状态可以通过很多很多的方式来达到，带着别针的造物主只要随便将别针往"采购单"上一别就行。宇宙有序的起源之谜这就算解开了。

　　难道真是解开了吗？

　　的确，宇宙物质的核子状态在产生我们所观察到的结构和组织的过程中是一个至关重要的因素，但它还不能将宇宙的一切都解释出来。那些较大的结构 —— 恒星和星系 —— 是由引力造成的。而且，至关重要的宇宙膨胀也是受控于引力的。关于宇宙的引力组织，我们又知道些什么呢？从引力的观点来看，我们生活于其中的宇宙是高度有序的，还是无序的？下一章的主题，就是这些问题。

第 13 章
黑洞与宇宙混沌

混沌是无处不在的。

约翰·巴罗

我们的宇宙在创生之初就处于一种非常特殊的状态吗？它是经过精心塑造，以便在一定的时间之后先让生命，最后再让精神繁盛起来惊叹宇宙的奇妙吗？若不是这样的话，那么，我们是生活在荒唐至极毫无意义的偶然事物之中吗？我们的宇宙真是从虚无中爆发出来的吗？宇宙的创生真是纯粹的偶然事件吗？的确，现今的宇宙学家所要对付的最为迫切的中心问题，莫过于这个有关存在的问题了。

在上一章里所讲的诸种论点表明，尽管热力学第二定律具有不可抗拒的规定，但宇宙秩序在很大程度上能够自然地毫不奇怪地从完全是混沌的原初宇宙中产生出来，而原初宇宙完全是偶然的，代表着物质世界的偶然起源。然而，假如把引力考虑进来的话，宇宙秩序的起源的图景就大大不同了。

引力是大自然的各种力当中最弱的，但其力量具有累加性，所以在大尺度上引力占了优势。要解释星团、星系的结构以及膨胀的宇宙的总体运动，我们就得仰仗引力。尽管爱因斯坦的广义相对论中的空间弯曲和时间弯曲使人们相当理解引力的性质了，但说到引力秩序，物理学就乱了套。关于受引力作用的系统的热动力学，目前尚没有一致的看法或理解，诸如引力场的熵之类的概念现在仍是模模糊糊，没有清晰的表达。

在第 4 章里说过，引力熵的一个具有悖论性质的方面是，那种在我们看来更有结构的状态，实际上其熵比不那么有结构的状态的熵要高。例如，起初均匀分布的恒星会松弛为一种更为复杂的组织，运行速度快的恒星密集在引力的中心附近，而运行速度较慢的恒星则散布在外围（图 7）。受引力作用的系统会自发地生出结构这种倾向，就是自组织的一个好例子。应该把这个例子与在引力可忽略不计的情况下的气体行为作一番对比。在引力极微，可以忽略不计的情况下，气体便倾向进入一种均匀状态，各处的温度和密度相似。然而，受引力作用用的系统则会集结，变得不相似。

在其他的各种力不在的时候，所有的受引力作用的系统都会完全崩溃。例如地球之所以没有被其重量压垮，完全是倚仗构成地球的物质的硬度（这硬度的根源是电磁力）。同样，太阳之所以没有坍缩，也只是因为太阳核中的核反应产生了巨大的外向压力。假如除去地球和太阳内部的这些力，地球和太阳便会在短短的几分钟之内收缩，越缩越快。随着收缩的进行，它们的引力就会上升，收缩的速度也就加快。很快地，它们会被吞没在逐步上升的时间弯曲里，变成黑洞。从外面看上去，时间就好像是停止了，不会看到进一步的变化了。黑洞所代表的，就是受引力作用的系统的最终平衡状态，这状态相当于最大的熵。尽管一般的受引力作用的系统的熵尚不明了，然而，雅各布·贝肯斯坦和史蒂芬·霍金利用量子论对黑洞进行的研究工作却得出了有关这些系统的熵的一个公式。正如所预料的那样，黑洞的熵要比同质量的一个恒星的熵大得多。假定熵与概率的关系可用于受引力作用的系统，便可以用一种很有意思的方式来表达根据该公式得出的结果。设（受引力作用的）物质随机分布，物质就极有可能形成黑洞，而不会形成恒星或由离散的气体构成的云。因此，考虑到这种情况，我们对宇宙是创生于有序还是无序状态这一问题就会有一种观点。假如宇宙的初始状态是随机选择的，那么，大爆炸生出黑洞而不是生出离散气体的可能性就极大。现在的物质和能量的排列是，物质以恒星和气云的形态相对稀薄地分布，这显然只能是由对宇宙初始状态的非常特殊的选择造成的。罗杰·彭罗斯曾计算过我们所观察到的宇宙出现于偶然的可能性，得出的结论是，从演绎的角度来看，偶然事件造成一个黑洞宇宙的可能性比造成现有的宇宙的可能性要大得多。他估计的数字是 $10^{10^{30}} : 1^{[1]}$。

我们所观察到的宇宙不是黑洞（至少不是以黑洞为主），这暗示着宇宙的初始不是偶发事件造成的。不仅如此，宇宙大尺度的结构和运动也同样不同寻常。宇宙的累积引力使宇宙的膨胀受到抑制，使膨胀随着时间减速。在初始阶段，宇宙膨胀的速度要比今天大得多。大爆炸造成了向外的冲力，而引力又使劲要把爆炸的碎片向后再拉到一起去，于是，这两种力量的较量就造成了宇宙。近年来，天文物理学家们才意识到这较量是多么微妙地保持了平衡。假如当初大爆炸的力量不那么强，宇宙便会很快在一场大崩塌中缩回去。然而，假如当初大爆炸的力量更强一些的话，宇宙物质便会如此迅速地离散开去，星系就不会形成了。无论怎样说，宇宙现今的结构似乎非常微妙，全系于大爆炸造成的外冲力和向内的引力的精确平衡。

这平衡到底有多么微妙已由计算揭示了出来。在所谓的普朗克时间（即 10^{-43} 秒，这是时空概念具有意义的最初的时刻），这平衡精确到了 $\frac{1}{10^{60}}$。这就是说，假如初始时的爆炸力有 $\frac{1}{10^{60}}$ 的差异，我们现在所观察到的宇宙便不会存在。为了玩味一下这个数字的意义，你可以设想你要从可见宇宙的另一端，也就是从200亿光年以外的地方，射中一个1英寸的靶。你若想真的射中，瞄准的精度就得要精确到 $\frac{1}{10^{60}}$。

除了这总体的精确性之外，还有一个未解之谜，就是为什么现今的宇宙无论在物质分布上还是在膨胀速度上这么均匀。大部分爆炸都是没有秩序的，人们理应预期大爆炸的冲击力会处处不同。但事实并非如此。我们这边宇宙的膨胀速度与另一头的速度没有分别。

当我们考虑到所谓光视界时，整个宇宙行为的这种一致性似乎就更加不同寻常了。光在宇宙中散布开去时，它必须追赶因宇宙膨胀而向后退去的星系。一个星系的退行速度要视该星系与观察者的距离多大而定。遥远的星系退行得要快一些。现在，我们设想在宇宙创生的那个时刻，一束光从某处射了出来。到现在为止，这束光行程大约已200亿光年了。200亿光年以外的那些宇宙区域现在尚未接收到这束光。在那些区域的观察者将看不到该光的光源。反过来说，靠近光源的观察者也看不见这些区域。于是，宇宙之中没有哪个观察者现在能够看到200亿光年以外去。空间之中有一种视界，它把在它之外的一切都掩藏了起来。因为没有哪种信号或影响传播得比光还快，于是，宇宙间各处于彼此的视界之外的那些区域之间就不可能存在任何的物理联系。

当我们把望远镜指向可见宇宙的外围区域时，我们所探测的显然就是彼此间从未有过因果联系的宇宙区域。这是因为，那些从地球上看去是天各一方的区域相距是如此遥远，以至彼此都在对方的视界之外了。这种情况很类似于日常生活中的地平线的情况。海上的一只船上的瞭望员可能正好刚能够看到一前一后的两只船在靠近地平线的地方，但这两只船却彼此看不见，因为它们相距过远。同样，天各一方相距遥远的星系也这样彼此处于对方的视界之外。因为一切物理影响或通信都是受光速限制的，所以，这些星系是不可能协调它们的行为的。

我们刚才说到的未解之谜是，为什么宇宙这些没有因果联系的区域在结构和行为上这么相似？为什么它们的星系平均大小以及形状都相同？而且为什么它们以同样的速度彼此相离而去？这种协调行为在星系最初形成的时候就有了，当我们意识到这一点时，上述的未解之谜就更意味深长了。但是在过去，自宇宙创生以后，光的行程不是那么远，因而各视界也不那么大。宇宙创生100万年以后，各视界就是100万光年，宇宙创生100年以后，各视界就是100光年，依此类推。假如我们再回到普朗克时间，各视界的大小就只有10^{-43}厘米了。即使把宇宙的膨胀考虑进去，按照标准理论来看，这些如此之小的区域到现在也膨胀不到可以看到的尺度。现在看来，当时整个可观察到的宇宙似乎是分成至少10^{80}个彼此没有因果联系的区域。怎样才能解释这种没有联系的协调呢？

与此相关的另一个难题是，宇宙具有极高的各向同性的性质，即方向上的均匀性。从地球上向外看，宇宙在大尺度上是一样的，不管我们朝什么方向看都是一样。仔细测量残留的宇宙背景热辐射之后，人们发现从各个方向来的辐射通量具有精确的均衡，相差仅千分之一多一点。假如大爆炸是一个随机事件，这种异乎寻常的均匀性几乎是绝对不可能的。

考虑过这些情况之后，人们得出的结论是，宇宙的引力排列之规则、均匀是令人迷惑不解的。似乎不存在任何明显的理由能够说明，为什么宇宙没有乱了套，没有以无秩序无协调的方式膨胀开去产生众多的黑洞。把大爆炸的巨大威力导入这样一种有规则有组织的运动模式，这似乎是个奇迹。难道真是奇迹吗？我们现在来仔细探讨一下对这未解之谜的各种反应。

一、隐藏的原理

当某个量被发现具有一个非常接近零的值时，物理学家们就倾向于猜想，因为某种深刻的原因，其值就是零。他们就会去寻找某种基本原理，好据以确认该量肯定恰好为零。例如，不同的电子所携带的电荷没有可辨别得出来的差别。于是，物理学家们就得出结论说，那些电荷是恰好相同的，即它们之间的差别为零。这就是由电子的不可分辨性的基本原理导出的推论。另一个例子是，一切一同下落的物体都一同触地（在没有阻力的情况下）。它们到达地面的时间差别被看作正好为零，这就是所谓相等原理的推论。这个引力的基本原理规定，一个物体对引力做出的反应与该物体自身的性质无关。

我们可以设想有一原理（或一套原理）规定，大爆炸的冲击力正好处处与其引力相称，于是退行的各个星系正好摆脱了它们自己的引力。这就意味着，宇宙的膨胀方式恰好处于那个分界线上，一方面是宇宙物质的彻底离散，另一方面是宇宙停止膨胀，接着崩溃。这样的一个原理也可以保证，宇宙从大爆炸中降生时就具有分布均匀的物质，而不是爆炸出些黑洞。同样，这样的一个原理能够保证，宇宙的膨胀在所有的方向上都是恰好均匀的。尽管我们一点也不知道这些原理会是什么样子，然而，当我们知道宇宙在其各个不同区域及方向上的膨胀速度的差异非常接近于零时，我们就难免这样认为：有一个大自然的原理使得这些差异必定恰好为零。

不幸的是，事情不可能这么简单。假如宇宙果真是完全均匀的，那也就不会形成任何星系了。照人们现在的理解来看，星系从原初的星云中形成似乎只能形成在自宇宙创生到现在的这段时间里，假如星系的雏形一开始就有的话。星系从其周围的宇宙环境中积累物质积累得很慢，而宇宙膨胀的速度却相对很快。星系只有早一点起始，才能克服宇宙膨胀带来的离散倾向。假如真有一个基本原理，那么，似乎该原理必定允许恰好充足的偏离均匀状态的情况发生，使星系得以生长起来，同时却不产生出黑洞。这确实是个微妙而复杂的平衡行为！

二、耗散

宇宙的均匀膨胀也可能这样解释：宇宙起始时具有高度非均匀的运动，但不知何故，宇宙把这种非均匀的运动耗散掉了。理论研究确实表明，假如一个宇宙在一个方向上的膨胀比在其他方向上快得多，那么，它就会因多种机制而被刹车。例如，从膨胀的能量中创造物质（见第3章）就会耗尽膨胀速度快的那一方向上的运动力量，使之逐渐与其他方向一致起来。人们还知道有其他的刹车过程。

对这一观点，有人提出了两个反驳。第一个是，不管对原初非均匀运动的耗散是多么有效，总是可以发现宇宙的起始状态的，因为其起始状态是那么不均匀，即便是有衰减，也还会留下残迹的。人们充其量只能证明，宇宙肯定起源于一群不同寻常的起始状态。

第二个反驳是，一切消耗都产生熵。宇宙原初剧烈的非均匀运动会转化为极大量的热，大大多于我们所观察到的原初热辐射的量。然而，这一反驳有一个漏洞。因为它所说的宇宙中的热量是一个无意义的概念。要想使之有意义，就必须用某种尺度或标准来测量它。而唯一能够找得到的比较标准是物质。于是，宇宙学家们就采用了每原子热量，或更精确地说是每质子热量这一概念。这就是说，他们计算出在某块大体积的空间内的热量，然后，再估计在这块空间体积之中的物质质量，计算出相应的质子数，从而得出单位质子的热量是多少。结果发现，单位质子的热量很小。要想使之与平衡的热量输出相符，就得将它扩大几乎10^{15}倍。我们在这里所讲的对耗散说的第二个反驳认为，单位质子的热量之所以小了这么多，是因原初宇宙的沉寂性质所致。假如原初宇宙当初确实骚动不安，具有高度的非均匀运动，那么，现在的空间就会充满了把人烤出油来的热辐射。但是，漏洞就出在用质子来测量热值上。质子是可以破坏的，这样的粒子不能够充当固定的比较标准。根据所谓的基本力的大统一理论，质子是可以衰变的。而且，质子也可以（通过与衰变逆向的过程）被创造出来。我们在第3章里说过，质子如何被从原初能量中创造出来，也说过大统一理论用其参数预测（实际上这预测是正确的）出单位质子的热量。因为大统一理论会自动地调节质子丰度，使之与实存的热量相合，所以，不管宇宙原初的非均匀运动消耗了多少原初热量，大统一理论最后得出的单位质子的热量也是相同的。因而，宇宙究竟起始于沉寂的、高度均匀的状态，还是起始于极端非规则、非均匀的状态，这一问题的答案要由将来是否能够证实大统一理论（可能是通过证实质子衰变的方式）来定。

三、人择原理

假如一个宇宙充斥着黑洞，或充斥着大尺度的非均匀运动，那么，这样的宇宙是不可能有助于生命形成的。于是，现今的宇宙的均匀性就显然给人择原理留出了地盘。假如用弱人择原理解释宇宙的均匀性，我们就可以设想有一个由无数个宇宙构成的集合，包含了宇宙起始膨胀运动以及物质分布的所有的可能选择。生命和观察者只能形成于极少数的宇宙中，这些宇宙的排列接近于我们现在所观察的宇宙。各向异性的或高度非均匀的宇宙是不可认识的。

要使这一解释成为一种成功的解释，就得证明宇宙的非规则性增加哪怕一丁点也会对生命有害。很可能，原初状态发生微小的变化，都会使宇宙现在的物理环境面目全非。例如，假如质子不会衰变，那么，原初的宇宙一点点各向异性也能产生大量的热，使生命不可能存在。宇宙的背景温度仅增加100倍，也会造成我们所知的生命的毁灭。然而，现在尚未有人对此进行详细的计算，因而人择说就容易受到我们在前面一章里所说过的批评。

四、暴涨

有人在最近对宇宙的均匀性提出了一种全新的解释。这种解释源自大统一理论，然而，其至关重要的立论基础却是若干有待商榷的关于超高能物质的假设。这些假设在任何情况下都是难以证实的。不过，这一解释生动地说明，基本物理学的进展可以改变我们对宇宙秩序起源的整个看法。

我们还记得，当宇宙从大爆炸冷却下来的时候，大自然的三种基本力 —— 电磁力、弱核力和强核力 —— 由当初没有分别的状态被"冻结"成现在的不同形式。这个从一种状态变到另一种状态的转换近似于水蒸气变成水或水变成冰。两种状态不仅有力的性质的差别，而且它们的引力作用也有所不同。把那大统一力分裂为不同的电磁力和核力的机制，也产生了巨大的推斥性引力。

某种宇宙斥力存在的可能性，实际上是爱因斯坦在1917年提出的，尽管爱因斯坦本人实际上一直不喜欢这一概念，而且现在在天文学上也没有任何证据显示有这样一种力存在。不过，大统一理论认为，在灼热的宇宙原初阶段，宇宙斥力的存在必然是不可避免的。那是约在宇宙年龄为 10^{-35} 秒之前，当时，宇宙温度高得不可想象，为 10^{28} K。麻省理工学院的艾伦·古斯指出，宇宙斥力的存在会对原初宇宙的结构产生巨大而深远的影响。

当宇宙膨胀并冷却下来的时候，斥力似乎很可能压过通常的具有吸引性的引力，致使宇宙开始进入无法控制的剧烈暴涨状态。在极短极短的时间里，一块极小极小的空间区域会以指数的方式膨胀至宇宙大小，大约每10^{-35}秒体积就增加1倍。这种势不可挡的膨胀会一直持续到某一时刻，那时，宇宙就会突然进入另一个"冻结"状态，在这种状态中，大统一力分成不同的力，斥力不复存在。在没有斥力这一股强大的力存在的情况下，空间的指数增长就会在剧烈的放热中停下来，宇宙就会进入更为正常的缓慢减速膨胀，而今天，这种减速膨胀活动的残迹仍然存在。

暴涨宇宙理论一举解决了好几个主要的宇宙学难题。例如，它说明了为什么宇宙如此均匀。任何起始的不规则都会因这种巨大的暴涨而被大大地"冲淡"。一块体积不过质子大小的空间可能会暴涨至现在可以观察到的宇宙体积的很多倍。因而，宇宙中的质子尺度或质子尺度以上的不规则性就会在我们可以观察到的宇宙中被拉长至微不足道的程度。

暴涨理论也能解释大爆炸的外冲力与宇宙物质的引力之间奇迹般的平衡。古斯认为，来了指数暴涨时，宇宙膨胀速度的过量或不足就被消灭了，这同时阻止了可怕的黑洞在宇宙原初阶段形成。到了宇宙从那指数暴涨里退出的时候，宇宙膨胀速度的过量或不足就会被降至非常接近于零。（尽管显然不恰好为零，因为星系现在仍能形成。）

最后，暴涨也解决了视界问题。天各一方的宇宙区域，通常被看作是没有因果联系的，然而，它们实际上在暴涨阶段之前有过短暂的因果联系。我们所观察的一切（还有很多我们观察不到的东西）在暴涨开始时，都挤在狭小的空间区域里。视界并不存在（至少不存在于我们以前所想的地方）。预言视界的存在，是基于假设宇宙创生以来的膨胀一直是平稳地减速，而没有考虑到指数增长的时期。

暴涨说干净利落地说明了宇宙学的几个由来已久的问题，然而，这一学说也不是没有滞碍难通之处。其主要滞碍是所谓的"优雅退场"问题。暴涨若要现出其魔术，那么，指数增长的时间就必须足够长，以使宇宙膨胀10的很多次幂。宇宙突然大规模地膨胀，使温度几乎立刻降至很接近于绝对零度。在我们看来，似乎没有什么能来阻止"冻结"即时发生，这样一来，暴涨还没有正式开始就被阻挡住了。

古斯在早期的暴涨理论中提出，宇宙很可能经历过一个所谓过冷的时期。物理学家们知道在日常生活中有这种过冷现象。例如，假如水是纯净的，便可以仔细小心地把它冷却到冰点以下而不结冰。然而，假如稍有扰动，过冷的水就会突然变成冰。而宇宙的过冷能够使宇宙在高温（统一力）阶段停留足够长的时间，使暴涨得以进行。但冻结发生时便来了问题。新的（"冻结的"）状态的"小泡泡"似乎可能会随机地出现，而且会开始以光速生长。在这些小泡泡里面没有暴涨，因为暴涨式生长的能量被转移到泡壁上了。最后，这些小泡泡会大到相互交叉的程度。具有高能的泡壁相互碰撞便会引发大规模的非均匀和非规则的东西，而这些非均匀、非规则的东西恰恰是暴涨说本来要解释的东西。

物理学家们仍在继续进行研究，以避开这乱麻一样的难题，使之不再困扰暴涨理论。有人提出一个见解，认为冻结状态的小泡泡会在暴涨中变得如此之大，足以包容整个的宇宙和很多其他的东西，因而，尽管在很大的尺度上，宇宙是不规则的、骚动不安的，但我们所观察到的宇宙则是其中的一块相对均匀、静止的区域。还有人提出，过冷阶段过去之后不是随即出现冻结状态的小泡泡，冻结过程很可能是慢吞吞的，这样，就能赶在宇宙从过冷状态转入冻结状态之前，留出相对长的时间使暴涨得以发生。这一理论的很多细节是高度依赖模型的。现在尚不能说，优雅退场的问题是否会得到满意的解答。

尽管有些技术性的滞碍难通之处，暴涨说所取得的广泛成功赢得了很多物理学家和宇宙学家的喜爱。假如这一学说是正确的，那就是说宇宙不必以一种非常特殊而有序的状态被创造出来。起始的引力不规则被暴涨消灭了，而随后而来的宇宙膨胀又使起始时无结构的宇宙物质演化出复杂的组织和结构。因而，复杂的宇宙秩序的起源完全可以被解释作纯自然过程的结果。

五、上帝

假如大统一理论不能说明问题，假如人择原理不被人接受，那么，宇宙大尺度的高度均匀的性质可被提出来作为一个具有创造力的设计者存在的证明。然而，这证明只能是消极的。谁也不敢保证，随着我们对早期宇宙的物理规律的认识进步，我们不会发现一种完满的解释来说明宇宙的有序。早先，太阳系复杂而有序的结构曾被认为是神造的，但后来被归入标准的天体物理学的领域，同样，大尺度宇宙秩序的那些未解之谜也可能有一天会得到自然的而非超自然的解释。

　　我们的结论必定是，现在没有肯定性的科学证据，证明有一个宇宙秩序（即负熵）的设计者和创造者存在。实际上，人们有把握地预期，现有的物理学理论将会为那些未解之谜提供完全令人满意的解释。

　　然而，大自然除了数学规律和复杂的秩序二者之外，还有更多的东西。大自然的第三个成分也需要解释。这第三个成分就是所谓的大自然的"基本常量"。我们正是在基本常量这一领域里，发现了一个宏伟设计的最为令人震惊的证明。

　　物理学家们所说的基本常量，是指一些在物理规律中扮演着基本角色的量，这些量在宇宙中所有的地方，在时间的所有的时刻里，都有相同的数值。用几个例子就足以说明这一点。在一遥远的恒星上的一个氢原子与地球上的一个氢原子是完全一样的。那里和这里的氢原子，其大小、质量以及内部的电荷都是相同的。但是，这些量的值在我们看来完全是一个谜。为什么氢原子里的质子重量是电子的1836倍？为什么会有这个数字？为什么它们的电荷是现在这个值，而不是某个其他的值？

　　大自然的各种基本力都包含着这种决定它们的强度和范围的数值。或许在将来的某一天我们将会有一个理论，可以以一种更基本的概念来解释这一切数字。不管怎样，反正人们发现这些常量的值对物质世界的结构具有关键性的意义。

　　我们且来看一看弗里曼·戴森所提出的一个简单的例子吧。强核力将原子核胶结起来不致散开，而强核力来自我们在第11章里所讲的夸克和胶子。假如强核力不像现在这么强，原子核就会变得不稳定，就会蜕变。最简单的复合原子核是氘（重氢），是由一个质子附在一个中子上构成的。这中子和质子被强核力胶粘起来，但粘的并不牢固。假如核力弱百分之几，质子和中子的结合就会被量子分裂所破坏，结果就会是戏剧性的。太阳以及大部分恒星都把氘用作连续核反应的一个环节，以便持续不断地放光。假如除去氘，所有的恒星则要么熄灭，要么就再找一条进行核反应的途径来继续产生热。熄灭也好，再来一条新途径也好，都会大大地改变恒星的结构。

假如核力比现在稍强一点点，也会发生同样糟糕的后果。核力若是再稍微强一点，两个质子便有可能克服它们共有的电斥力而粘在一起。在大爆炸期间，质子要比中子多得多。当原初物质冷却下来时，中子就寻找质子以与之黏合起来。质子与中子的结合构成了氘，氘很快又经过进一步的结合，形成了氦元素。但是，剩余的质子完好如初，构成了制造恒星的原料。假如这些质子可以成对地黏合在一起，那么，每一质子对当中的一个质子就会衰变为中子，使质子对变为氘，然后再变为氦。这样，在一个核子力强出百分之几的世界里，几乎就不会有氢从大爆炸时留下来。类似太阳的稳定的恒星就不会存在，液态的水也不会存在。尽管我们不知道为什么核力具有现在的强度，然而，我们却知道，假如核力不是现在这样的，宇宙就会面目全非。生命是否能够存在也就成了问题。

使很多科学家觉得非同寻常的，倒不是基本常量值的改变会改变物质世界的结构，而是人类所观察到的物质世界的结构对常量的改变很敏感。基本力的强度稍微有一点差异，就会造成物质世界结构的剧烈变化。

还可以再考虑另外一个例子，是有关物质的电磁力和引力的相对强度的。电磁力和引力在形成恒星的结构的过程中，扮演的角色十分重要。恒星是由引力黏结起来的，引力的强度辅助决定了诸如恒星内部的压强之类的事情。另一方面，能量又以电磁辐射的形式从恒星中逸出。引力和电磁力这两种力的相互作用是复杂的，但个中的道理还是能被人很好地理解。一般说，重的恒星较亮，较热，可以毫无阻碍地将星核发生的能量以光和热辐射的形式输送到星的表面。轻的恒星则较凉，其内部仅以辐射的方式不能够足够快地放出其能量，因而必须辅之以对流，这就使它们的表层发生沸腾。

这两类星 —— 热的、辐射的和凉的、对流的 —— 分别被称作蓝巨星和红矮星。这两类星为恒星的质量划定了一个很窄的范围。而实际情况是，恒星内部电磁力和引力的平衡竟然确实使几乎所有的恒星都处于蓝巨星和红矮星之间的狭窄范围之内。然而，正如布兰东·卡特所指出的，[2] 之所以会有这样幸运的事，完全是因为大自然基本常量之间具有奇妙的数值巧合。比如说，假如引力的强度变化哪怕是 $\frac{1}{10^{40}}$，也足以破坏掉这种数值巧合，于是，所有的恒星便只能不是蓝巨星就是红矮星。像太阳这样的恒星就不会存在，而且我们还可以说，依存于太阳一类的恒星的生命也不会存在。

我们所观察到的世界的结构之所以存在，完全是因为有这样一些数值巧合，但这些数值巧合的数目太多，在这里不能一一评论。（读者若想了解有关的完整讨论，请看我的一本书《偶然的宇宙》。）对于这些数值巧合，物理学家们见解不一。宇宙的初始条件好像是经过设计，于是，为了解释这一点，有人就可以求助于人择理论，假设存在着很多宇宙，在这些宇宙中，基本常量因某种原因具有不同的值。只有在那些基本常量恰好合适的宇宙中，才会形成生命和观察者。

基本常量的数值巧合也可被看作是设计的证据。常量的数值十分微妙，没有它们，物理学的各个不同的分支就不会接合得如此巧妙。这可被看作是上帝的所为。宇宙现今的结构显然对基本常量数值的微小变更十分敏感，因而，人们很难不这样想，宇宙的结构是经过精心设计的。当然，这样的一个结论只能是主观的，最终要归结为一个信仰问题。相信有一个宇宙的设计者来得容易一些呢，还是相信存在着弱人择原理所要求的多宇宙容易？很难设想，这两种假说能得到严格的科学验证。正如前一章所指出的，假如我们不能探访其他的宇宙或不能直接地感受它们，那么，相信它们存在就同相信上帝存在一样，必定仍是一个信仰问题。或许，将来的科学发展会使人们找到其他宇宙存在的更直接的证据，但是，在那天到来之前，大自然赋予基本常量的奇迹般的数值巧合就必定仍然是宇宙经过设计的最不可抗拒的证明。

第14章
奇迹

上帝从未制造奇迹来说服无神论，上帝平常的工作就足以说服无神论了。

弗朗西斯·培根

任何奇迹，在历史上都找不到足够多的具备毫不可疑的判断力、教育和学识以使我们相信其不受迷惑的人来加以证实。

大卫·休谟

某些关于上帝存在的论证，其根基是宇宙学和大自然中存在着设计的想法。不管这样一些论证多么具有说服力，它们充其量也是间接的。然而，有些人声称，可以通过奇迹直接在物质世界中看到上帝的作为。世界所有的大宗教都有关于奇迹的民间传说。圣经里就有很多关于奇迹的叙述，甚至时至今日，仍常有奇迹的报道。

假如我们想评价奇迹的证据，碰上的第一个问题就是确切地断定"奇迹"是什么意思。然而，奇迹的意义是什么，根本就没有一致的意见。"现代科学的奇迹"，意思是某种非同寻常的、壮观的东西，但在说这话的时候，没有人认为其中的"奇迹"一词用的是其本意。阿奎那把奇迹定义为某种"由神力脱离事物的常规做成的"东西。用现代语来解释，就是上帝违反大自然的规律的作为。换言之就是，上帝直接插手于世界的运行过程，用"破坏大自然的一切规则"的方式改变了某种东西。假如这类的事件能够得到确证，那么，上帝的存在以及上帝对这个世界的关注也就确实得到了有力的证明。

不过，有时奇迹一词的意思也不是这么重的。一个幸运的人在"奇迹"中多次大难不死，于是便坚信了上帝的仁慈。飞机失事之后的那位唯一的幸存者，可能会把自己的幸免于难看成是一个奇迹，尽管同是一个奇迹，却使所有同机的人无缘无故地死去了。

大难不死必有天助意义上的奇迹，与明确违反大自然规律意义上的奇迹分属完全不同的范畴。没有谁认为，在空难中不死肯定是因为物理定律暂时失效。大难不死之类的事件不过是些令人惊讶的巧合而已，完全是在正常的物理过程之内发生的。那位人人皆知的跳伞运动员跳出机舱之后，降落伞出了毛病，于是便直坠地面，却落到一堆干草上。这完全是他有运气。在这件事上，似乎没有上帝直接的干预。

有些人喜欢给那些罕见的巧合和大难不死的事件赋予神的意义。这种做法无非是给那些简单而罕见的自然事件以一种有神论的解释而已。但是，不管那幸运的人自己多么相信"诸神在对他微笑"，人们仍是难以用这类幸运事件客观地证实上帝的存在。一个人假如在足球赌博中发了一笔财，他自己或许也会想到，某个其他的人完全根据赌博规则也会发一笔财。那些声称获得上帝助佑的士兵在战场上杀死了敌方的士兵，不过，当敌方的士兵要取他们的命时，他们也可能要问自己上帝在哪里。

信　　徒： 我认为，奇迹是上帝存在的最好的证明。

怀疑论者： 对人们的心目中的奇迹是什么，我没有把握。

信　　徒： 唔，就是非同寻常，不可预测的东西嘛。

怀疑论者： 天上掉下来一个大陨星，地上的火山喷发，这不都非同寻常，不可预测吗？你不是说这些事也是奇迹吧？

信　　徒： 当然，我没说这话。这类现象是自然的事件。奇迹则是超自然的。

怀疑论者： 你说超自然是什么意思？是不是奇迹的另一种说法？（于是查阅牛津辞典。）辞典上这么说："超自然的。在通常的因果作用之外的。"嗯，这全看你认为"通常的"是什么意思了。

信　　徒： 我觉得"通常的"意思是熟悉的，或人人皆知的。

怀疑论者： 我们的祖先会把发电机或无线电收音机之类看成是奇迹，因为他们不熟悉电磁学。

信　　徒： 你说得对，他们很可能把这些装置看成是奇迹，但他们错了，因为我们知道发电机或收音机是按照自然规律工作的。但真正的超自然事件则是在任何已知或未知的自然规律中都找不到原因的事件。

怀疑论者： 这难道不是个无用的定义吗？你怎么知道哪些规律可能是未知的？很可能有些完全出人意料的奇特规律，不凑巧没让我们给碰上罢了。假设你看见空中飘着一块石头，你会不会把这看成是个奇迹？

信　　徒：这得看……我得弄清楚这是不是幻觉或欺骗。

怀疑论者：可是，很可能有些自然过程能够产生超级幻觉，我们大家谁都想不到的幻觉。

信　　徒：照你这么一说，很可能我们的一切感觉也是幻觉，我们因此干脆就不用讨论什么了。是不是？

怀疑论者：好吧，咱们换一条路子讨论吧。无论如何，你仍是拿不准是不是有某种磁力或引力作用在使那块石头漂浮着。

信　　徒：相信上帝比相信奇异的磁现象要容易。这完全是个可信度的问题。

怀疑论者：噢！那么说，你认为奇迹实际上是"上帝造成的东西"了。

信　　徒：我就是这么认为！不过，上帝有时也可能用人作中介。

怀疑论者：你要是这么说的话，就不能把奇迹说成是上帝存在的证据了。否则，你的话就成了循环论证了："奇迹证明制造奇迹者的存在。"正如你自己也承认的，归根结底的问题是信仰。奇迹若想有什么意义，你就得先相信上帝。显然，奇迹事件本身不能证明上帝存在，因为它们可能是反常的自然事件。

信　　徒：我承认，从奇迹角度看，漂浮的石头是可疑的，但是，你得想想有些很有名的奇迹，例如，耶稣用几条鱼几块饼喂饱了几千人。你万不能说有哪种自然规律能使鱼和饼加倍吧。

怀疑论者：这样的故事都是几千年前由一帮迷信的狂热者写下

来的，他们就是一心想促使人相信他们那一派的宗
教。你能有什么可能的理由相信这样的故事呢？

信　　徒： 你太玩世不恭了。孤立地看来，耶稣用一点饼和鱼喂
饱几千人的故事算不得什么。但你得结合整个圣经
来看待这个故事。这奇迹在圣经里不是唯一的。

怀疑论者： 那就请给我讲讲另一个奇迹吧。

信　　徒： 耶稣在水上行走。

怀疑论者： 又是漂浮！我记得你把这一类的奇迹当作"可疑的"
给打发了。

信　　徒： 石头漂浮是可疑的，耶稣漂浮不是可疑的。

怀疑论者： 为什么不是可疑的？

信　　徒： 因为耶稣是上帝的儿子，因而，他具有超自然的
能力。

怀疑论者： 可你这么说，就是又把问题给推回来了。我不相信耶
稣具有超自然的能力。假如他确曾在水上行走，我倒
是认为这是个反常的自然事件。不过，我怎么说也不
相信这样的事。我为什么要相信呢？

信　　徒： 圣经对成千上万的人来说，一直是启示的源泉。你可
小视不得。

怀疑论者： 卡尔·马克思的著作也是一样。我也不相信他对奇迹
的任何叙述。

信　　徒： 你可以拒绝相信圣经的话，但甚至在近些年里成千
上万的人也说他们经历了奇迹，这些人的话你是否
定不了的。

怀疑论者： 人什么话都说，说跟天外人见面，说远距传物，还说

有千里眼。只有傻瓜或是疯子才听信这些乌七八糟的玩意儿。

信　　徒： 我承认，很多人胡说八道，但信仰治病的证据可是很充足的。想想鲁尔底斯吧。

怀疑论者： 那些被治好的人得的病都是心理原因造成的病！让我引用你的话吧："这完全是个可信度的问题。"你这话说得对。相信一些反常的医疗事件总比求助于一个神明怕要容易一些吧？

信　　徒： 你不可能把所有的奇迹都说成是心理病。心理原因造成的病是什么意思？不就是说这样的病"从医学上讲是不可解释的"吗？假如靠信仰治好病的那些例子不过是些反常的自然事件，为什么还会有那么多的人相信？

怀疑论者： 这都是魔法时代的残余。在科学兴起之前，或者说，在世界大宗教兴起之前，原始人认为，世上发生的一切，都是魔法造成的，是某个小神或小魔鬼的行为。当科学解释了越来越多的东西时候，宗教就开始走向一神论的观念，于是，魔法的解释就不行了。但魔法思想的残余依旧存在。

信　　徒： 你这不是说去鲁尔底斯朝圣的人都是敬拜魔鬼吧？

怀疑论者： 我没有明确地这么说。但是，这些人相信信仰能治病跟非洲土人相信巫医，或跟有些人相信可以跟鬼魂往来相比，没有多大的不同。这类迷信都是魔法时代之后的返祖现象。世界上的各大宗教把这些迷信的返祖现象制度化了。谈论奇迹不过是不那么邪乎地兜售魔法罢了。

信　　徒：世上存在着善的神和恶的神。它们以很多方式表现
自己。

怀疑论者：你认为邪恶的超自然事件也是上帝存在的证据吗？
上帝也使用恶的能力吗？

信　　徒：善与恶之间的关系是一个微妙的神学问题。对于你
所提出的问题，现在众说纷纭。人的邪恶，无论最终
起源于什么，可以成为恶的发泄渠道。

怀疑论者：这么说，假如存在所谓的玄妙的能力，你认为这些东
西不一定是上帝的了？

信　　徒：不一定是。干脆说，不是上帝的。

怀疑论者：这么说，就至少有两种超自然的事件。一种源自上帝，
就是你所说的奇迹。再一种就是那些让人难受的超
自然事件，我们将它们称作妖术。它们的来源尚不明
确。除此之外，我想还有些不好也不坏的超自然事件，
比如意念致动、先知先觉之类。这些东西在我看来
很复杂。我倒是愿意认为，这些东西都是原始的幻觉，
是魔法时代的遗迹，多神论的残余。由幻觉而引起的
迷信有多种多样，你对奇迹的信仰则是其中应受尊
重的一种。一个具有你所说的威严和能力的上帝，是
不该跟这类迷信的东西搅在一起的。

信　　徒：在我看来，设想有超自然的能力存在，并且设想这些
能力可以用多种多样的方式加以操纵以达到善或恶
的目的，这丝毫没有不近情理的地方。信仰治病是
善的。

怀疑论者： 而且也为上帝的存在提供了证据？

信　　徒： 我认为是这样。

怀疑论者： 那些没治好的病例又该怎么讲呢？有些不幸的人对信仰疗法没有反应，难道是上帝不眷顾他们吗？要不然，就是上帝的能力有时也失灵？

信　　徒： 上帝的行为方式是神秘莫测的，但他的能力是绝对的。

怀疑论者： 你这不过是说你不知道上帝如何行为罢了。假如上帝的能力是绝对的，他还需要奇迹干什么？

信　　徒： 我不知道。

怀疑论者： 全能的上帝主宰着整个宇宙，他可以使任何事情发生，用不着什么奇迹。假如他不想让某人死于癌症，他完全可以不让这人得癌症。实际上，我倒是想这么看：奇迹的发生证明上帝失去了对世界的控制，于是赶紧手忙脚乱地采取补救措施。你说，上帝制造的一切奇迹是什么目的呢？

信　　徒： 上帝通过奇迹显示他神奇的能力。

怀疑论者： 但他为什么这么隐晦呢？他为什么不干脆在天上清清楚楚地写一个宣言，或让月亮变色，或做些完全不可能有异议的事呢？他要是挡开一场巨大的自然灾难，或者止住肆虐的流行病岂不更好？在鲁尔底斯的奇迹中的那几个人，不管他们的病被治得多么成功，仍是跟人类的巨大苦难不成比例的。我再说一遍，你所说的奇迹在我看来不该跟全能的神搅在一起。使重物悬浮，使鱼加倍增多之类的东西很像是戏法。这都是人类未成年时的想象的产物吧?

信　　徒：　上帝很可能一直在为人类挡开灾难。

怀疑论者：　你这是什么话? 谁都可以这么说。我可以说, 我每天
早上念咒, 于是阻止了世界大战。我而且还可以用世
界大战至目前确实没有爆发这一事实, 证明我的咒
语有效。实际上, 还真有一帮热切信仰不明飞行物体
的人说这样的话。

信　　徒：　基督徒认为, 上帝一直掌握着世界, 因而从某种意义
上讲, 世上的一切都是奇迹。有人想把自然的和超自
然的东西区分开来, 实际上不过是胡扯。

怀疑论者：　现在, 你在改变立场。你这似乎是在说上帝就是大自
然。

信　　徒：　我是说, 上帝是自然界中万物的原因, 尽管从世俗的
意义上讲不一定是这样。上帝并不是把一切开动起
来, 然后就撒手不管了。上帝是在世界之外的, 是超
越自然的一切定律的。他维持着世界的存在。

怀疑论者：　在我看来, 我们这似乎是在争论一个语义问题。大自
然有一套优美的定律, 宇宙就照着这些定律划出的路
线一路演化过来。你所说的"上帝维持着世界的存在",
只不过是从有神论的角度说了同一件事罢了。上帝仅
仅是一种说法而已, 不是吗? 说上帝维持着世界的存
在跟说宇宙持续存在有什么不一样呢?

信　　徒：　你不能仅举出宇宙存在这一明显的事实就算完成任
务了。宇宙还得有个解释。我认为上帝就是宇宙的
解释。宇宙存在就是一个奇迹, 为了维持宇宙的存在,

无时无刻不需要上帝的能力。在大多数情况下，上帝
用一种有秩序的方式来维持宇宙，也就是你所说的，
用物理定律来维持。但上帝有时也脱离这秩序，制造
些惊人的场面来向人类发警告或信号，或向信上帝
的人提供帮助。例如，他曾为希伯来人分开红海的海
水，使他们能安然走过红海，甩开法老的追兵。

怀疑论者： 我觉得难以理解的是，你怎么会认为这一个超自然
的奇迹的制造者就是那位宇宙的创造者，就是回应
祷告、创造物理定律、审判众生的那一位呢？为什么
这些超自然的奇迹的创造者不能是不同的个体呢？
世上的奇迹这么多，各种不同而且还相互冲突的宗
教显然都可以由这些奇迹得到证据，我倒是想过，相
信奇迹的人应该承认有一大群超自然的存在物相互
竞争才对。

信　　徒： 有一个上帝要比有很多上帝来得简单。

怀疑论者： 我仍是不明白，那些所谓的奇迹，不管有多么不同寻
常，怎么能被看成是上帝存在的证据。在我看来，你
似乎是也相信神话中的那位主宰众生的女神。不过，
我们都有这样的本能，只是你把"幸运女神"代换成
一个实有存在物，把她称作上帝罢了。你怎么能真相
信那些"奇迹"呢？

信　　徒： 我没有发现上帝有什么不可思议之处。他是万能的
创制者，他操纵着一切物体。与上帝所创造、所维持
的宇宙这一奇迹相比，上帝分开红海海水又有什么
好奇怪的呢？

怀疑论者： 但你说这话时，立论的基础是设定上帝存在。假如存在着一个你所说的那样的上帝——无限、全能、仁慈、全知——那么，我也会认为分开红海海水对这样的上帝来说是小事一桩。但问题是我们怎么知道他确实存在？

信　　徒： 这完全是个信仰问题。

怀疑论者： 完全正确！

我希望，上面的这一大段不了了之的对话，能够说明科学和宗教在超自然问题上的主要分歧。信教的人相信上帝的全能，并且在日常生活中到处都能看见上帝的作为，因而在他们看来，奇迹没有什么不合理之处，因为奇迹是上帝在世界上的作为的另一个方面。科学则与信教的人截然相反，他们认为世界是根据自然定律运转的，奇迹是"反常"，是一种病态，破坏了大自然的优美。奇迹是大多数科学家愿意撇开的东西。

当然，奇迹的证据具有高度的争议性。假如只是根据现存的证言承认有奇迹，那么，我们就没有什么好理由拒绝承认许多其他的所谓奇迹（不明来源的飞行物、幽灵、意念弯物、测心等），因为这些奇异的事件似乎也同样有人证实。但即使一个科学家相信了奇迹，我们也很难在奇迹和异常现象之间划一个明确的分界线。

现在，在人们中间正在兴起一股对意念弯物和超感官知觉之类异常现象的巨大兴趣。异常现象的研究者很少使其研究对象带上神学的涵义。即使是信念治病之类的异常现象也被看作是"非上帝所为的奇迹"。很多人带着原始的狂热信仰对异常现象进行研究，而这些信仰却使宗教的名声受到损害。一家有名的报纸的星期日副刊曾把耶稣基督和尤里·盖勒[1]等量齐观。不幸的是，很多得到报道的奇迹都有变戏法的味道。库帕第诺的圣约瑟夫据说就很让他的信教的兄弟们为难，因为他在做礼拜时，动不动就浮入空中。于是，信主的众兄弟们为了能好好做弥撒，到时候就把他关在他的小室里！

有趣的是，所谓超自然的宗教事件的很多象征现已重新出现在现代人对不明飞行物的狂热崇拜之中。例如，有些自称身患痼疾的人说，他们跟不明飞行物中的人接触之后，病立刻就好了。偶尔还有人只是看见了不明飞行物，病就好了。

重物悬浮空中也引人注目。有人告诉我们，那些转瞬即逝的飞碟之所以能在天上无声地高速飞行，靠的不是笨拙的火箭，也不是大马力发动机。飞碟飞行，靠的是中和地球的引力得来的动力。有时，不明飞行物的驾驶者也在地平面上飞来飞去而不下坠。

显然，天外异物，重物悬浮和信念治病之类是深深地根植于人类的精神之中的。在魔法时代，这些东西是堂而皇之的，公开的。随着有组织的宗教的兴起，这些东西变得不是那么赤裸裸了。但其强烈的原始成分从没有往下压得很深。现在，随着有组织的宗教的衰落，这些东西又借着科技的伪装重新泛起。信仰这些东西的人也满口宇宙飞行器、伪科学、神秘的力场、精神作用于物质之类的时髦名词，其实，

1.以色列人，自称神人下凡，曾多次举行多种特异功能的表演，在世界上引起广泛的轰动。后来查明，他的那些特异功能是巧妙的魔术。——译注

他们这一套是原始迷信和空间时代物理学的大杂烩。

　　奇迹历来就是宗教出风头的一个方面，过去因为跟其他那些所谓反常现象并列在一起而遭诟病。这是由于很多如妖术之类的反常的东西似乎令人极其厌恶。相信奇迹的人若想要说服怀疑论者，便面临着双重的难题。首先，他得说服怀疑论者相信，那些可称作奇迹的反常现象确实发生了，而做到这一点是极其不容易的，因为他所得到的大部分证明都是可疑的。然后，他得让怀疑论者相信奇迹是跟上帝有直接关系的。这就是说，他要么得承认一切超自然的事件（甚至那些令人不快的事件）都是上帝的作为，要么得设法在上帝所行的奇迹和其他的反常事件之间划出一道明确的界线。在这超感官知觉家喻户晓的时代，大部分相信有奇迹的人宁愿把宝押在思维的能力上，而不押在上帝的能力上。

第 15 章
宇宙的终结

尘世繁华转眼即逝。

假如宇宙是上帝设计的，它就一定有一个目的。假如这目的永远也达不到，上帝就是失败。假如目的达到了，宇宙就没有必要继续存在下去。至少就我们所知，宇宙将有一个终结。

在宇宙死灭的时间和方式问题上，各种宗教分歧很大。有的宗教警告人们说，宇宙的灭亡就在眼前，到时将有启示录上所讲的大毁灭，罪人将受到严厉的审判。其他的宗教则教导人们，天国即将来临，我们现在所看到的恶劣而无常的世界将被取代。有些东方宗教则倾向于认为，世界处于轮回之中，这个世界的终结便是预示着另一个世界的再生。

现代科学对宇宙的终结有何看法呢？

在第 2 章里，我们曾说过，热力学第二定律在无情地削弱宇宙的组织，使宇宙进入混沌。我们在宇宙的每一个角落都能看到，熵在不可逆转地增大，庞大的宇宙秩序在慢慢地然而也是确实地被消耗。宇宙似乎注定要继续衰败下去,走向一种热力学平衡状态,即达到最大的无序状态,然后就再也不会发生什么令人感兴趣的事了。物理学家们把这种令人沮丧的前景称作"热死"。100多年来,人们一直在谈论热死。

热力学第二定律对整个物理学来说是基本的定律,因而没有多少物理学家对其有效性提出怀疑。我们在第9章里看到,第二定律使世界带上了时间不对称性,使得过去和将来有了分别。违反热力学第二定律就等于将时间倒转。

然而,第二定律并没有讲述那些把宇宙驱向最大的无序的终结状态的灾难具有什么性质。在过去的30年里,随着现代天文学的飞速发展,已有可能从一些细节上详细说明那些最终将要毁灭宇宙的复杂组织的事件了。而且,我们也有可能详细说明我们周围的世界的活动了。

就我们所处的宇宙区域而言,地球的命运是与太阳的命运紧密相联的。地球上的生命以阳光为生,对太阳现状的任何大的破坏都会造成灾难。太阳很可能有什么变故,一有变故,地球就住不了人了。对太阳恒定的热输出的任何改变都能打破地球脆弱的气候平衡,使我们进入灾难性的冰期。与太阳风(即来自太阳表面的稳定的粒子流)相关的太阳系磁场的变化也可能带来同样的灾难性后果。我们地球附近若有哪个恒星发生了爆炸,便可能使我们陷入致命的辐射之中,某个黑洞穿过太阳系也可能使众行星的运行轨道发生变化。

　　但是，假如地球能逃脱所有这一切令人不快的可能性，它显然也不能永远维持现状，"永世长存"。太阳所辐射出来的大量的能量，得要用核燃料来补充，而太阳的燃料储备最终会用光的。天体物理学家估计，太阳耗尽燃料还得要 40 亿～50 亿年。宇宙现在的年龄是 180 亿年，而太阳的年龄已在 45 亿年，正处在鼎盛的中年。

　　随着燃料的减少，太阳会膨大起来，变成天文学家所说的一种红巨星。太阳的内核在艰难地维持能量生产的同时，会收缩又收缩，直至发生了量子效应才使它稳定下来。在这个阶段，太阳可能膨胀得很大，以致太阳附近的行星会被它吞没，地球的大气也被剥离，岩石熔化，甚至汽化。以后，太阳会开始进入一个飘忽不定的生涯，现在十分充沛的氢燃料的核反应到时将会为效率不那么高的氦燃料核反应所取代，氦燃料烧完之后，将会有更重的、再更重的元素燃烧。这些我们已在第 13 章里说过。

　　当最后所有的燃料耗尽时，太阳就是由铁一类的较重的元素构成的了。那时，核聚变不会再释放能量。铁是原子核的最稳定的形态。根据热力学第二定律，一切系统都寻求达到其最稳定的状态。在这一阶段，太阳的中心温度会稳步上升到接近 10 亿度。燃料耗尽之后，太阳内部外向的压力将减弱下去，引力将占据支配地位。一蹶不振的太阳将开始在自己的重压下收缩，使其内部的物质受到剧烈的挤压，其物质的密度将高达每立方厘米 100 万克。燃尽后收缩的太阳将会变得跟地球一样的大小，然后在多少亿年里半死不活地慢慢暗淡下去，最后冷却成为一个黑矮星。

在我们的星系以及所有其他的星系之中，到处都会有这同一套模式的重复：恒星先是不稳定，然后是燃料枯竭、恒星崩塌。所有的恒星会一个接一个地烧完自己的核燃料，最后再也支撑不住自身的重量，终于让无情的引力摧垮。

有些恒星（如超新星）死得颇为壮观。超新星内核先发生惊心动魄的塌缩，将超新星自身炸成碎片，释放出巨大的能量。这些突如其来的超新星爆炸之后，其中较轻的将变成一些弥漫的碎片，环绕在一块高度压缩的物质周围。在这高度压缩的物质之中，质量相当于太阳的物质能被压成一个直径只有几英里的圆球。这样的物质重量巨大无比，一调羹这样的物质就比地球上所有大陆的重量加在一起还重。如此巨大的重力连原子也承受不了。于是，原子被迫向里崩溃，变成了一些纯粹的中子。天文学家们熟悉中子星，因为他们在过去的超新星的爆炸碎片中时常发现中子星。

较重的死星在面对引力巨大无比的情况下，甚至不能够以变成中子星的方式来稳定自身。它们会加速收缩，最后变成黑洞。

宇宙学家爱德华·哈里森描述了宇宙缓慢衰亡的过程，他的语言很是形象生动：

> 所有的恒星将会开始像即将燃尽的蜡烛一样暗淡下去，然后一个一个地熄灭。在空间的深处，那些宏伟的天体城邦，那些星系，将满载着多少时代的历史记录缓缓地死去。在成百亿年的岁月里，宇宙会越来越黑暗。偶尔会有几点

光亮划破宇宙的夜幕，阵阵短促的天体活动使注定要变为
星系坟场的宇宙得以苟延残喘。[1]

物理系统在寻求最高熵状态的过程中会探索一些古怪的途径。随
着我们所在的星系当中的恒星无情地燃尽，我们星系的组织也会开始
瓦解。太阳之类的恒星若要燃尽，得需要几十亿年的时间，而在这段
时间里，新的恒星将会不断地从星际气体中产生出来。较小的恒星走
向死亡所花的时间，可能要几千倍于太阳死亡所花的时间，然而，锁
闭在恒星之中的有序的能量最终还是以辐射的形式杂乱无章地散布
到宇宙中去，我们所在的星系将会暗淡、冷却下去。其他的星系也会
遭到类似的命运。

那些业已死亡的恒星仍会有大量的活动，但其活动的时间尺度
大大增加了。恒星燃尽之后剩余的残骸在星系中漂游，时时会有碰撞
发生。黑洞会吞没任何恒星以及它所遇到的其他物质。而且，假如像
某些天文学家所认为的那样，我们的星系的中心有一个大黑洞，那么，
这个黑洞将会越变越大。黑洞放射出来的引力辐射会使恒星的轨道慢
慢地破坏，因为引力辐射是空间的波纹，这些波纹会使一切大质量物
体的轨道能量衰竭下去。在极长的时间里，恒星残骸会越来越靠近星
系中心，最后被那永不知饱的黑洞吞没。有些死星却能逃离这一厄运，
这是因为它们幸运地撞上了其他的恒星，这些恒星将它们撞出星系，
成为星系之间茫茫无涯的空间中的孤独的漫游者。

对这样的死星来说，以及对所有逃脱死于黑洞这一厄运的气体
和尘埃来说，这逃脱只是暂时的。假如大统一论是正确的，那么，这

些宇宙流浪者的核物质就是不稳定的，大约 10^{32} 年之后，它们的核物质就会蒸发干净。中子和质子变成正电子、电子，正电子和电子又进而相互湮灭，并湮没任何其他再生的电子。一切固体物质就这样分解了。这种大屠杀的最终结果是什么，要视宇宙实际膨胀速度而定。假如真是像有人估计的那样膨胀得较快，那么，快速膨胀的宇宙就会把电子和正电子扯开，使它们不能相撞，因而也就不会发生完全的湮灭，宇宙当中总是剩下一些粒子。那些湮灭的粒子则产生伽马辐射，伽马辐射本身也随着宇宙的膨胀而缓慢地减弱。除此之外，还有大爆炸残留下来的中微子和热辐射。所有这些东西都会逐渐冷却下来，温度跌向绝对零度，但它们彼此间的降温速度有所不同。物质（电子和正电子）冷却得比辐射快。因此，尽管物质和辐射都走向绝对零度，它们的温差也逐渐减小，但是，它们之间总有一定的温差，而这温差原则上讲是能用作自由能量（负熵）的来源的。因而，尽管这高度衰竭的宇宙的熵已接近其最大值，但从未达到其最大值，所以，在这一限度之内，热死永远也不会发生。

假如宇宙膨胀得较慢，电子和正电子的湮灭就会更容易发生。然而，电子和正电子相互毁灭并非是单纯的偶然碰撞的结果。电磁力使电子被吸引到正电子那里，使它们能够形成一些被称作电子对的"原子"。计算显示，在缓慢膨胀的宇宙中，大部分粒子在 10^{71} 年之后都会成为电子对，但电子对这种原子实在是稀奇古怪，竟有千万亿光年那么大！这些粒子缓慢地环绕着彼此旋转，它们运动 1 厘米要花 100 万年的时间。电子对是不稳定的，它们的巨大轨道会因为它们发射的很低能的光子而非常缓慢地损坏下去。10^{116} 年之后，大部分电子对将会崩溃，所有的粒子将发生接触，于是立即会发生湮灭。在电子对的轨道崩坏期间，每个电子对"原子"将放射出不少于10^{22}个光子，使熵大大地增大。

黑洞也并非一直静止不动。在第13章里简要讨论过的量子效应表明，黑洞严格地说并不黑，而是借着热辐射一直在发着幽暗的光。一个质量跟太阳一样大的黑洞，其温度低得可怜，只有热力学温度的零上一百亿分之一度，而超级黑洞的温度更低。只要宇宙的背景温度高于它们的温度，黑洞就会通过吸热而非常缓慢地持续增大。当黑洞与其他物体或其他黑洞相撞时，仍然会出现一些活动，随着黑洞自旋的消耗，黑洞的旋转会逐渐慢下来。但是，当空间的温度最后降到黑洞的温度以下时，便会出现最为激烈的变化。

比其周围环境热的黑洞会损失热量，因而也就损失了能量。能量的损失将会使黑洞收缩。而黑洞收缩又会使温度稍微增高，使能量辐射加速。于是，黑洞便开始滑向遏制不住的蒸发过程。在极长的时间里，黑洞的收缩速度一直向上攀升，最后，大约经过10^{108}年之后，那些起初比很多星系加在一起还重的黑洞将会缩得一干二净，无影无踪。

现在，人们都还不知道黑洞会如何死亡，但黑洞似乎有可能缩得极小，变得很热，于是开始创造物质。但黑洞在这一阶段只能存活几十亿年。最后，黑洞很可能爆炸，变成一些伽马射线，一点往昔存在的残迹都不留。

上述这些研究显示，我们现在所看到的这个充满活动、富丽堂皇的宇宙将会有一个惨淡的下场。尽管宇宙灭亡所需时间长得令人无法想象（请记住，10^{100} 是1后面有100个零），然而，看来没有什么疑问的是，我们目前所观察到的一切结构注定要消失，只留下那黑暗、寒冷、近乎空无一物的空间，其中的物质密度越来越低，只有几个零星的中微子和光子，以及很少的其他东西。很多科学家觉得这个场面很令人沮丧。

然而，宇宙还有另一种下场。之所以得出上述让人沮丧的结论，是因为假设宇宙会一直膨胀下去。这个假设并不确实。人们已知，宇宙的膨胀速度一直在稳步地降低，因为引力在抑制着星系分离。有些天文学家认为，宇宙的膨胀有一天会停下来。实际情况是否真是这样，要由宇宙引力的大小来定，而宇宙引力的大小又要由物质的密度来定。因为宇宙物质包括看不见的物质（如中微子和黑洞）以及看不见的能量（如引力波），所以，要想估计总体的物质密度几乎是不可能的。

假如宇宙的膨胀真的停下来了，宇宙也不会保持静止。宇宙会开始收缩，其收缩运动是其膨胀阶段的时间映像。开始的时候，收缩是缓慢的，但几百亿年之后，收缩的速度就会加快。各星系现在是彼此相离而去，那时就会开始相互靠近，而且靠近的速度越来越快。宇宙的收缩阶段会酿成大灾难。

当宇宙缩至现有大小的1%时，收缩的效应会使温度高到水的沸点，地球（假若太阳在做垂死挣扎时地球有幸不死的话）将会变得无法居住了。那时，观察者也不能分辨一个一个的星系了，因为随着星系间的空间靠到一起，星系也就开始彼此融合了。宇宙若进一步收缩，温度还会进一步提高，那时，天空本身也会变成火炉，在这白热化的空间之中，恒星也会开始沸腾，然后爆炸。

这时，各个事件的进程加快了步伐。所有的结构都会消散，它们的原子也分崩离析。在短短几千年的时间里，原子核本身也会在迅速增高的温度中被击成碎片。这时，事件的时间尺度将小得不可思议。宇宙先是在几分钟的时间里收缩一些，然后又在几秒钟，又在几微秒钟里收缩很多。累加的引力将宇宙的收缩变成了失控的向内爆炸。这，就是所谓的"大崩塌"。

这些可怕的事件引发了诗人诺曼·尼科尔森的灵感，使他写出了这样的诗句：

> 假如宇宙
> 倒转并现出
> 它的本相；
> 假如可见的光
> 向内流逝，自天空暴风雪一样的降下
> 众多的星系。
> 黑夜的透镜就会烧得
> 比聚焦的太阳还亮，
> 人就会失明，
> 因为他眼中是一片白热的黑暗。[2]

这时的宇宙离死亡就只有几微秒了。大崩塌就像倒转的大爆炸。核粒子分裂成夸克，在短暂的时间里，所有的亚核粒子都被创造了出来，但是，整个宇宙一下子就在一瞬间缩得比一个原子还小，于是，时空本身也分解了。

很多物理学家认为，大崩塌就代表了物质宇宙的终结。他们认为，宇宙（一切空间、时间、物质）诞生于大爆炸，他们也同样认为宇宙消失于大崩塌。消失于大崩塌就是完全的湮灭，什么也留不下，地点没有了，时刻没有了，什么东西都没有了。当存在的一切都死于引力的无限的毁灭力量时，就有了最终的"奇性"，然后就再也没有什么了。引力曾是宇宙的接生婆，引力也是宇宙的送葬者。

然而，并非所有的科学家都愿意相信宇宙真会这么轰轰烈烈地死去。有些科学家认为，一些未知的物质力将会在宇宙收缩到某一极高的密度时使大崩塌停下来，使宇宙"反弹"回去，进入另一轮膨胀和收缩的过程，如此这般循环往复以至无穷。在第 12 章里我们已经提到过这种振荡的宇宙。只有在超高能物理上作进一步的研究，才有可能解决这个问题。

尽管科学为宇宙设想的下场多种多样，五花八门，但所有的下场都涉及我们今天所知的宇宙的死亡。在这一点上，科学所想想的宇宙下场与最具有宗教性的末世学是一致的。然而，宇宙死亡过程的时间尺度大得不可想象，所以不可能把宇宙的死亡同人类的活动联系起来。假如有哪种有意识的生物生存在如此遥远的将来，以至现今的时代在它们看来无法与宇宙创生分别开来，那么，这种生物不会是人。它们到底是什么，还是让千万亿年的演化和技术进步去管吧。

首先，"人工"智能的发展就很可能意味着人类将把自己在智力方面的最高地位转让给会思想的机器。实际上，这种情况在一有限的意义上已经发生了。将来的技术革新的时间还很长很长，机器似乎没有什么理由不能够做到，并且是更好地做到人脑所能做出的任何事情。因为这种智能机器没有尺寸的限制，所以不难想象将来会出现巨大的人工超级脑，这种超级脑的智力是我们现在完全理解不了的。而且，电子装置能够直接在彼此间传输信息，这也为电脑的综合开辟了道路。可以想象，有一天宇宙中会出现一个复杂的无线电通信网络，把数不清的散在各处的超级脑连接成为一个单一的极大脑。

基因控制方面的进展能使人们对思想机的概念发生新的变化。到目前为止，生物智能的发展一直是听命于自然的进化力量。但是，随着我们对决定着我们的肉体和精神特点的分子结构取得了控制权，就有可能修改现存的生物，甚至有可能发明新的生物。杂交和突变诱发已在有限的规模上做到了这一点。现在似乎没有什么基本的理由怀疑那一天的到来。到那时，可以通过分子工程按订单来"培植"大脑。那时，自然智能和人工智能的区别将会消失。这些人类创造的高级脑既可被看作是基因受控的生物体，也可被看作是由有机硬件而不是由固态硬件构成的高级计算机。现在甚至可以设想，人造生物脑和固态硬件能够共生，即有机脑可"插入"固态电路。或者，未来的超级电路片可以像一种"成套的放大器"一样插入大脑。同时或许有可能在较为常规的思想机里用有机的零件来代替某些半导体晶体。当然，现在没有谁说上述的可能性在可见的将来有任何可行性，但是，难道我们不可以真的相信，再经过100万年、10亿年、1万亿年的科学研究，这些可能性会成为现实吗？要记住，科学的年龄才仅仅几百年啊。

　　一个与宇宙遥远的将来以及宇宙当中的居住者相关的问题是，智能生物对自然界所能施行的控制是否有一个限度。我们所看到的宇宙是由各种巨大的宇宙力形成的。宇宙力包括强大的核相互作用和引力的远程作用。但是，我们也看到一些初步的人造环境：河流被改道、被拦截，森林被培植起来又被毁掉，沙漠被驯顺，山头被削平。在地球的表面，没有任何人类活动留下足迹的区域不多了。随着技术与科学的发展，我们可以期望我们的后代对更大的、更复杂的物理系统取得控制权。弗里曼·戴森曾经想到，天外有些技术先进的生物群落大大改变了它们的太阳系的结构，它们为自己的太阳制造了一个球形的物质壳，以最大限度地截留并利用太阳的能量输出。重新安排行星所需的那一等级的技术，可能看上去永远是一个幻想，但进行这浩大的工程所必需的东西首先是时间、金钱和资源，而不是技术。

　　因而，我们如今所面对的就是令人迷惑的前景。在一个拥有几乎无限的时间进行技术革新的宇宙中，我们能有把握地排除任何与物理定律一致的东西吗？在过去的短短几千年里，人类在技术上就取得了飞跃的进步，从开始时只能制造几厘米大小的工具，到现在能进行多少英里的浩大工程（桥梁、隧道、城市）。假如这种技术进步的趋势持续下去的话，那么，即使以后的进步速度大大减慢，也终究会有一天，整个地球，然后是太阳系，最后是所有的恒星都将被"技术处理"。我们的星系可能被改造得面目一新，一些恒星被从原来的轨道上挪走，可以用气云制造新的恒星，也可以用人工制造的不稳定来处理掉一些恒星。人们还可以随意制造或控制黑洞，使黑洞成为能源，或成为宇宙社会的废物处理装置。

　　假如星系可以这么人工处理，为什么整个宇宙不可以？

　　这样的推理或许会被斥为荒唐，但它们的确提出了一个重大的哲学问题。假如自然的东西和人工的东西之间、盲目的力量与智能的控制之间有什么区别的话，这区别是什么呢？这正是从一个新角度来看待自由意志和决定论之争。

　　当某一系统被置于人工智能控制之下时，该系统仍然是与物理定律一致的。目前没有任何证据显示，较大的人工建构违反任何物理原理（除了在精神 — 肉体相互作用的层面之外，但在这一层面上是否真的违反了物理学原理，人们仍是在争论）。的确，一个铁路网或一个核电站不会自发地出现，但是，铁路网和核电站的建造仍是在大自然定律的框架之内进行的。人们进行这些建设所得到的秩序被建造过程中产生的熵所抵消。

　　我们在第6章里讨论过，大脑的工作要分两个层面进行描述。一个层面是硬件层面，要用物理规律来描述。另一个层面是软件层面，是与硬件层面等价的、一致的。这软件层面要用思想、感觉、决定之类的东西来描述。同样，说某一系统被"技术处理了"，并不是说物理定律的权威性被否定了，这只是用软件语言来描述该系统的运行而已。那么，宇宙既按明确的物理定律运行，同时又在智能控制之中，这二者就没有什么矛盾的了。

　　这是一个发人深思的结论。那些乞灵于上帝来解释宇宙的组织的人，通常脑子里想的是一个超自然的行为者以违反自然定律的方式作用于世界。其实，我们在这个宇宙中遇到的很多东西完全有可能是纯自然的、在物理定律之内的智能控制的产物。例如，我们的星系就可能是一个强大的智能者制造的。这位智能者精心置放引力物体，控制天体爆炸，使用所有其他各样空间时代天体工程师的器具，重新安排了原初气体，从而制造出我们的星系。但是，这个超级智能是上帝吗？

这个问题非同小可。上帝通常被认为是整个宇宙（包括时间与空间）的创造者，而非仅仅是个星系建筑师。显然，必须在物质宇宙之内只利用早已存在的定律进行工作的那一位，不能被看作是宇宙的创造者。但是，假如这位超级天体工程师能将其能力施展到所有的星系上呢？我们可以设想，他能够利用引力来使空间和时间弯曲。

然而，假如这超级天体工程师不能真正地创造或毁灭时间和空间，他就不是上帝。可是，新物理学在这里提出了一个有趣的意见。假如有足够的能量和资源，那么，人类也能够积累起足够的引力物质，制造出一个黑洞。在这黑洞的中心，在所谓的奇点处，时间和空间被毁灭了。于是，连我们都能毁灭时空。

创造时空要比毁灭时空难。但是，我们真能有把握地确信，创造时空真是不可能的，真是完全为物理定律所不容的吗？我们不敢说这话。实际上，在第3章里，我们说过近来有一些理论认为，在大爆炸中空间的"泡"被创造出来。而且，假如宇宙创生于大爆炸这种流行理论不对，空间和时间真是永恒的呢？假如空间和时间一直存在，谈论宇宙在时间当中被创造的事就没有任何意义。上帝在宇宙之内的作用就仅限于形成并组织物质了。而形成并组织物质这种事，上帝或许完全用自然的手段就办得到（在这里，我们绕开了某些热力学的问题）。按照这种观点来看，上帝可以是宇宙中的永恒的、无限的、最强大的神灵。但他不是全能的，因为他不能不按大自然的定律行事。他可以是我们所看到的一切的创造者。他用先前存在的能量造出了物质，对物质进行适当的组织，创设必要的环境使生命得以发展，他做了诸如此类的很多事。但是，他不能像基督教教义所说的那样，可以从无中创造。这样的上帝是一个自然的上帝，而不是超自然的上帝。

　　我们有什么证据能够证明有这样一个自然的上帝呢？证明自然的上帝存在的证据要比证明超自然的上帝的存在的证据更强还是更弱呢？

　　自然界里有很多未解之谜。这些谜可以通过假设有一个自然的上帝存在而很容易地得到解释。例如，星系的起源现在没有令人满意的解释。生命的起源是另一个令人头痛的谜。但是，我们可以认为，星系和生命这两种系统都是由一个超级智能者在不违反任何物理定律的情况下有意识地制造出来的。然而，这样的解释把任何现今的科学所不能理解的东西都归因于上帝，因而落入了窠臼。（这样的上帝被讥为"救驾的上帝"。）在付出了代价之后，笃信宗教的人也已明白，最危险的是指着一个现象说"这正是上帝作为的证明"，结果却发现后来的科学进步给这一现象提供了完全充足的解释。把上帝推出来对未曾解释过的东西进行一番总括性的解释，这只能引来弄虚作假，并使上帝与无知为伍。假如我们想找到上帝，那肯定只能通过我们在这世界上发现的东西来找，而不能通过我们没能发现的东西来找。

　　然而，在这一类的争论中，相对于超自然的上帝而言，自然的上帝更胜一筹。一个自然的上帝在物理定律的范围里创造了生命，这样的假设至少被认为是可能的，是与我们对自然界的科学知识一致的。因为人类在实验室里创造出生命都具有明显的（尽管是遥远的）可能性。

　　对生命（或其他任何高度有序的系统）的起源有两种解释。一种是生命来自一个超级智能者，或可能是至高的上帝施行自然的智能控制的产物。一种是生命是盲目的自组织过程（如木星大气中出现的有序的环流花纹）的终端产物。这两种解释都有难以说得通的地方。

　　这个问题的答案必须决定于我们在多大程度上认为精神是宇宙间的一个重要力量。大多数人都愿意相信科幻小说所描绘的那种遥远的未来，那时宇宙当中会有更多的区域被置于智能的控制之下。人们可以设想，再过多少万亿年，我们现在所能观察到的整个宇宙将被技术加工过。既然如此，设想这位对宇宙进行技术加工的超级智能者不可能先于我们存在，这又有什么困难的呢？

　　传统的观点认为，经过一个很长系列的变化，逐渐地增加了物质的组织程度之后，智能才会作为变化的终端产物出现。说得简单些就是，物质第一，精神在后。但是，实际情况真是非这样不可吗？精神难道就不可能是那更原始的存在物吗？

　　现在在科学家中间，越来越占上风的意见是，精神和生命都不必仅限于有机物质。物理学家杰拉尔德·费恩伯格和生化学家罗伯特·夏皮罗最近出了一本极具推理性而发人深思的书——《地球之外的生命》。在这本书里，他们重新探讨了地球之外的生命的各种可能性。他们认为，只要有了等离子体、电磁场能、中子星的磁区以及其他一些各种各样的稀奇的系统，就会有生命存在。现在，意识和智能都是软件概念。软件的关键只是模式，是组织，而不是其表达媒介。由此得出的一个逻辑结论是，我们可以设想，自宇宙创生以来就有一个超精神，这个超精神包含着大自然的各种基本场，是它承担下来那个艰巨任务，把无条理的大爆炸转化成为我们现在所观察到的复杂而有序的宇宙；它所做的这一切，都是在物理定律的框架之内完成的。这样的上帝不是用超自然的方式创造一切的上帝，而是一个施行指导、控制的普遍精神，这精神弥漫于整个宇宙，操作着大自然的各种定律以达到某种特定的目的。对此，我们可以这样说：大自然是它自己的技术的产品，宇宙是一个精神，是一个自观察、自组织的系统。我们人的精神可被看作是宇宙精神的海洋中一些局部的意识"孤岛"。这种看法令人想起东方的神秘主义的观念。在东方神秘主义看来，上帝是那个统摄万物的意识，当人的精神进步到适当的阶段时，就会被那统摄万物的意识所吸收，从而失去其独立的个性。

还可以往下继续推理。要记住，至少在某些物理学家看来，精神对量子因素而言具有特殊的地位。假如说，精神能够"加重量子骰子"从而改变掷骰子的结果，那么，一个宇宙的精神原则上则能引导每一个电子、每一个光子、每一个质子等的行为，控制宇宙中所发生的一切。观察微观物质，我们注意不到有这样的组织力量，因为任何一个特定粒子的行为仍然在我们看来似乎是完全随机的。只有在大量原子的集体行为中，组织才会显现出来，而我们看不见这样的集体行为，于是便会说宇宙系统是以未知的方式自组织的。把上帝描绘成这样一种精神，或许足以让大多数信上帝的人满意。

很多早期宗教都是多神论，认为有很多神，这些神按其能力不同而各有等级。这种观点在现代人对天外智能的思考中也有表现。有些作者设想，智能和技术能力存在着高低不同的等级，在这等级之中，人的级位最低。可以设想一些生物具有很了不起的能力，以至我们没法把它们的行为同大自然本身区别开来。在这等级次序中有一个至高者，这至高者的能力和智能最高。这位至高者能够做到传统的上帝所能做到的很多事。

假如我们相信的确有一个这样的精神存在（从科学上看，尚没有任何可能的理论真正地证明这样的精神存在），那么，这精神能够不让宇宙走向灭亡吗？

假如这位至高者只能被迫在物理定律的范围之内活动（尽管量子论容许物理定律可有相当的变通），那么，就可以肯定地说，这样的精神不能阻止宇宙的死亡。热力学第二定律禁止任何人将那无情地上升的熵降下来，不管这人的技术多么高超，也不管他的知识多么到家，他就是不能让熵降低。

人们也许会这么想：那个能够在原子水平上操纵物质的神也能够通过恢复宇宙逐渐松弛的组织形式，不断地给宇宙"重新上弦"。这种想法其实是麦克斯韦在一个世纪以前探讨过的，人们通常称之为麦氏妖的悖论。我们可以考虑一下，有一个密封的箱子被一个带开闭器的薄膜一分为二。薄膜的两边都是温度和压力相同的气体。这箱子是一个系统，目前处于最大熵的热力平衡状态，没有任何可以做功的有用能量。在这个系统中，除了气体分子的随机跳跃之外，不会进一步发生什么有趣的事。

　　然而，假设在这箱子里有一个小妖怪能够操作开闭机关，它注意到分子的运动混沌无序，有各种各样的速度和方向，有的分子运动得快，有的运动得慢。分子的平均速度是决定气体温度的要素。平均速度不会改变，但每个分子每次撞上邻近的分子或箱壁时，其运动速度和方向都会改变。于是，小妖便采取了下面的策略。当箱子右边的快速运动的分子接近薄膜时，它就打开开闭器，让这分子穿过薄膜进入箱子的左边。反之，当箱子左边慢速运动的分子接近薄膜时，就让它进入箱子的右边。过了一段时间以后，箱子的左半部将满是快速运动的分子（平均而言），而箱子的右半部将满是运动速度较慢的分子。箱子的左半部因而要比右半部温度高。这妖怪就这样灵活地操纵个别分子，使箱子的两个部分造出温差。热力学平衡将不再占上风，于是熵也减小了。现在，可以用这温差来完成某种有用功了（例如开动热机），直至最后的能量又被消耗掉，热力学平衡又得到恢复。然后，那妖可以故伎重演，我们也就有了粗具规模的永动机了。一个无所不在的妖可以在宇宙水平上玩弄这套分选把戏，使宇宙不会坠入热死之中。

　　可惜的是，精心的观察证明，麦氏妖干不了开动永动机的活儿。在20世纪20年代，列奥·斯济拉得详细地研究了麦氏妖的工作情况。他发现，那妖若想把事儿干成，就必须有确切的信息，知道向它接近的分子的运动速度有多大。只有付出一定的代价才能获得这样的信息，而付出的代价就是熵的增加。例如,妖可以用强的光流来照亮近前来的分子,并用多普勒效应来测量它的速度,就像警察用雷达给汽车测速一样。但是,妖在这一步骤上花费有用的能量本来是要分选速度不同的气体分子以使熵降低的,而实际上则会使气体的熵增高。很明显,智能控制在分子水平上不能够击败热力学第二定律。

假如这些热力学的理论是正确的,那么,任何自然的作用,无论是智能的还是非智能的,都不能永久地延缓宇宙末日的到来。我们已经说过,假如宇宙持续膨胀下去,就可能永远也达不到真正的热力平衡。然而,我们今天所看到宇宙生机勃勃的组织注定要衰落得面目全非。只有超自然的上帝才能真正地使宇宙再次振兴起来。

第 16 章
宇宙是"免费午餐"吗？

从无中不可能创造出任何东西来。

卢克莱修

现在，我们可以把所有的研究线索聚拢到一起，为宇宙创制一套说明，以显示新物理学在多么令人惊讶的范围里解释了物质世界。我这并不是说，应当把我们要创制的说明当真（尽管物理学家们正在认真地讨论它）。然而，这套说明的确显示了现代物理学所提出的那一种思想。我们若想寻找上帝，就不能忽视这一类的思想。

在本书的前言里，我曾提出我所说的有关存在的四大基本问题："为什么大自然的规律是现今这样的？为什么宇宙是由组成它的各件东西组成的？这些东西是如何起始的？宇宙如何获得了组织？"

为了解答这四大问题，新物理学走过了漫长的道路。我们逆着这四大问题的顺序，讨论了假如有负熵输入，起始的混沌状态如何能演进为较为有序的状态。我们也讨论了宇宙的膨胀如何能够生出负熵，因而也就不必像早些时代的科学家们那样，设定宇宙创生于具有高度组织、特殊排列的状态。宇宙现今的组织是与那个偶然起始于随机状态的宇宙不矛盾的。

在前面的几章里，我们详细地讨论了物质的起源问题。现已知道，恒星和行星之类的物体形成于原初气体，而宇宙物质本身则是在大爆炸中创生的。最近在粒子物理方面的发现，显现了宇宙引力场能够在空洞无物的空间里创造物质的一些机制。于是，未解之谜只剩下了时空本身的起源。但是，有些迹象表明，空间和时间可以自发地产生而且不违反物理定律。之所以会有这种奇特的可能性，其原因涉及量子论。

我们说过，在亚核世界中量子因素准许没有原因的事件发生。例如，粒子可以在没有原因的情况下不知从什么地方冒出来。当量子论推广到引力时，就涉及时空本身的行为了。尽管现在还没有令人满意的量子引力理论，然而物理学家们对很多会被纳入这样一个理论的普遍现象有了相当的认识。例如，量子引力理论会把量子物质所特有的那种模糊的不可预测性赋予空间和时间。尤其应当注意的是，量子引力理论准许时空自发地、没有原因地创生和毁灭，就如同粒子自发地、没有原因地创生和毁灭一样。这一理论会包含着某种数学或然性，即一小块空间会从原先没有任何空间的地方出现。因而，没有原因的量子跃迁会使时空从无中突然产生出来。

通常，量子机制使时空突然出现的情况一般只发生在超微观尺度上，因为量子作用通常只适用于微观现象。实际上，自发产生的空间可能只有 10^{-33} 厘米大小。然而，这样小的有限空间不必有边缘，它可以是像第 2 章里所说的那样，是被关闭在超圆体之中的。很可能，这种微型宇宙会随着另一个相反的量子起伏而迅速消失。不过，也存在一种可能性，就是它非但没消失，反而像一个气球一样突然膨胀起来。

这种突然膨胀的行为，起源于其他的量子过程。这些过程与引力无关，却跟大自然其他的基本力有关。在第13章里，我曾简短地描述了所谓的"暴涨宇宙"。其中我说，"大统一力"使初生的宇宙变得不稳定，从而使宇宙进入失控的指数膨胀的阶段。这样，量子微观世界就可能在不到1秒的时间里膨胀到宇宙的规模。积聚在这场大爆炸中的能量，就会随着暴涨阶段的突然结束而转化为物质和辐射，然后，宇宙就会像我们按常规所想的那样一路演化下来。

按这种不同寻常的宇宙创生理论来看，整个宇宙完全是从无中生出来的，其创生过程完全符合量子物理的定律。这样的宇宙在其成长过程中创造了一切物质、一切能量，从而建成了我们现在所看到的宇宙。这样，这种理论便说明了一切物理性的东西（包括时间和空间）的创生。这种量子时空模型并不规定一个不可知的奇点来给宇宙开头（见第2章），而是试图完全在物理定律的框架之内解释一切。这可是个让人敬畏的理论。我们习惯上都是认为"有失才有得"，还从没听说过能从无中得到什么东西。然而，量子物理却不当回事地从无中产生出一些东西来。量子引力表明，我们可以从无中获得一切。物理学家艾伦·古斯在讨论这一理论时说："人们常说没有免费午餐这回事。然而，宇宙就是免费午餐。"[1]

这种从无中生出的宇宙还需要上帝吗？在第3章里，我们说过传统上的上帝存在的宇宙学论证如何要先设定一切事物都必有一个原因。量子物理学驳倒了这种设定。但是四大问题还剩下两个，即为什么宇宙会有今天的东西？为什么宇宙有今天的规律？科学能提供这两个问题的答案吗？

在第11章里我们说过，所谓的超引力理论的目标，就是要提供一种数学描述方法，来描述大自然的一切力和物质的一切基本粒子。假如这一理论被证明能够成立，就可以把上面所说的那两个问题缩减成一个，组成世界的东西（质子、中子、介子、电子等）就可以在超引力理论的框架之内得到解释。现在的物理定律则与超引力理论不同。一般说来，有了电子或质子，我们就知道电子或质子会有什么行为，但我们却不知道为什么会有电子或质子存在，而不是有性质不同的其他粒子存在。假如超引力理论完全成功，那么，它就会不仅告诉我们为什么有各种粒子存在，而且能说明为什么各种粒子具有它们现有的质量、电荷以及其他的性质。

整个超引力理论要以一个宏伟的数学理论为基础，以使物理学的一切分支（还原论意义上的）都包括在一个超定律中。但是，我们最后仍是有一个问题：为什么会有那个超定律？

这样，我们就碰上了有关存在的最终问题。物理学或许能够解释物质宇宙的内容、起源和组织，但却不能解释物理学本身的定律（或超定律）。按照传统看来，是上帝发明了大自然的所有定律，并创造了由这些定律所管辖的万物（时空、原子、人，等等）。"免费午餐"理论认为，只要有了各种定律，宇宙就会自己照管自己了，包括照管它自己的创生。

　　但是，定律又是从哪里来的呢？必须得先有规律，宇宙才能降生。必须得先有量子物理（从某种意义上说），量子跃迁才能产生出宇宙来。很多科学家认为，为什么物理定律是现在这样的，这个问题是无意义的，或者说，这个问题至少是不能给以科学的解答的。其他的科学家则持有"人择"观点，认为物理定律必须是现今这样的，否则就不会有观察者存在。但是，还有一种可能性。物理定律（或是最终的超定律）或许将显现出来，成为逻辑上唯一可能的物理原理。这就是我们要在最后一章里讨论的。

第17章
物理学家心目中的大自然

大自然具有一种质朴性，因而非常优美。

理查德·费恩曼

假如你得到的只是质朴的美，
你得到的就是近乎上帝发明的最美的东西。

伊丽莎白·勃朗宁

在前面的那些章节里，我们探讨了新近的科学进展，尤其是人们所说的新物理学的进展对宗教的影响。尽管现代科学获得了辉煌的成功，但认定科学的进展已经解答了有关上帝存在的基本问题，解答了宇宙的目的以及人类在自然的和超自然的计划中的作用问题，这种想法则是愚蠢的。实际上，科学家们自己也有着广泛的宗教信仰。

经常有人说，科学和宗教可以和平共处，因为二者解决的是不同的问题。宗教教义的问题所涉及的是道德或三位一体的概念，等等。科学的问题则涉及判定何为引力的最佳数学描述，等等。两种问题有着本质的不同。然而不容否认的是，科学的确在宗教事物上有发言权。在时间的性质、物质和生命的起源、因果关系、决定论等问题上，宗教的概念框架可能随着科学的进展而更改。前几个世纪的一些重大宗教问题（如天堂和地狱的方位）已经随着现代宇宙学的出现，随着我们对空间和时间的性质的进一步了解而变得没有意义了。

很多人总喜欢用"正确与错误"的观念来打发科学与宗教的冲突。人们很容易这样想：世上存在着终极的真理，这真理是一种客观的实在，科学和宗教都在探索它。按照这种显然合理的观念来看，"上帝存在吗？""有超自然的奇迹吗？""有天地创生这回事吗？""生命起源于偶然吗？""宇宙有目的吗？"这些问题即使我们可能不明白，却都可以用"对"或"不对"来回答。

人们常常会碰上这样的观点：科学的理论都是近似真正的实在。随着我们的知识进步，理论与现实也会更加吻合。这种看法认为，大自然的"真正的"规律埋藏在观察和实验的数据之中，带着灵感进行坚持不懈的研究就能把规律发掘出来；我们可以期望，到了将来的某一天，正确的规律将会被揭示出来，我们今日的教科书上的规律只是这些真正规律的可信然而却有缺陷的摹本。这在很多方面就是超引力理论所要达到的目标。超引力理论的支持者预期，他们将会发现一套方程式，将"真正的"规律完整地体现出来。

然而，并非所有的物理学家都认为谈论"真理"是有意义的。按照这样的观点来看，物理学所研究的根本不是什么真理，而是一些模型，即一些能帮助我们以一种系统的方式把一个观察与另一个观察联系起来的模型。尼耳斯·玻尔就表现出这种所谓的实证论的观点。他说，物理学家只是告诉人们我们能就宇宙了解些什么，而不是告诉我们宇宙如何存在。在第8章里我们说过，量子论已促使很多物理学家宣称，世上根本不存在"客观的"实在。那唯一的实在便是通过我们的观察而揭示出来的实在。假如承认这种观点是正确的，那就不可能说某个理论是"正确的"或"错误的"，而只能说某个理论是有用的或不大有用。某个理论有用，就是说它能高度精确地在一个单一的描述式中将范围广泛的多种现象联系起来。这样的观点是与宗教的观点截然相反的，因为宗教徒坚信有一个终极的真理。一般认为，一个宗教的命题不是对的就是错的，而不能像科学命题那样被看作是我们的经验的某种模式。

物理学家们总是乐于放弃某一个他们所喜爱的理论，以接受一个更好的理论。这显示出宗教与科学在基本思想方法上的差异，正如罗伯特·默顿曾经写道："人类的大多数制度都要求人们绝对的信仰，而科学的制度则使怀疑成为一种美德。"当爱因斯坦发现了相对论时，人们意识到，牛顿的有关时空和力学的理论在描述以接近光速运动的物体行为方面是不完备的，于是，牛顿的理论便被取代了。牛顿的理论并不是错的，它只是适用范围有限。狭义相对论是一个更有用的理论（它使牛顿的理论变得只适用于低速运动），它能对高速系统进行更精确的描述。狭义相对论后来又为所谓的广义相对论所取代；而且，没有几个物理学家怀疑，广义相对论将来会被改进。说到某个"最终的"完美无缺的理论不可能再被改进，一些物理学家认为这种理论是无意义的。我们不能想象世上会有一幅完美无缺的图画，或一曲完美无缺的交响乐，同样，也不会有什么完美无缺不可改进的理论。

科学的方法能够随着新的科学发现而变更，这正代表了科学的伟大力量之一。通过使自己立足于实用而不是真理，科学便将自己与宗教显著区别开来。宗教是以教义和公认智慧为基础的，旨在代表不可变易的真理。尽管宗教教义的枝节问题可以随着时间改变，然而，要信教的人放弃宗教的基本教义去接受实在的一种更为"精确的"模型却是不可想象的。假如基督教会根据新的证据宣布，基督似乎并没有复活，那么，基督教就很难不变得面目全非。一些批评家说，教义僵硬意味着每一个新发现和每一个新观念都可能构成对宗教的威胁，而新的事实和新的观念则是科学的生命。因此，多少年来，科学的发现使得科学与宗教冲突不断。

尽管宗教是后顾天启真理，而科学则是前瞻新前景和新发现，但宗教和科学这两种人类活动都让参与活动的人感到敬畏，并在他们身上将谦卑和傲慢奇妙地混合起来。所有的伟大科学家都被他们要试图理解的自然界的精巧和优美所感动。每一个新的亚原子粒子，每一个未曾料到的天体都使他们感到惊喜。在构筑他们的理论的过程中，物理学家们频频遵从神秘的优美观念的引导，相信宇宙具有内在的美。这种艺术趣味一次又一次地被证明是富有成果的指导性原理，常常能直接导致新的发现，甚至在乍看之下与观察的事实相悖的情况下也是如此。

保罗·狄拉克曾写道：

> 让方程式优美比让方程式符合实验更重要……因为差异可能是由于未能适当地考虑一些小问题造成的，而这些小问题将会随着理论的发展得到澄清。在我看来，假如

一个人在进行研究工作时着眼于让他的方程式优美，假如他真有正常的洞察力，那么他就肯定会获得进步。[1]

玻姆用简洁的语言表达了相同的思想："物理学是洞察力的一种形式，因而也是艺术的一种形式。"[2]

爱因斯坦在论述他不相信有一个人格的上帝的同时，又表达了他的赞美之情："世界富于秩序与和谐，我们只能以谦卑的方式不完全地把握其逻辑的质朴性的美。"

在物理学家看来，美这一概念的关键是和谐、质朴、对称。我们再来看一段爱因斯坦的话：

一切科学工作都基于这种信仰，即存在应该具有一个完全和谐的结构。今天，我们比以往任何时候都更没有理由让我们自己人云亦云地放弃这个美妙的信仰。像引力场方程式这样复杂的方程式，只有通过发现一个具有逻辑质朴性的数学条件才能找到。[3]

爱因斯坦的这种心情近来得到了惠勒的回应：

物理定律的美，就是它们所具有的那种难以置信的质朴……这一切背后的最终数学机件是什么呢？它肯定是最美的。[4]

今天，这种与艺术趣味相通的指导性原理正激励着人们寻求超引力。最近，两位倡导超引力理论的头面人物在评论超引力数学的进展时指出："所有的力都来自局部对称性的共同要求，从这里人们便能够瞥见一个能令人得到深刻满足的秩序。"[5]

物理学家们谈论美和对称的时候，他们用以表达这些概念的语言是数学。数学对科学、尤其对物理学的重要性是怎样强调也不为过的。列奥纳多·达芬奇曾写道："人类的任何研究活动，假如不能够用数学证明，便不能称之为真正的科学。"今天的情况比起15世纪来或许更是如此。

大多数普通的人对数学总感到神经性的恐惧。这主要是由他们与物理学的隔阂造成的。这种隔阂便是一堵屏障，使他们不能充分地欣赏科学发现，也使他们在面对经历千辛万苦的研究才揭示出来的众多自然奇观时感觉不到快乐。正如罗杰·培根所说的那样："数学是进入各种科学的门户，是钥匙…… 没有数学知识，就不可能知晓这个世界中的一切。"[6]

许多物理学家深为大自然所具有的数学质朴性和大自然规律的优美所感动，以至他们认为，这种质朴性和优美所显示的正是存在的基本特点。詹姆斯·吉恩斯爵士曾经说，在他看来，"上帝是个数学家"。但是，为什么上帝会喜欢以数学形式将他的理念付诸实施呢？

数学是诗体的逻辑。若想表达某个规律，那么，以质朴的、不可摇撼的逻辑为基础的表达便是最足以服人、最令人满意的表达方式。

用约翰·惠勒的话来说就是：

> 假如对大自然的描述最终把人们带到了逻辑那里，带到了数学中心处的梦幻般的城堡那里，这是没有什么好惊讶的。假如像人们所相信的那样，一切数学最终是逻辑的数学，一切物理学最终是数学，那么，一切物理学若最终不是逻辑的数学还会是什么呢？逻辑是数学的唯一能够"思想自身"的分支。[7]

用逻辑来表达大自然的吸引力之一是，大自然在很大程度上（假如不是全部的大自然的话）有可能从逻辑推论而不是从经验证据中演绎出来。在第二次世界大战之前，亚瑟·艾丁顿和 E. A. 米勒尼都曾尝试建构关于宇宙的演绎性理论（但没怎么成功）。但他们的尝试引起了一个有趣的问题。这就是，宇宙之所以是今天这个样子，难道是不可避免的逻辑的必然吗？伟大的法国科学家让·达兰贝尔写道："对一个从统一的观点把握宇宙的人来说，宇宙的整个创生过程看上去像是一个唯一的真实必然。"这种观念使上帝全能的问题变得有趣起来。在第10章里，我们曾经指出，一个全能的造物主能够造出他想造的任何宇宙。基督徒声称，之所以会有如今这个特定的宇宙可以用上帝的选择来解释。上帝出于一些不为我们所知的理由，从无尽的可能里选择了这个宇宙。但是，上帝虽然全能，也不能打破逻辑的规则。上帝不能使2等于3，或使一个正方形等于一个圆。谁要是急匆匆地假定上帝可以创造任何宇宙，都必然得改口说，上帝所创造的宇宙得符合逻辑。现在，假如说只存在一个合逻辑的宇宙，那么，上帝就没有什么选择可言了。爱因斯坦特别指出："我所真正感兴趣的是，上帝能否用另一种方式创造这个世界，即逻辑质朴性的必然是否留出了任何的自由。"[8]

假如宇宙实际上只有一种可能的创生方式，我们为什么还需要一个造物主？这造物主除了"按电钮"使创生的过程开始之外，还起了什么作用呢？但是，这种按电钮的作用并不需要一个精神。那只是一种启动机制，而且我们在前一章里看到，在一个量子物理的世界里，连启动机制也不需要。这是否是说，认为宇宙的基本逻辑—数学方程只有一个物理解便是否定了上帝的存在？确实没有否定。这种观点只是使造物主上帝这一观念成为多余的东西，却没有排除可能有一个普遍的精神，这精神属于这唯一的宇宙，是自然的而不是超自然的上帝。当然，就像我们自己的精神不处于空间一样，这里所说的"属于"不是"处于空间某处"的意思。"属于"在这里的意思也不是说"是由原子构成的"，正如我们的精神（与大脑相对的）不是由原子构成的。大脑是人类精神的表达媒介。同样，整个的物质宇宙也是一个自然的上帝之精神的表达媒介。这样，上帝就是一个至高的整体概念，很可能要比人类精神高出很多描述层面。

假如承认这些观念，那么，了解物质宇宙的起源及命运就十分重要了。因为精神必须要有组织，所以，精神的存在就受到了热力学第一定律的威胁。随着宇宙慢慢地被它自己的熵闷死，上帝是不是也得死去？假如不是这样的话，那么就有另一种可能性，即宇宙发生引力崩溃，成为奇点，导致物质宇宙完全消失。这种可能性似乎更不美妙。只有宇宙是循环的或是稳态的，一个自然的上帝似乎才能有无限和永恒的机会。

到目前为止，我们所讨论的物理学家对自然的看法都是从还原论出发的。物理学家在寻找新的规律和模型的过程中深受大自然的美和质朴性的感动。这里所说的美和质朴性在很大程度上指的是那些构造了世界的基本结构：夸克和轻子之类的亚原子粒子，以及作用于这些粒子之间的各种基本力。但是，上帝的整体性再一次提醒我们，不管物理学家对世界的构造和质料了解得多么清楚，任何纯粹的还原论思路总是把握不了整体性特点的。

理查德·费恩曼曾这样表达了相同的意思：

> 按各种等级或层面谈论世界便是对世界进行讨论的一种方式。现在，我不想很精确，不想把世界划分为明确的层面，但是，我想通过描述一系列观点来表明我所说的观点的层次是什么意思。
>
> 例如，在一方面，我们有基本的物理定律。然后，我们创造了一些其他的概念术语，这些术语是不那么基本的，而且我们相信它们最终都可以由基本定律给以解释。比如说，"热"。热被认为就是轻轻跳动。说一个东西热，就是说有一堆轻轻跳动的原子。但是，在一段时间里，当我们讨论热的时候，我们有时忘记了那些轻轻跳动的原子，正如我们谈论冰川的时候，我们并非总是想到冰川形成之前从天而降的六角形雪花和冰凌。另一个相同的例子是盐的晶体。从基本的角度来看，盐的晶体是许多质子、中子和电子。但是，我们却有"盐晶体"这个概念，这一概念携带了整个的基本相互作用的图式。压强的概念也是这样。

现在，假如我们往上去进入另一个层面，我们就有了物质的各种特性，如"折射率"，即光穿过某物时的弯曲程度；还有"表面张力"，即水将自己收缩起来的倾向。折射率和表面张力都是用数字描述的。我要提醒你们，我们得通过好几个定律的帮助才能发现张力就是原子的拉力，等等。但是，我们仍是漫不经心地说"表面张力"，在讨论表面张力时，并不总是把表面张力的内部作用挂在心上。

再往上的层次，我们就有了水的波浪，有了暴风雨这样的东西。"暴风雨"这个词代表的是一些现象。还有"太阳黑子"，"恒星"。恒星是由很多东西积累而成的。然而，总是要给这些东西追根溯源是不值得的。事实上我们也追溯不了，因为我们往上走的层次越多，我们和基本定律之间相隔的步骤也就越多，每一步骤都有点论据不足。我们还没把它们想通呢。

我们沿着这一复杂性的等级走上去，就碰上了肌肉痉挛或神经兴奋这一类的事物。这类事物是物质世界当中非常复杂的东西，因为涉及的是物质的非常复杂的组织。再往后，就有了"青蛙"这一类的东西。

我们再往上去，就碰上了"人"，"历史"或"政治权宜"之类的词语和概念。我们用这一系列的概念来理解处于较高层面的事物。

再继续往上走，我们就会碰上恶、美、希望……现在，我们一边有基本的定律，一边有美和希望。假如可以用一个宗教比喻的话，便可以问：哪边更接近上帝？我想，正确的回答当然是说我们必须看到事物的完整的结构联系；

　　　我们必须看到，一切学科，不仅是一切学科，而是一切知
　　识活动，都是要找出各个层次间的联系，要把美与历史联
　　系起来，把历史与人的心理联系起来，把人的心理与大脑
　　的活动，大脑活动与神经兴奋，神经兴奋与化学等这一切
　　上下双向联系起来。今天，我们不可能（而且也没法假装
　　相信我们能）仔细地画出一条线，把事物的这一边同另一
　　边联起来，因为我们才刚刚开始发现有这样的相对等级。

　　　我认为，两边距上帝都是一样远。[9]

　　在前面的那些章里我强调指出，科学家们现在越来越注意大自然
的结构等级的重要性。像生命、组织、精神之类的整体性概念确实是
有意义的，是不能用"不过"是原子、夸克、统一力或其他什么东西
之类解释过去的。了解在一切自然现象的核心里都有基本的质朴性，
这当然很重要。然而，不管它有多么重要，也不可能就是一切。复杂
性和质朴性是同样重要的。

　　现代物理学的一个悬而未决的问题是，一个物理系统的整体性特
点是否需要有另外的整体性规律，而这些整体性的规律是不能还原为
基本力或粒子的基本规律的。到目前为止，我们没有任何真正的物理
整体性规律存在的证据。例如，热力学处理的是气体之类的整体性系
统，这些系统中有很多集体活动的分子。温度和压强之类的概念在单
个分子的层面上是没有意义的。然而，所有的有关气体的定律都能够
从低层面的分子运动规律得出，只是这些运动规律以一种统计学的
方式被用于众多的分子。真正的整体性规律应当是，在整体层面上显
现出来一种新的力或具有组织作用的影响，这种力或影响并不是起源

于单个的组成部分。这就是活力论在解释生命时的假设。

整体性物理定律的一个更为引人注目的例子是意念致动或心灵感应。对所谓的特异现象持肯定态度的人声称，人的精神实际上能够对遥远的物质施加力。据认为，这样的力在还原性层面上是不为人们所知的。这些力不是核力，不是引力，也不是电磁力。这些意念力的最直接的表现是令人惊奇的远距离意念弯物，即被试者似乎在没有身体接触的情况下，全凭精神力量使金属物体变了形。笔者为了验证这一现象，设计了一个非常严格的试验，就是把金属棒封在玻璃器皿里，器皿中的空气被抽出，换上比例不为他人所知的多种稀有气体，以防止被试者搞鬼。最近，一些意念弯物的大师接受了测试，结果没有一个能使金属棒发生任何测得出来的变形。

前面曾经说过，物质世界的结构很可能部分地或全部是非常质朴的逻辑原理的作用结果，这些逻辑原理是以基本的数学形式表现出来的。然而，复杂性的问题为人们接受这一观点造成了困难。难道我们真能相信，比如说，生命和精神完全起源于逻辑规则，而不是起源于整体性的力？

最简单的逻辑规则的作用能产生出有趣而复杂的活动。这一点可以得到很漂亮的验证。剑桥的数学家约翰·康威发明了一个叫作"生命"的游戏。这游戏很简单，由一个人在一块被隔成很多小格（间隔）的板上玩。在一些小格里放上黑色的棋子，由这些棋子组成的图形按下面这套规则改变形状：

1.有2个或3个邻子的棋子在下一代（即下一步）仍然存活。

2.没有或只有1个邻近的棋子要"死"（于孤单），有4个或4个以上的邻子的棋子要死（于拥挤）。

3.若1个空格正好与3个不空的格为邻，那么，这个空格就要生出1个棋子来。

这些出生、存活、死亡的规则很简单。康威和他的同事发现，某些图形根据这些规则能演变出各种各样最令人惊讶的美丽图案。其中，有两个图形系列最引人注目。第一个图形系列使人们看到，简单的形状可以演变为复杂的结构。我们可以看图25。图中的"种子"长成一朵花，花凋谢了，死了，留下了4粒小"种子"。

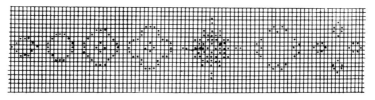

图25 在约翰·康威的生命游戏里，有上面的一系列图形演变（有些中间步骤略去了）。这些图形恰巧像是一朵花的生命史。

更不同寻常的是，他们发现有些图形在演变过程中保留了某种连贯性，显示出一种很像是行为的活动。最简单的例子是"滑翔机"图形。这个图形连为一体在板上移动（图26）。一些大的被称作"太空船"的图形在运动过程中会留下一串"火花"。然而，更大的"太空船"则需要一些较小的"护航船"来吃掉大船向前喷射的碎片，为大船开辟通道，否则碎片会把大船撞碎。

借助于计算机，就可以用康威的游戏，来检验关于自复制的机器

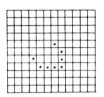

图26 5个小点简单地排列成"滑翔机"。这滑翔机有一个有趣的特征。它在板上做对角线运动，一直保持形状不变。由8个小点组成的图形叫"太空船"，但在运动时要喷射出"火花"

以及其他抽象的逻辑数学难题的猜想。在检验中，先构造出一些图形，这些图形可以像生产线一样生出其他的图形。有一个图形叫"滑翔机炮"，这种图形每30步就能产生出一个新的"滑翔机"。13个"滑翔机"碰撞之后产生的碎片就能够构成一个这样的"滑翔机炮"！仔细摆放"滑翔机炮"的位置，就能使相交的"滑翔机"的主干构成一个工厂，这工厂每300步就造出一个"太空船"。这一切"行为"都是"自动的"。只要有了选定的初始图形，这游戏自己就能产生出结构和行动，根本就不需要有人插手。而这一切结构和活动全来自几条简单的逻辑规则。

在我看来，物理学的重大贡献是通过还原论做出的。整体性的问题更适合于认知学科和科目，如系统论，博弈论，社会学，政治学。当然，这并不是说物理学跟整体论没有什么关系。物理学显然跟整体论有关系。热力学、量子论、自组织系统物理学都涉及整体概念。然而，我不认为物理学能处理目的或道德之类的问题。

有时候有人问我，物理学家通过研究大自然的基本过程得来的有关大自然的知识能否有助于理解上帝的宇宙计划的性质，或能否揭示出善与恶的斗争真相。我的回答是不能。夸克结合成为质子和中子，量子的被吸收或量子的放射，时空因物质产生的弯曲，将所有的基本粒子统一起来的抽象的对称，这一切的一切都谈不上什么善与恶。不错，在大自然里能发现很多竞争，例如，不同的力的平衡和相互作用之间就有竞争。一个恒星就是相互争斗的力的战场。引力要压垮恒星，因而就与要使恒星炸开的热压力和电磁辐射力发生争斗，而热压力和电磁辐射力又是核相互作用的能量释放产生的。宇宙中到处都在进行着这样的斗争。然而，假如对立的各种力不是大致旗鼓相当，所有的物理系统就会为这一种或那一种力所统治，宇宙的活动就会很快地停下来。宇宙中的这些斗争已持续进行了多少亿年，可见，宇宙是复杂的，有趣的。

这种斗争的僵局提供了极大的时间，使伟大的宇宙戏剧得以展开。对于那些看上去纯属偶然的"僵持"，弗里曼·戴森的话表达了人们的迷惑不解：

> 既然宇宙在一路滑向最后的死亡状态，在这死亡状态
> 之中，能量的无序程度将会变为极大，然而，为什么宇宙
> 竟能像查尔斯王一样死得这么费时？[10]

宇宙幸运地处于这种稳定状态，得以在很长的天文时间里不跌进完全的混沌之中。这种幸运的稳定是第13章里讨论的各种"偶然"的一个方面。

有一种体积僵持，使宇宙得以避免在它自己的引力下突然崩塌。

由于宇宙物质在空间中分布得极广，所以，宇宙发生爆聚时，宇宙间的物质由自由降落到形成大崩塌（假如大崩塌发生的话）所需的时间是上百亿年。还有一种旋转僵持，使星系和行星系稳定下来，不会收缩到它们自己的中心。离心力会来对抗引力向里的拉力。最后，还有核力的僵持，保持了恒星内部的核燃料消耗的速度非常缓慢。

这些僵持并不能世世代代永远持续不已。当僵持的局面维持不下去的时候，便经常爆发激烈的活动。宇宙充满了激烈的活动：恒星发生爆炸，躁动的星系和类星体喷射出巨大的能量，巨大的天体发生可怕的碰撞，天体被引力撕裂，物质在黑洞中被压缩得无影无踪。这一切，都是可怖的激烈活动。然而，物理学家在这些激烈的活动里却看不出有什么恶。在这里能量的肆行无忌造成的宇宙大乱中，大自然可能播下来安宁的种子。构成我们这颗恬静的星系的重元素，就是很久以前在超新星爆炸的大火中创生的。在物理学家看来，激烈活动的现象只是大自然规律的一种特殊的表达方式而已，从道德上讲是没有什么善恶可言的。善恶只能适用于精神，不能适用于物质。

在前面的那些章里，我们涉猎了整个现代物理学。我们为了寻找上帝，探讨了关于空间与时间的新观念，探讨了人们如何重新认识有序和无序，精神与物质。我们所说过的很多东西，无疑会让实某些人的想法，使他们更加坚信科学与宗教是死对头，科学会继续危及大部分宗教教义的基础。很多关于上帝、人以及宇宙本质的宗教观念已被新物理学所破除，否认这个事实是愚蠢的。但是，我们在寻找上帝的过程中，也发现了很多确实的东西。例如，我们知道了宇宙中存在着精神，精神是一种抽象的、整体的组织模式，甚至可以离体存在。于是，还原论者认为我们不过是一堆堆活动的原子的看法就受到了反驳。

然而，我写这本书的意图并不是要为长期悬而未决的宗教问题提供简易的答案。我的目的是扩展对传统的宗教问题的讨论框架。新物理学已经推翻了很多关于空间、时间和物质的常识性概念，因而严肃的宗教思想者不能忽视新物理学。

在本书的开头，我曾声言，与宗教相比，科学能为寻找上帝提供一条更为切实的途径。我深信，只有从各个方面全方位地了解世界，从还原论和整体论的角度，从数学和诗的角度，通过各种力、场、粒子，通过善与恶，全方位地了解世界，我们才能最终了解我们自己，了解我们的家 —— 宇宙背后的意义。

精选参考书目

第 1 章　很多科学家写了论及他们自己的宗教信仰的著述，很多神学家也详细探讨了科学对宗教的影响。属于前一类的书有：

W. Russell Hindmarsh，*Science and Faith*（Epworth 1968）（《科学与信仰》）；

Donald Mackay，*The Clockwork Image*（Inter-Varsity Press 1974）（《钟表形象》）；

Jacques Monod，*Chance and Necessity*（Random House 1971）（《偶然与必然》）；

C. A. Coulson，*Science and Christian Belief*（Oxford University Press）（《科学与基督教信仰》）；

Jacob Bronowski,*Science and Human Values*（Harper and Row 1965，revised edition）（《科学与人类的价值观》）；

还有 *Physics，Logic，History*（eds. Allen D. Breck and Wolfgang Yourgrau}Plenum 1970）（《物理学、逻辑、历史》）。

属于后一类的书有：

Stanley Jaki;*Cosmos and Creator*（Scottish Academic Press 1981）（《宇宙与造物主》）；

Hugh Montefiore;*Science and the Christian Experiment*（Oxford University press 1971）（《科学与基督教的试验》）；

Thomas Torrance，*Theological Science*（Oxford University Press 1981）（《神学的科学》）；以及 *Divine and Contingent Order*（Oxford University press 1981）（《具有神性的偶然秩序》）；

R. Hooykaas,*Religion and the Rise of Modern Science*（Erdmans 1972）（《宗教与现代科学的兴起》）。

The Sciences and Theology in the Twentieth Century（ed. A. R. Peacocke; Oriel 1981）（《二十世纪的科学与神学》）是一本有趣的论文集。

第 2 章　宇宙的创生近来一直是大量科普书籍的主题。其中最广为人知的是：

Steven Weinberg, *The First Three Minutes*（Andre Deutsch 1977; Fontana 1978）（《最初三分钟》）。

亦参看：

P. W. Atkins, *The Creation*（Freeman 1981）（《宇宙的创生》）；

Tohn Gribbin, *Genesis*（Dent/Delacorte 1981）（《创世》）；

Joseph Silk, *The Big Bang*（Freeman 1980）（《大爆炸》）。

我在我写的 *The Runaway Universe*（Dent 1978；Harper & Row 1978）（《失控的宇宙》）一书中，详细地探讨了宇宙的创生及终结。该书强调了热力学第二定律的意义。与该书主题相同的另一本书是：

Robert Jastrow, *Until the Sun Dies*（Norton 1977）（《直到太阳死灭》）。

若想得到关于现代宇宙学的直截了当的综合述评，请看：

The State of the Universe（ed. G. T. Bath；Oxford: Clarendon Press 1980）（《宇宙的状态》）；

E. R. Harrison, *Cosmology*（Cambridge University Press 1981）（《宇宙学》）；或 D. W. Sciama, *Modern Cosmology*（Cambridge University Press; Second edition 1982）（《现代宇宙学》）。

关于爱因斯坦的相对论，有很多通俗的解说。

Nigel Calder, *Einstein's Universe*（B. B. C. Publication 1979）（《爱因斯坦的宇宙》）是一部虽然浮泛却还生动的总评。更具学术性却依然通俗的著作有：

Peter Bergmann, *The Riddle of Gravitation*（Charles Scribner 1968）（《万有引力之谜》）；

Robert Wald, *Space, Time and Gravity*（University of Chicago Press 1977）（《空间、时间和引力》）；以及本作者的：

Space and Time in Modern Universe（Cambridge University Press）（《现代宇宙的时与空》）。

若是有兴趣真正了解一些相对论，那么，纯粹的初学者可以看 Sam Lilley, *Discovering Relativity for Yourself*（Cambridge University Press 1981）（《自己发现相对论》）；以及 Robert Ceroch, *General Relativity from A to B*（University of Chicago Press 1978）（《广义相对论初步》）；有点数学基础的则可以看：

Michael Berry, *Principles of Cosmology and Gravitation*（Cambridge University Press 1976）（《宇宙学的原理和万有引力》）。

无限的问题是普及数学的好题目，可以看 Rozsa Peter, *Playing with Infinity*（Bell 1961）（《玩赏无限》）；

Leo Zippin, *Uses of Infinity*（Random House 1962）（《无限之用途》）；更晚近一些的书则有 Ruddy Rucker, Infinity and the Mind: *The Science and Philosophy of the Infinite*（Harvestee. 1982）（《无限与精神：关于无限的科学与哲学》）。亦参看"数学解无限"（by Keith Devlin in New Scientist, 95, 162）。

第 3 章　关于粒子和力的现代理论（包括有关反物质和粒子创生的讨论）的简介，请看我的：
The Forces of Nature（Cambridge University Press 1979）（《自然的诸种力》）；以及
Gerald Feinberg, *What Is the World Made of？*（Doubleday 1977）（《世界是由什么组成的》）

关于统一力的理论及质子衰变，请看 Steven Weinberg，"质子的衰变"，（*Scientific American*, June 1981）。

关于上帝存在的宇宙论论证的深入的评论，请看：William Rowe, *The Cosmological Argument*（Princeton University Press 1975）（《宇宙论的论证》），以及 William Lane Craig,*The Cosmological Argument from Plato to Leibniz*（Macmillan 1980）（《从柏拉图到莱布尼茨的宇宙论论证》）。参看：D. R. Burrill, *The Cosmological Argument:A Spectrum of Opinion*（Doubleday-Anchor 1967）（《宇宙论的论证：一系列的观点》）。

罗素与柯普莱斯顿的论战发表在：

A Modern Introduction to Philosophy（eds. P. Edwards and A. Pap; Free Press 1965）（《哲学的现代简介》）。

从宇宙学角度对宇宙的开初进行的详细历史探讨见于：

J. D. North, *The Measure of the Universe*（Oxford: Clarendon Press 1965）（《宇宙的测度》）。

第 4 章　关于时间之外的上帝这一概念的探讨，请看 Richard Swinburne, *The Coherence of Theism*（Oxford:Clarendon Press 1977）（《有神论的一致性》）。亦参看：

Nelson Pike, *God and Timelessness*（Routledge & Kegan Paul 1970）（《上帝与无时间性》）；以及 Brian Davies, *An Introduction to the Philosophy of Religion*（Oxford University Press 1982）（《宗教哲学入门》）的第 8 章。

什么是必然的存在？请看前面所说的 Swinburne 的著作以及 John Hosper,*An Introduction to Philosophical Analysis*（Routledge & Kegan Paul,revised edition 1981）（《哲学分析入门》）第 7 章。他是从怀疑论出发对这一问题进行探讨的。

David Layzer 在《科学美国人》（*Scientific American*）1975 年 12 月一期上的文章"时间之矢"也探讨了秩序如何能从原初的无序中产生出来的问题。Steven Frautschi 在"膨胀的宇宙中的熵"（即将发表）一文中论述了具体的数学分析。

我的 *The Physics of Time Asymmetry*（Surrey University Press/University of California Press 1974, 1977）（《时间不对称的物理学》）一书探讨了引力在产生宇宙秩序过程中的作用问题，以及现在尚未解决的引力熵的问题。探讨同样问题的还有 Roger Penrose 的"奇点与时间不对称"一文，见 General Relativity:an Einstein Centenary Survey（eds. S. W. Hawking and W. Israel;Cambridge University Press 1979）（《广义相对论：爱因斯坦百年综述》）一书，亦见 P. C. W. Davies 的"热力引力是通向量子引力的途径吗？"一文，收入 *Quantum Gravity 2:A Second Oxford Symposium*（eds. C. J. Isham,R. Penrose and D. W. Sciama;Oxford:Clarendon Press 1981）（《量子引力 2：第二次牛津讨论会》）。

第 5 章
关于生命的性质及起源，有很多引起争议的观点。下列的书单是随便造的：
-
A. G. Cairns-Smith, *The Life Puzzle*（Oliver & Boyd 1977）（《生命之谜》）；
-
Francis Crick, *Life Itself:Its Origin and Nature*（Macdonald/Smith & Schuster 1982）（《生命：起源与性质》）；
-
Richard Dawkins, *The Selfish Gene*（Oxford University Press 1977）（《自私的基因》）；
-
Gerald Feinberg and Robert Shapiro, *Life Beyond Earth*（William Morrow 1980）（《天外的生命》）；Fred Hoyle and N. C. Wickramasinghe; *Lifecloud*（Dent 1978）（《生命云》）；Jacques Monod; *Chance and Necessity*（Random House 1971）（《偶然与必然》）；以及：L. E. Orgel, *The Origin of Life:Molecules and Natural Selection*（Wiley 1973）（《生命的起源：分子与自然选择》）。
-
关于机械论活力论问题的探讨，见：
-
Hans Driesch, *The History and Theory of Vitalism*（Macmillan 1914）（《活力论的历史和理论》）；Rainer and Schubert-Soldern, *Mechanism and Vitalism*（Notre Dame University Press 1962）（《机械论与活力论》）。
-
用"蚂蚁赋格曲"和其他清楚明白的方式对整体论还原论问题进行的解说，见于：
-
Douglas Hofstadter, *Gödel,Escher,Bach*（Basic Books 1979）（《哥德尔，埃舍尔，巴赫》）。
-
对物理学中的还原论进行的猛烈攻击见于：
-
Fritjov Capra, *The Tao of Physics*（Wildwood House 1975）（《物理学的道》）以及 *The Turning Point*（Wildwood House 1982）（《转折点》）。亦参看：
-
Paul Reps, *Zen Flesh,Zen Bones*（Penguin 1971）（《禅肉，禅骨》）。
-
Gary Zukav, *The Dancing Wu Li Masters:An Overview of the New Physics*（Rider 1979）（《跳舞的物理大师们：新物理学总览》）一书也讨论了在现代整体论物理学中某些东方神秘主义的意味。
-
对自组织的化学和生物系统的深入研究见于：
-
G. Nicolis and I. Prigogine, *Self-Organization in Non-equilibrium Systems*（Wiley 1977）（《非平衡系统中的自组织》）。从一更为广泛的背景出发对同一问题进行研讨的有：I. Prigogine, *From Being to Becoming*（Freeman 1980）（《从存在到变化》）；以及：Hermann Haken, *Synergetics*（Springer 1977）（《协同学》）。
-
天外生命，无论是有智能的还是没有智能的，都是科幻和科普作品的热门话题。然而，现在科幻与科普之间的区别不总是那么清楚。属于科普类的书有：
-
Ronald Bracewell, *The Galactic Club:Intelligent Life in Outer Space*（Freeman 1974）（《星系俱乐部：宇宙空间里的有智能的生命》）；前面已说过的 Feinberg 和 Shapiro 的著作；前面已说过的 Hoyle 和 Wickramasinghe 的著作；*Interstellar Communication:Scientific Perspectives*（eds. C. Ponnamperuma and A. G. W. Cameron; Houghton-Mifflin 1974）（《星

际通信：科学的展望》）；

-

Carl Sagan,*The Cosmic Connection*（Doubleday 1973）（《宇宙间的联系》）；

-

I. S. Shkovskii and C. Sagan,*Intelligent Life in the Universe*（Holden-Day 1966）（《宇宙中的有智能的生命》），以及

-

Walter Sullivan,*We Are Not Alone*（Mc Graw-Hill 1966）（《我们并不孤单》）。

-

天外生命在宗教上会有什么含义？对此问题进行的思考见 C. S. Lewis 的"宗教与火箭学"一文，该文收在 *The World's Last Night and Other Essays*（Harcourt Brace Jovanovich Inc. 1952）（《世界的最后一夜及其他》）。亦参看同一作者的 *Perelandra*（Macmillan 1944）。

第 6 章

哲学和心理学的中心问题都是精神。若想对精神的许多方面有一个全面的概括了解，请看：

Richard Gregory,*Mind in Science*（Weidenfeld & Nicolson 1981）（《科学中的精神》）；

-

对精神问题进行了一番更为随和而具有思辨性的综述的是 The Mind's I（eds. D. R. Hofstadter and D. C. Dennett;Harvester/Basic Books 1981）（《精神的我》）。上面的两本书都附有详尽的参考书目。亦参看：

D. C. Dennett,*Brainstorms*（Bradford Books 1978）（《脑猝变》）；以及 *Oxford Companion to the Mind*（ed. R. L. Gregory;Oxford University Press 1983）（《牛津精神侣伴》）。

-

有关人工智能的讨论，见：

-

Philip Jackson,*Introduction to Artificial Intelligence*（Petrocelli Charter 1975）（《人工智能导论》），此书附有详备的参考书目；

Pamela Mc Corduck;*Machines Who Think*（Freeman 1979）（《会思想的机器》）

Philosophical Perspectives in Artificial Intelligence（ed. M. Ringle;Humanities Press 1979）（《人工智能的哲学展望》）；以及

-

Patrick Winston,*Artificial Intelligence*（Addison-Wesley 1977）（《人工智能》）。亦参看：

Douglas Hofstadter,*Gödel,Escher,Bach*（Basic Books 1979）（《哥德尔，埃舍尔，巴赫》）。

-

就意识问题，若想得到一个通俗的简介，可以看：

Eric Harth,*Windows on the Mind:Reflections on the Physical Basis of Consciousness*（Harvester 1982）（《精神之窗：关于意识的物理基础的思考》）。

到了现代，仍为二元论辩护的有：

-

Karl Popper and John Eccles, *The Self and its Brain*（Springer 1977）（《自我和它的大脑》）；以及 H. D. Lewis, *Philosophy of Religion*（The English Universities Press 1965,1975）（宗教哲学）。

第 7 章

自我和个人同一性之谜长时间以来一直为哲学家所关注。最近的有关著作有：

-

Bernard Williams, *Problems of the Self*（Cambridge University Press 1973）（《自我的问题》）；

-

Personal Identity（ed. John Perry;University of California Press 1975）（《个人同一性》）；以及

Sydney Shoemaker, *Self-Knowledge and Self-Identity*（Cornell University Press 1963）（《自知与自我同一性》）。

-

旨在让不熟悉形式逻辑的人也能理解哥德尔的有名的定理的一本书是：

-

Ernest Nagel and James R. Newman, *Gödel's Proof*（New York University Press 1958）（《哥德尔的证明》）。

讨论精神与大脑时也强调层面区分的重要性的一本书是：

-

Hierarchy Theory: *The Challenge of Complex Systems*（ed. H. H. Pattee;George Braziller 1973）（《等级理论：复杂系统的挑战》）。

有两本书论述了大脑移植以及因而造成的身份混淆，其中一本是前面说过的 Perry 的著作，另一本是 *The Identites of Persons*（ed. A. O. Rorty;University of California Press 1976）（《人的身份》）。

第 8 章

有关量子论的普及读物很罕见，我的 Other Worlds（Dent 1980）（《其他的世界》）是我尽了最大的努力写成的。强调量子的整体性特点的有 David Bohm, *Wholeness and the Implicate Order*（《整体性与隐含的秩序》）。若想得到有关问题的通俗简介，可以看：

-

Banesh Hoffmann, *The Strange Story of the Quantum*（Dover,second edition 1959）（《量子的奇异故事》）。对那些具有专业知识的人来说，若想就有关认识论的问题得到一个较好的综述，可以看 Bernard d'Espagnat, *Conceptual Foundations of Quantum Mechanics*（Benjamin 1971）（《量子力学的概念基础》）。可以先看看该作者的"量子论与实在"，见于《科学美国人》1979 年第 11 期。

量子论创始人自己所撰写的有关经典有：

-

Niels Bohr, *Atomic Theory and the Description of Nature*（Cambridge University Press 1934）（《原子理论和对大自然的描述》）；

-

Werner Heisenberg, *The Physical Principles of Quantum Theory*（University of Chicago Press 1930）（《量子论的物理原理》）；

-

Physics and Philosophy（Harper & Row 1958）（《物理与哲学》）；
-
The Physicist's Conception of Nature（Hutchinson 1958）（《物理学家心中的大自然》）；
Max Born,*Natural Philosophy of Cause and Chance*（Oxford University Press 1949）（《原因和偶然的自然哲学》）。
-
Quantum Theory and Beyond（ed. T. Basin;Cambridge University Press 1971）（《量子论及未知》）一书里有很多有用的概念。
-
对 Aspect 跟他人合作的实验的描述，见：*Physical Review Letters* 49,1804（1982）。
-
John Wheeler 在"黑洞之外"一文中描述了他的"延迟选择"实验。该文收在：
-
Some Strangeness in the Proportion:A Centennial Symposium to celebrate the Achievements of Albert Einstein（ed. H. Woolf;Addison-Wesley 1980）（《比率中的某种异常：庆祝爱因斯坦的伟大成就百年纪念学术讨论会》）
-
对量子测量问题的分析，见：
-
J. von Neumann,*Mathematical Foundations of Quantum Mechanics*（Princeston University Press 1955）（《量子力学的数学基础》）。
-
Everett 对量子论的解释，其详尽的说明见：B. S. Dewitt and N. Graham,*The Many-Worlds Interpretation of Quantum Mechanics*（Princeton University Press 1973）（《量子力学的多世界解释》）。若想得到一个较为易懂的简介，请看 Dewitt 的"量子力学和实在"，收入 1970 年 9 月 1 期的 *Physics Today*。
-
头一次证明贝尔的不等式的是 Physics 1,195（1964）上发表的论文。

第9章   多年来，时间一直是物理学、哲学和神学中一个吸引人的问题。有关时间的文献汗牛充栋。若想初步了解关于时间的物理学，可以看我的

Space and Time in Modern Universe（Cambridge University Press 1977）（《现代宇宙中的时与空》）；
-
G. J. Whitrow,*The Natural Philosophy of Time*（Nelson 1961）（《时间的自然哲学》）；或者阅读任何一本关于相对论的入门书（参看第 2 章的参考书目）。
-
侧重于时间之"矢"的物理学和哲学的书有：
-
P. C. W. Davies,*The Physics of Time Asymmetry*（Surrey University Press/University of California Press 1974,1977）（《时间不对称的物理学》），该书附有很多参考资料；
-
The Nature of Time（ed. T. Gold;Cornell University Press 1967）（《时间的本质》）；
-
Hans Reichenbach,*The Direction of Time*（University of California Press 1956,1971）（《时间的方向》）；*The Philosophy of Space and Time*（Dover 1958）（《时空的哲学》）。
-

若想了解一下哲学和神学大致如何看待时间，可以看下列的书：

-

The Concepts of Space and Time（ed. M. Capek;Reidel 1976）（《时间和空间的概念》）；

-

M. Capek,*Philosophy of Space and Time*（Dover 1958）（《时间和空间的哲学》）；

-

J. T. Fraser,*The Genesis and Evolution of Time*（University of Massachusetts Press 1982）（《时间的起源和演化》）；

-

The Study of Time（eds. J. T. Fraser et. al. ;Springer）（《时间研究》），卷 2（1975），卷 3（1978）；

-

Philosophy of Time（eds. E. Freeman and W. Sellars;Open Court 1971）（《时间哲学》）；

-

Time,Reduction and Reality（ed. R. Healey;Cambridge University Press 1981）（《时间，衰减与实在》）；

-

Nelson Pike,*God and Timelessness*（Routledge & Kegan Paul 1970）（《上帝与无时间性》）；

-

L. Sklar,*Space,Time and Spacetime*（University of California Press 1974）（《空间、时间与时空关系》）；

-

Space and Time（ed. J. J. C. Smart;Macmillan 1964）（《空间与时间》）；

-

Richard Swinburne,*Space and Time*（Macmillan 1968）（《空间与时间》）。

-

论述"现在"所包含的问题和悖论的有：

-

A. Grünbaum,*Philosophical Problems of Space and Time*（Alfred A. Knopf 1964）（《空间与时间的哲学问题》）；

-

J. McT. E. MacTaggart 发表在 *Mind* 18,457（1908）上的"时间的非实在"一文，表明了他试图完全拒斥时间概念。

-

若想轻松愉快地探讨这类问题，John Gribbins 的 *Timewarps*（Dent 1979）（《时间弯曲》）是一本好书。

-

若想进一步阅读有关黑洞问题的书，请看第 13 章的参考书目。

第 10 章

前面已提到的 Hospers 的著作对自由、宿命论、决定论和非决定论作了明白易懂的讨论。

-

已有若干书专门讨论这类问题，如：

-

Free-will and Determinism（ed. B. Berofsky;Harper & Row 1966）（《自由意志与决定论》）；

-

Determinism and Freedom in the Age of Modern Science（ed. S. Hook;New York University Press 1957）（《现代科学时代中的决定论与自由》），以及

-

Freedom and Determinism（ed. K. Lehrer;Random House 1965）（《自由与决定论》）。

强调上帝行动自由的书有 Swinburne 的 *The Coherence of Theism*（Oxford:Clarendon Press 1977）（《有神论的一致性》）。

第 11 章

对现代粒子物理学的入门性综述包括：

Nigel Calder,*The Key to the Universe*（Viking Press 1977）（《宇宙的答案》）；
-
J. S. Trefil,*From Atoms to Quarks:An Introduction to the Strange World of Particle Physics*（Charles Scribner 1980）（《从原子到夸克：粒子物理奇异世界入门》）；
-
J. C. Polkinghorne,*The Particle Play*（Freeman 1980）（《粒子波动》）；以及第 3 章的参考书目里列出的 Feinberg 和我的著作。

粒子物理学以及基本力的理论现在正在迅速发展，所以若想了解其概况，最好的办法是阅读《科学美国人》上定期刊载的评论文章。我想推荐的文章如下：
-
S. L. Glashow 的"具有色、味的夸克"（1975 年 10 月）；Y. Nambu 的"夸克的密封"（1976 年 11 月）；S. Weinberg 的"基本粒子相互作用的统一理论"（1974 年 7 月）。若要进一步，连所谓大统一理论也包括进来的话，可阅读 Howard Georgi 的"基本粒子和各种力的统一理论"（1981 年 4 月）。

D. Z. Freedman 和 P. von Niewenhuizen 的"超引力与物理诸定律的统一"评论了最终的理论——超引力理论（1978 年 2 月）。这些文章有一部分被收入 *Particles and Fields*（ed. W. J. Kaufmann III ;Freeman 1980）（《粒子与场》）。
-
Edward Kolb 和 Michael Turner 的"早期宇宙"（发表于 Nature 294,521〔1981〕）总结了人们近来将上面所说的思路应用于研究极早期宇宙的一些想法。

Capra 的 *The Tao of Physics*（《物理学的道》）强调了粒子的整体性方面，即粒子是由其他的粒子"组成的"。

第 12 章

我的 *The Accidental Universe*（Cambridge University Press 1982）（《偶然的宇宙》）一书论述了大自然中一系列明显的"巧合"或"偶然"。与我的书主题相同的还有 John Barrow 和 Frank Tipler 的 *The Anthropic Principle*（Oxford University Press）（《人择原理》），他们的书里还有有趣而深入的历史分析。
-
我在 *The Great Ideas Today*（Encyclopedia Britannica 1979）（当今的伟大思想）里撰写了"宇宙中的有序和无序"一文，总结了宇宙中的有序无序的问题。亦请参看我的 *The Runaway Universe*（Dent 1978;Harper & Row 1978）（《失控的宇宙》）。
-
对 Poincaré 循环的讨论，见 Reichenbach 的 *The Direction of Time*, 亦见我的：*The Physics of Time Asymmetry*.
-
对循环宇宙的模型进行了分析的有；

R. Tolman,*Relativity,Thermodynamics and Cosmology*（Oxford:Clarendon Press 1934）（《相对论，热力学和宇宙学》）；循环宇宙的模型也成为 John Wheeler 讨论宇宙"重新处理"的基础。他的讨论见：

C. W. Misner,K. S. Thorne and J. A. Wheeler,*Gravitation*（Freeman 1973）（《万有引力》）第 44 章。

最近的文献中出现了若干讨论"人择原理"的，如 B. J. Carr 和 M. J. Rees 的"人择原理与物质世界的结构"（*Nature* 278,605,〔1979〕），以及 I. L. Rozental 的"物理定律与基本常数的数值"（Soviet Physics〔Uspekhi〕23,96〔1980〕）。这两篇文章很好地介绍了有关的物理学问题。John Leslie 在 *American Philosophical Quarterly*（美国哲学季刊）19,141〔1982〕上发表的"人择原理，世界全体与设计"一文，探讨了人择原理的一些哲学问题。亦参看 John Bowker 的"上帝创造了宇宙？"收入 *The Sciences and Theology in the Twentieth Century*（ed. A. R. Peacocke;Oriel 1981）（《二十世纪的科学与神学》）。当然，也应参看前面提到过的 Barrow 和 Tipler 的著作。若想得到一个入门性的概要，可以看 George Gale 的"人择原理"，发表在《科学美国人》1981 年 12 月 1 日上。

第 13 章

黑洞是科普的热门题材，但应小心为是，因为这一题材常常处理不当。对此问题进行精心而又吸引人的探讨的有：

Larry Shipman,*Black Holes,Quasars and the Universe*（Houghton-Mifflin 1976）（《黑洞，类星体和宇宙》）；

Iain Nicolson,*Gravity,Black Holes and the Universe*（David & Charles 1981）（《引力，黑洞和宇宙》）；

Willam Kaufmann,*Black Holes and Warped Spacetime*（Freeman 1979）（《黑洞与弯曲的时空》）；以及那些最通俗的论述相对论的书（见第 2 章的参考书目）。我在 *The Edge of Infinity*（Dent 1981）（《无限的边缘》）一书中深入地探讨了黑洞问题。

对引力熵这一概念的讨论，以及引力场对宇宙中的秩序和无序的重要作用，见我的《时间不对称的物理学》一书。近年来，Roger Penrose 大大发展和澄清了这一科目，见他的"奇点与时间不对称"一文，收入 *General Relativity:an Einstein Centenary Survey*（eds. S. W. Hawking and W. Israel;Cambridge University Press 1979）（《广义相对论：爱因斯坦百年综述》）这本书里也收有 R. H. Dicke 和 P. J. E. Peebles 的文章"大爆炸宇宙学——谜与妙方"，讨论的是视界问题以及相关的其他问题。

J. D. Barrow 和 R. A. Matzner 在"宇宙的均衡性与各向同性"一文中，探讨了宇宙原初剧烈非均匀运动的耗散所造成的过量热量的难题，该文见 *Monthly Notices of the Royal Astronomical Society* 181,719（1977）。亦参看 Barrow 的"静止宇宙学"一文，发表于 Nature 272，211（1978）。John Barrow 向我指出，即使质子真会衰变，原初宇宙的某些非均匀的东西仍会在后期宇宙中留下印记，即空间的非均匀。他在与 M. S. Turner 合作的论文中讨论了这一问题，见 *Nature* 291，469（1981）。

Freeman Dyson 的文章"宇宙中的能量"，讨论了核力若有一点点变化就会造成什么样的灾难性后果的问题，见《科学美国人》1971 年 9 月。

上帝存在的目的论论证，长期以来一直是有人赞同也有人不赞同。阿奎那修改了亚里士多德的第一推动说，提出了最终原因的概念，认为最终原因便是世界上存在神意的证明。然而，在阿奎那之后很久，直到出现了诸如 Paley 和 F. R. Tennant 的 *Philosophical Theology*（Cambridge University Press 1969；初版 1928）（哲学神学）这样的著作，目的论论证才完善起来。康德的《纯粹理性批判》，以及休谟的《关于自然宗教的对话》都批驳了目的论论证。

现代对这一问题进行讨论的有：

Thomas McPherson, *The Argument from Design*（Macmillan 1972）（从设计出发进行的论证）；Richard Swinburne 在 *Philosophy* 43,200（1968）上写的一篇题目相同的文章。Bowker 在前面提到的著作里叙述了近来有人试图把目的论改造成为"目的论天文学"。

第 14 章

休谟在其 *Enquiry Concerning Human Understanding*（《人类理智研究》）一书的第 10 章，对奇迹的问题提出了或许是最著名的评判。

在当代对奇迹进行评判的有：

R. H. Fuller, *Interpreting the Miracles*（S. C. M. 1966）（《解释奇迹》）；

R. Swinburne, *The Concept of Miracle*（Macmillan 1970）（《奇迹的概念》）；

Brian Davies, *An Introduction to the Philosophy of Religion*（Oxford University Press 1982）（《宗教哲学导论》）。

J. G. Taylor 是位先前相信奇迹的科学家，后来他从怀疑论的观点写了一本综述所谓特异现象的书 *Science and the Supernatural*（M. T. Smith 1980）（《科学与超自然现象》）。

第 15 章

我在《失控的宇宙》一书中详细地探讨了这一问题。近来有若干文章、论文专门讨论这一问题，如 J. N. Islam 的"宇宙的最终命运"，见 *Sky and Telescope* 57,13（1979 年 1 月）；D. N. Page 和 M. R. Mckee 的"永恒事关重大"，见 *Nature* 291,44（1981），J. D. Barrow 和 F. J. Tipler 的"永恒是不稳定的"，见 Nature 276,453（1978）。Barrow 认为，尽管宇宙物质会堕入热死，然而宇宙引力场中的扭曲可以被宇宙膨胀速率中细微的不规则所持续维持。引力场的扭曲可被用作自由能量的不尽来源。亦参见 M. J. Rees 的"宇宙的崩溃：末世学研究"，见 Observatory 89,103（1969）。

不断膨胀的宇宙会越来越接近热死，在这样的宇宙中智能生命能否生存下去？Freeman Dyson 在"没有终结的时间：开放宇宙的物理学和生物学"一文中详细探讨了这令人困惑的问题，见 *Review of Modern Physics* 51,447（1979）。

W. Ehrenberg 的"麦克斯韦妖"一文，介绍了麦克斯韦妖是怎么回事，见《科学美国人》1967 年 11 月 1 期。L. Szilard 的论文"论智能生物使一热力学系统的熵减少"发表于 *Zeitschrift für Physik* 53,840（1929）。第一次全面论述了"魔鬼研究"中的信息和熵的联系问题的，是 Leon Brilluin 的论文"麦克斯韦妖成不了事"见 Journal of Applied Physics 22,334（1951）。

第 16 章

宇宙可能是某种量子起伏吗？若干物理学家探讨过这个问题。所提出的那些不大惊人的理论认为，构成宇宙的量子起伏来源于空的、平坦的时空，见 E. P. Tryson 的 "宇宙是真空起伏吗？" 发表于 *Nature* 246，396（1973）；R. Brout,F. Englert 和 E. Gunzig 的 "作为一种量子现象的宇宙创生"，发表于 *Annals of Physics* 115,78（1978）;D. Atkatz 和 H. Pagels 的 "作为量子穿越隧道事件的宇宙起源"，发表于 *Physical* Review D 25,2065（1982）。

-

那些较为惊人的理论则认为，构成宇宙的量子起伏完全来自无。苏联物理学家 Ya. B. Zeldovich 在 *Soviet Astronomy Letters* 7,579（1981）发表的一篇论文就这么认为。亦见 L. P. Grishchuk 和 Ya. B. Zeldovich 的 "完全的宇宙学理论"，收入 *The Quantum Theory of Space and Time*（eds. M. J. Duff and C. J. Isham;Cambridge University Press 1982）（《时空量子论》）；以及 A. Vilenkin 的 "宇宙创生于无"，发表于 *Physics Letters* B117,25（1982）。

-

对暴涨宇宙说的评论，见 J. D. Barrow 和 M. S. Turner 的 "暴涨宇宙——诞生，死亡及变形"，发表在 Nature 298,801（1982）。

第 17 章

要了解物理学家如何看大自然，最好的方法是与他们交谈。可以当作指南的一本书是 *A Question of Physics:Conversations in Physics and Biology*（eds. P. Buckley and F. Peat;Routledge & Kegan Paul 1979）（《物理学的一个问题: 关于物理学与生物学的谈话》）。

-

1972 年 9 月，为了庆祝 Paul Dirac 七十寿辰，在特里亚斯特（Trieste, 意大利）举行了一个讨论会。会上提出的一些论文收入 *The Physist's Conception of Nature*（ed. J. Mehra;Reidel 1973）（《物理学家心中的大自然》）。亦参见 Heisenberg 相同题目的一本书（1958）。

-

另一场庆祝活动是 1979 年的爱因斯坦诞辰百年纪念会，会上提出了若干如何看大自然的论文。例如，H. Woolf 编辑 *Some Strangeness in the Proportion:A Centennial Symposium to Celebrate the Achievements of Albert Einstein*（Addison-Wesley 1980）(《比率中的某种异常: 庆祝爱因斯坦的伟大成就百年纪念讨论会》）一书就收有好几篇论文章讨论爱因斯坦对大自然的看法（爱因斯坦的同行们并非总是跟他看法一致），这些文章有的是涉猎广泛、探讨概念的，有的则提供了有关爱氏观点的有价值的历史材料。

-

非专业人员若想大致了解物理学家对大自然的看法，一本非常好的书是 Richard Feynman 根据自己的广播讲演编成的 *The Character of Physical Law*（B. B. C. Publications 1965）（《物理定律的本性》）。

-

并非所有的人都认为物理学家们看得对。对某些早期思想的批评性评价，见 L. S. Stebbing 的 *Philosophy and the Physicists*（Pelican 1944）（《哲学与物理学家》）。

-

对 John Conway 的 "生命" 游戏的描述，见 *Winning Ways*（Academic Press 1982,Vol Ⅱ）（《得胜的方法》）。这本书是 E. R. Berlekamp,J. H. Conway 和 R. K. Guy 的著作。

注释

第 1 章

[1]　H. 邦迪,"宗教是一件好事",《说谎的真理》(H. Bondi, 'Religion is a good thing', *Lying Truths*, 编者：R. Duncan and M. WestonSmith; Pergamon 1979 版)。

[2]　同上。

[3]　K. 佩德勒,《精神高于物质》(K. Pedlar, *Mind over Matter*, Thames Methuen 1981 版), p. 11。

[4]　H. 莫洛维茨,"重新发现精神",《精神是我》(H. Morowitz, 'Rediscovering the mind', *The Mind's I*, 编者：D. R. Hofstadter and D. C. Dennett; Harvester/Basic Books 1981 版)。

第 2 章

[1]　I. 康德,《纯粹理性批判》(I. Kant, *Critique of Pure Reason*, 编者，J. M. D. Meiklejohn; Dent 1934, 1945 版；初版 1781)。

[2]　教皇庇护十二世演讲的主要部分用英文刊载于《原子物理学家通讯》(*Bulletin of the Atomic Scientists* 8, pp. 143 - 6, 165 (1952))。

[3]　E. 麦克穆林,"宇宙论与神学为何相联系？",《二十世纪科学与技术》(E. McMullin, 'How should cosmology relate to theology？', *The Sciences and Theology in the Twentieth Century*, 编者：A. R. Peacocke; Oriel 1981 版)。

第 3 章

[1]　塞缪尔·克拉克 (Samuel Clarke)，他在 1704 年所作的一组讲演中发挥了自己的宇宙学论，发表时书名为《上帝的存在和属性的论证》(*A Demonstration of the Being and Attributes of God*)。后来加上 1905 年所作的又一组讲演，发表时书名为《论上帝的存在和属性、论自然宗教不可改变的义务、基督教启示中的真理与肯定性》(*A Discourse Concerning the Being and Attributes of God, the Obligations of Natural Religion, and the Truth and Certainty of the*

Christian Revelation,John and Daul Knapton;London,1738,第9版）。

[2] 阿奎那，《神学大全》（*Aquinas,Summa Theologiae*，编者T. Gilby；
Eyre & Spottiswoode 1964版）。

[3] 克拉克（Clark），见所引著作，页12~13。

[4] D. 休谟，《关于自然宗教的对话》（D. Hume,*Dialogues Concerning
Natural Religion*,编者H. D. Aiken;Hafner 1969版；1779初版），第Ⅳ
部分。

[5] 希波的圣奥古斯丁，"关于时间的起始"，《论上帝之城》（St.
Augustine of Hippo, 'On the beginning of time' ,*The City of God*,译
者：M. Dods;Hafner 1948版）。

[6] J. A. 惠勒，"创世与观察者"，《几个特殊学科中的基本问题》
（J. A. Wheeler, 'Genesis and Observership' ,*Foundational Problems
in the Special Sciences*,编者R. E. Butts and K. J. Hintikka;Reidel
1977版）。

[7] 同上。

[8] J. A. 惠勒，"黑洞之外"，《比例中的几个奇异现象》（J. A. Wheeler,
'Beyond the Blackhole' ,*Some Strangeness in the Proportion*,编者：
H. Woolf;Addison-Wesley 1980版）。亦见"物理学受宇宙论规律
的支配吗？"，《牛津论丛·量子引力》（'Is physics legislated by
cosmology' ,*Quantum Gravity: An Oxford Symposium*,编者：C. J.
Isham,R. Penrose and D. W. Sciama;Oxford:Clarendon Press 1975
版，以及《时间边界》（*Frontiers of Time*,North-Holland 1979版）。

[9] J. R. 哥特（J. R. Gott）在《自然》杂志［*Nature* 295,304（1982）］
提出所谓"冒泡宇宙论"（'bubble cosmology'），并在《科学》
（*The Sciences*,1982）一书中较为通俗地作了阐释。类似的思想亦

见于佐藤克彦等著《理论物理学的进展（通信集）》[*Progress in Theoretical Physics* (Letters)) 65,1443,1981)]。

[**10**]　R. 斯温伯恩，《论上帝的存在》(R. Swinburne,*The Existence of God,Oxford:*Clarendon Press 1979 版), p. 122。

第4章　[**1**]　斯温伯恩，见所引著作，第7章。

[**2**]　同上，页131-132。

[**3**]　E.W. 巴尔尼斯，《科学理论与宗教》(E. W. Barnes,*Scientific Theory and Religion,*Cambridge University Press 1933 版),p. 595。

[**4**]　P.C.W. 戴维斯，《时间不对称物理学》(P. C. W. Davies,*The Physics of Time Asymmetry,*Surrey University Press/University of California Press 1974 版)。

[**5**]　S.W. 霍金，"引力崩塌中可预测性的崩溃"，《物理学杂志》[S. W. Hawking,' Breakdown of predictability in gravitational collapse ', *Physical Review* D 14,2460 (1979)]; 亦见《科学美国人》[*Scientific American* 236,34 (1977)]。

[**6**]　同上。

第5章　[**1**]　A · 柯斯特勒，"仅仅是……? "《说谎的真理》(A. Koestler, ' Nothing but … ? ',*Lying Truths*,编者：R. Duncan and M. Weston-Smith;Pergamon 1979)。亦见《还原论之外 —— 生命科学的新透视》(*Beyond Reductionism-New Perspectives in the Life Sciences*,编者：A. Koestler and J. R. Smythies;Hutchinson 1969 版)，以及《雅努斯：总结》(*Janus:A Summing Up,*Kowstler 编；Vintage 1979 版)。

[2]　D. 玻姆，《完整性和其中包含的有序》（D. Bohm, *Wholeness and the Implicate Order*, Routledge & Kegan Paul 1980 版）。

[3]　E. 薛定谔，《生命是什么？》（E. Schrödinger, *What is Life ？*, Cambridge University Press 1946 版），p. 77。此书现已同薛氏另一名著《精神和物质》（*Mind and Matter*）合成一部，书名用的就是上述二书名的复合，CUP 1967 版。

[4]　同上，页76。

[5]　F. 克里克，《生命本身：起源和本质》F. Crick, *Life Itself:Its Origin and Nature*, Macdonald/Simon & Schuster 1982 版）。

[6]　E. 麦克穆林（E. McMullin），见所引著作，页47。

第 6 章

[1]　《新天主教百科全书》（*New Catholic Encyclopedia*, McGraw-Hill 1967 版），vol. 13, p. 460。

[2]　R. J. 希斯特，《感觉的问题》（R. J. Hirst, *The Problems of Perception*, Allen & Unwin 1959 版，p. 181。笛卡儿的二元论范例是他在其主要著作《方法谈》[*Le Discours de la Methode* (1637)] 和《哲学原理》[*Principia Philosophiae* (1644)] 中提出的。见《笛卡儿哲学著作集》（*The Philosophical Works of Descartes*, 译者：E. S. Haldane and G. R. J. Ross; 2 vols. , Cambridge University Press 1967 版）。

[3]　G. 赖尔，《精神的概念》（G. Ryle, *The Concept of Mind*, Hutchinson 1949 版，后多次重印）。

[4]　同上，页20。

[5]　《新天主教百科全书》，见所引著作，页471。

[6]　见所引著作，页23。

[7]　《精神是我》，页6。

[8]　D. R. 霍夫斯塔特，《哥德尔、埃舍尔、巴赫》(D. R. Hofstadter, *Gödel,Escher,Bach*,Basic, Books,1979版 ,p. 577。

[9]　D. M. 麦克埃，《发条形象》(D. M. MacKay,*The Clockwork Image*, Inter-Varsity Press 1974版)，第9章。

[10]　J. A. 福德，"精神－肉体问题"，《科学美国人》(J. A. Fodor, ' The mind-body problem ' ,*Scientific American* [January 1981)]。

第 7 章　[1]　T. 里德，《论人的智力》(T. Reid,*Essays on the Intellectual Powers of Man*,编者：A. D. Woozley;MIT Press 1969版；初版 1785)，论文 Ⅲ，第4章。

[2]　赖尔，见所引著作，页187。

[3]　D. 休谟，《人性论》(D. Hume,*A Treatise of Human Nature*,编者：P. H. Nidditch;Oxford University Press 1978版；初版 1739)，第一册，第四部分，第6章。

[4]　J. 洛克，《人类理解论》，第27章 (J. Locke,*Essay Concerning Human Understanding*,编者：A. D. Woozley;Dent 1976版；初版 1690)。

[5]　J. R. 卢卡斯，"大脑、机器和哥德尔"，《大脑和机器》(J. R. Lucas, ' Minds,Machines and Gödel ' ,*Minds and Machines*,编者：A. R. Anderson;Prentice-Hall 1964版)，p. 57。

[6]　A. J. 艾尔，《哲学的中心问题》(A. J. Ayer,*The Central Questions*

of Philosophy,Weidenfeld & Nicolson 1973 版；Penguin 1977 版），
p. 119。

[7]　霍夫斯塔特，见所引著作，页697。

[8]　卢卡斯，见所引著作。

[9]　霍夫斯塔特，见所引著作，页709。

[10]　见"我在哪里？",《脑猝变》，作者：D. C. 登奈（'Where am I?'
,*Brainstorms* by D. C. Dennett,Bradford Books 1978 版）。

[11]　麦克埃（MacKay），见所引著作，页75。

第8章　[1]　D. 玻姆，见所引著作，页134。

[2]　E. 威格纳"论精神－肉体问题",《沉思的科学家》（E. Wigner,
'Remarks on the Mind-body Question',*The Scientist Speculates*,
编者：I. J. Good;Heinemann 1962 版）。

[3]　B. S. 德威特，"关于量子力学的多宇宙解释",《量子力学的基
础》（B. S. DeWitt, 'The many-universes interpretation of quantum
mechanics' *Foundations of Quantum Mechanics*,编者：B. d' Espagnat;
Academic Press 1971 版）。

第9章　[1]　见"麦克塔戈特、固定性和实现",《时间，还原和现实》（'McTaggart,
fixity and coming true',*Time,Reduction and Reality*,编者：Richard
Healey;Cambridge University Press 1981 版）。

[2]　圣安赛尔姆，最早主张上帝超越时间的人有A. M. S. 波伊提乌
（A. M. S. Boethius,c. 480~524）。见《哲学的慰藉》（*The Consolation*

of Philosophy,编者 W. Anderson,Centaur 1963 ），第 5、6 节。

[3] P. 蒂里希，《系统神学》（ P. Tillich,*Systematic Theology* [S. C. M. 1978)], vol. I,P. 305。

[4] K. 巴特，《教会教义学》（ K. Barth,*Church Dogmatics* Ⅱ（ⅰ),译者： C. W. Bromiley and T. F. Torrance;T. & T. Clark 1956 版), p. 620。

第 10 章 [1] 麦克埃，见所引著作，页78。

第 11 章 [1] J. A. 惠勒著《引力论》（ J. A. *Wheeler in Gravitation*,编者： C. W. Misner,K. S. Thorne and J. A. Wheeler;Freeman 1973 版), p. 1197。

第 12 章 [1] 《威廉·佩利著作集》（ *The Works of William Paley*,Oxford; ClarendonPress 1938 版)。

[2] R. 斯温伯恩，《上帝的存在》（ R. Swinburne,*The Existence of God*, Oxford:Clarendon Press 1979 版)

[3] B. 卡特，"大数重合与宇宙论中的人择原理"，《宇宙论诸理论与观察结果的冲突》（ B. Carter, 'Large number coincidences and anthropic principle in cosmology ' ,*Confrontation of Cosmological Theories with Observation*,编者： M. S. Longair;Reide 1974 版),这篇论文基于卡特此前的一篇更为广泛的探讨，题目为"自然中数重合的重要意义"（ ' The significance of numerical coincidences in nature ' ,但该文从未全文发表过)。

第 13 章 [1] R. 彭罗斯，"奇点与时间不对称性"，《广义相对论：爱因斯坦百年巡礼》（ R. Penrose, ' Singularities and time-asymmetry ' ,

General Relativity:An Einstein Centenary Survey,编者：S. W. Hawking and W. Israel;Cambridge University Press 1979版）。

[2] 卡特，见所引著作。

第 15 章   [1]   E. R. 哈里森，《宇宙学》（E. R. Harrison,Cosmology,Cambridge University Press 1981版），p. 360。

[2]   N. 尼科尔森，"扩张中的宇宙"，（N. Nicholson, ' The expanding universe ' in The Pot Geranium,Faber & Faber 1954版）。

第 16 章   [1]   A. H. 古斯，"关于物质的起源、能和宇宙的熵的思考"，见《物理学的渐近领域：弗兰西斯·洛纪念文集》（A. H. Guth, ' Speculations on the origin of the matter,energy and entropy of the universe ' in Asymptotic Realms of Physics:A Festschrift in Honor of Francis Low,编者：A. H. Guth,K. Huang and R. L. Jaffe;MIT Press 1983版）。

第 17 章   [1]   P. A. M. 狄拉克，"物理学家对自然的描述的发展史"，《科学美国人》[P. A. M. Dirac, ' The evolution of the physicist ' s picture of nature ' ,Scientific American（May 1963）]。

[2]   D. 玻姆，见《一个物理学问题：物理学和生物学中的对话》（D. Bohm,in A Question of Physics:Conversations in Physics and Biology,编者：P. Buckley and F. D. Peat;Routledge & Kegan Paul 1979版），p. 129。

[3]   A. 爱因斯坦，《科学论文集》（A. Einstein,Essays in Science,Philosophical Library,New York 1934版）。

[4]   J. A. 惠勒，见所引巴克利与F. D. 皮特的著作，页60（J. A.

Wheeler in Buckley and Peat）。

[5]　D. Z. 弗里德曼和 P. 范·纽温惠仁，"超引力与物理学定律的统一"，《科学美国人》［D. Z. Freedman and P. Van Nieuwenhuizen, 'Supergravity and the unification of the laws of physics', *Scientific American*（February 1978）］。

[6]　R. 培根，《大著作》（R. Bacon *Opus Majus*,译者：Robert Belle Burke;University of Pennsylvania Press 1928 版）。

[7]　J. A. 惠勒，见《引力论》（编者：C. W. Misner,K. S. Thorne and J. A. Wheeler;Freman 1973 版），p. 1212。

[8]　A. 爱因斯坦致助手恩斯特·施特劳斯，引自《爱因斯坦百年纪念文集》（A. Einstein to his assistant Ernst Straus,as quoted in *Einstein: A Centenary Volume*,编者：A. P. French;Heinemann 1979 版），p. 128。

[9]　R. P. 费恩曼，《物理定律的本性》（R. P. Feynman,*The Character of Physical Law*,B. B. C. Publication 1965 版），pp. 124~125。

[10]　F. J. 戴森，"宇宙中的能"，《科学美国人》［F. J. Dyson, 'Energy in the universe', *Scientific American*（September 1971）］。

名词对照表

阿奎那，圣托马斯 Aquinas，St. Thomas

阿斯贝，阿莱纳 Aspect，Alaine

阿西莫夫，艾萨克 Asimov，Isaac

爱因斯坦，阿尔伯特 Einstein，Albert

埃弗列特，休 Everett，Hugh

埃弗列特对量子力学的解释 Everett interpretation of quantum mechanics

艾丁顿，亚瑟爵士 Eddington，Sir Arthur

埃京，曼弗雷德 Eigen，Manfred

埃庇米尼底斯的悖论 Epeminides' paradox

埃舍尔 Eseher. M. C.

艾耶尔，A. J. Ayer，A. J.

安德森，卡尔 Anderson，Carl

暗含的秩序 Implicate order

安赛尔姆，圣 Anselm，St.

奥古斯丁，圣 Augustine，St.

奥科姆剃刀原理 Occam's razor

八正道 Eightfold way

巴尔尼斯，E. W. Barnes，E. W.

巴罗，约翰 Barrow，John

巴斯，卡尔 Barth，Karl

鲍依修斯 Boethius

暴涨（宇宙中的）Inflation（in the universe）

达芬奇，列奥纳多 da Vinci，Leonardo

达兰贝尔，让 d'Alembert，Jean

戴森，弗里曼 Dyson，Freeman

氘 Deuterium

德威特，布莱希 Dewitt，Bryce

德夏尔丹，戴拉 de Chardin，Teilard

笛卡儿，勒内 Descartes，Rene

狄拉克，保罗 Dirac，Paul

蒂里希，保罗 Tillich，Paul

电磁 Electromagnetism

定律（规律），大自然的 Laws，of nature

电子 Eletron

电子对 Positronium

动物电流 Animal electricity

多神论 Polytheism

多世界理论（见量子论）Many-worlds theory

恶（邪恶）Evil

二元论 Dualism

反馈 Feedback

反物质 Antimatter

放射性 Radioactivity

分子，生物的 Molecules，biological

费恩伯格，杰拉尔德 Feinberg，Gerald

费恩曼，理查德 Feynman，Richard

费恩曼图 Feyman diagrams

非决定论 Indeterminism

赫斯特，R. J. Hirst，R. J.

黑矮星 Black dwarf star

黑洞 Black holes

黑尔斯，斯蒂芬 Hales，Stephen

红移 Redshift

还原论 Reductionism

惠勒，约翰 Wheeler，John

混沌，原初的 Chaos，primeval

霍夫斯塔特，道格拉斯 Hofstadter，Douglas

霍金，史蒂芬 Hawking，Stephen

霍伊尔，弗雷德爵士 Hoyle，Sir Fred

活力论 Vitalism

J

基本常数 Fundamental constants

基本粒子 Elementary particles

基督，耶稣 Christ，Jesus

奇点（黑洞中的）Singularities，in black holes

吉恩斯，詹姆斯爵士 Jeans，Sir James

机器（会思想的）Machines that think

技术 Technology

计算机 Computers

记忆 Memory

加尔凡尼，卢奇 Galvni，Luigi

加速器 Accelerators

伽利略 Galileo Galiei

将来与过去 Future and past

教会 Church

胶子 Gluons

介子 Mesons

进化论 Evolution，theory of

K

L

M

麦克埃，唐纳德 MacKay，Donald

麦克穆林，厄南 McMullin，Ernan

麦克斯韦，詹姆斯·克拉克 Maxwell，James Clerk

麦氏妖 Maxwell's demon

麦克塔戈特，J. McTaggart，J.

美，大自然规律中的 Beauty，in the laws of nature

米勒，斯坦利 Miller，Stanley

米勒–尤里实验 Miller-Urey experiment

米勒尼，E. A. Milne，E. A.

秘学 Occult

默顿，罗伯特 Merton，Robert

莫洛维茨，哈罗德 Morowitz，Harold

末世学 Eschatology

魔法 Magic

莫彼乌斯带 M. bius band

目的论 Teleology

N

能级 Energy levels

能量 Energy

尼科尔森，诺曼 Nicholson，Norman

尼曼，尤瓦尔 Ne'eman，Yuval

牛顿，艾萨克爵士 Newton，Sir Isaac

牛顿力学 Newtonian mechanics

P

Q

R

热力学第二定律 Second law of thermodynamics

热力学平衡 Thermodynamic equilibrium

仁慈（上帝的）Benevolence（of God）

人工智能 Artificial intelligence

人类 Man

人择原理 Anthropic principle

认知科学 Cognitive sciences

软件 Software

弱作用力（见力）Weak force

S

萨拉姆，阿布杜斯 Salam，Abdus

色动力学 Chromodynamics

熵 Entropy

　　和无序 and disorder

　　和概率 and probability

　　和生命 and life

　　和信息 and information

　　黑洞的 of black holes

　　引力的 gravitational

　　宇宙的 cosmic

　　的增加 increase of

　　最大的 maximum

上帝 God

神秘主义 Mysticism

生命 Life

生命力 Life-force

圣安赛尔姆 Saint Anselm

圣经 Bible

设计 Design（in the universe）

时间 Time

思想 **Thoughts**

思想机 **Thinking machines**

宿命论 **Fatalism**

速子 **Tachyons**

随机性 **Randcmness**

T

汤川秀树 **Yukawa Hideki**

天，天堂 **Heaven**

同位旋 **Isotopic spin**

同一性（人的）**Identity（personal）**

统一理论（力的）**Unified theories（of forces）**

图灵，艾伦 **Turing，Alan**

脱氧核糖核酸 **D. N. A.**

W

外来生命，天外生命 **Alien 1ife**

威格纳，尤金 **Wigner，Eugene**

唯物主义 **Materialism**

唯心主义 **Idealism**

温伯格，斯蒂芬 **Weinberg，Steven**

温伯格–萨拉姆理论 **Weinberg-Salam theory**

物理（学）**Physics**

物质，建筑砌块 **Matter，building blocks**

无限，无穷 **Infinity**

无穷（量子场论中的）**Infinities（in quantum field theory）**

无知原理 **Ignorance principle of**

Z

译后记

徐 培
1991 年于北京气象学院

《上帝与新物理学》的作者保罗·戴维斯，英国物理学家，University of Newcastle upon Tyne 的理论物理学教授，主要研究现代宇宙学，写过好几本很受欢迎的有关宇宙学的普及读物。

《上帝与新物理学》一书，涉及很多宇宙学方面的问题，但主要谈的是现代物理学的进展对宗教教义，尤其是对西方文明的基本元素之一的基督教教义的影响。作者自云："本书不是一本谈宗教的书。本书谈的是新物理学对以前属于宗教的问题产生的影响。"

作者在本书的开始，引用了爱因斯坦的两句话："没有科学的宗教是盲目的。没有宗教的科学是跛足的。"这两句话，大约也是代表了戴氏本人的意见。所谓"没有科学的宗教"在我们或许难以理解。它显然是与"有科学的宗教"相对而言的。对于"有科学的宗教"（如现今西方的基督教），人们可以进行自由的探讨、批判。而"没有科学的宗教"，你只能老老实实地信，不能问，不能批判。一种信仰，若只能信，不能问也不能批判，就只能是一种盲目的信仰，当然也就是盲目的宗教。人类受过和正在受着的盲目宗教的害太多了。那么，"没有宗教的科学"又是指什么呢？这里所说的"宗教"还是指信仰。常听有人说，"科学知识的真正源泉是观察"。这话当然不错，确实有一些科学知识起源于观察。但这话只能说是部分正确，因为还有一些科学知识起源于猜想。例如，早在几千年前人类就猜想大地是球形的。那时谁也没能真正"观察"到地球是一个"球"。要证实这一猜想，从而使这猜想成为科学知识，就得进行一番科学实验。而若想进行这样的科学实验，就得有坚定如宗教的信仰。于是，宗教与科学就这样联系了起来。假如当年的哥伦布、麦哲伦不是坚信大地是一个球体，他们就想不到去进行环球航行。反观中国七下西洋的郑和，虽然率领的船只、船队堪称当时的世界先进水平，但就增进人类在地理方面的科学知识而言，成就却相形见绌。就郑和来说，他根本就没有想到大地是否是球形的问题，因而也就没有什么信不信的问题。这也就是为什么说"没有宗教的科学是跛足的"。自然，我们还是应该为郑和的壮举自豪，因为跛足的科学仍是科学，但我们应该承认跛足毕竟不如不跛足。中国的科学从近代开始落后了，其原因很多。有人认为，其中一个原因是中国从事科学研究的人过于世俗，太缺乏宗教精神，因而虽然心灵手巧，很有技能，却难有重大的科学发现。这种看法是否有道理，有待于科学史家们详细论证。

本书除"前言"外，共17章，结合宗教、哲学讲述了最新的科学理论和发现。在本书的"前言"中，作者说：本书的主题是我所谓的四大存在问题：

> 为什么大自然的规律是现在这样的？
> 为什么宇宙是由现在组成它的各种东西所组成的？
> 这些东西是如何起始的？

宇宙如何获得了组织？

这四大问题以前是宗教的、玄学的问题，但近年来，"科学已进展到可以认真地解决以前是属于宗教的问题的地步了"，这是"严肃的宗教思想者不能忽视"的。

在接下来的17章里，作者首先集中讲述了他对科学和宗教的看法，然后以流畅优美、引人入胜的文笔，介绍了新物理学对宇宙的创生和终结、时间、生命的本质、灵魂、自我、自由意志与决定论等一系列问题的研究进展。作者身为科学家，当然对科学的进步津津乐道，但也以科学的精神批判了科学，指出"科学对工业社会的影响是好坏参半"。对盲目的宗教，作者予以无情的谴责，指出："尽管大多数宗教都赞美爱心、和睦、谦卑，并将这些称之为美德，但世界上各大宗教组织的历史却常常是以仇恨、战争、傲慢为其特色的。"然而，作者并没有完全否定宗教。在本书结尾时，作者在指出科学并不能解决所有问题之后写道："我深信，只有从各个方面全方位地了解世界，从还原论和整体论的角度，从数学和诗的角度，通过各种力、场、粒子，通过善与恶，全方位地了解世界，我们才能最终了解我们自己，了解我们的家——宇宙背后的意义。"显然，作者在这里把关注善恶的宗教也看作是我们认识世界、认识自己的途径之一。

本书虽是一本普及性的书，但"包含一些具有真正学术价值的材料"，涉及很多奋战在科研前沿的科学家正在思考、解决的问题，所以也值得有关专业人员一读。

应该说明的是，译者学力不足，翻译中多有错误，承蒙一位科学家将译稿校读一遍，修补了不少错漏。在此谨表示衷心感谢。译文中若仍有错误，应由译者本人负责，欢迎读者指正。译者在此也应衷心感谢山东大学外文系的李绍明君。李君拿出自己宝贵的时间帮助誊抄了部分译稿，并协助重新编排了原书的索引，解决了很多问题。

新版译后记

徐　培
2017 年 7 月于美国维吉尼亚州维也纳

最初得到《上帝与新物理学》英文版复印件并开始翻译是在1988年。将近30年过去，得知湖南科学技术出版社又要出这本书的中文版新版，译者感觉恍如隔世，又仿佛是在做梦。

将近30年前出版的科普书，有什么必要再出新版？

在这个科技进步日新月异的时代，尤其是在这个互联网和移动通信发达得令人眼花缭乱的时代，30年前在很多人看来已经是遥远得几乎是不可想象的超远古时代。

那时候，电脑还没有普及，互联网还不发达，手机连影子也没有。乞讨者拿手机用二维码来收钱的事情更是连最离奇、最狂野的想象都想不到。对现在的许多成人和未成年人来说，没有手机（即可用来随时与他人通信的微型电脑）、不能随时上网与他人保持接触，这样的生活大概比遭囚禁或酷刑还难受。

从科技进步日新月异、令最狂野的想象都难以追上的意义上说，英籍物理学家保罗·戴维斯的《上帝与新物理学》（*God and the New*

Physics）可以说是标准的超远古老书了。这书的英文版初版是1983年，距今已经34年。

　　然而，这几天再拿起这本按说是老得不行的书重读，居然依然觉得新鲜，新奇，新颖，新锐：

　　"有天地创生这回事吗？假如有，那又是什么时候发生的？原因是什么？存在之谜最深奥，最难猜。大多数宗教都有涉及万物如何起始的说法，现代科学也有。在本书中，我将借助宇宙学的新近发现来猜测这创生之谜。本章讨论的就是宇宙总体的起源。有人用'宇宙'（universe）这个词来表示太阳系或银河系。但我将按'一切物理性的存在的东西'这一较为常规的意义使用'宇宙'一词。我所说的宇宙是散布在一切星系之中、之间的一切物质，一切形式的能量，一切非物质的* 东西如黑洞、引力波以及一切延伸向无限（假如果真如此的话）的空间。有时，我将用'世界'（world）来指上述的一切。

　　"任何声称对物质世界提供某种理解的思想体系都必定要对世界的起源说一些话。在最基本点上，有两种泾渭分明的说法。宇宙要么是一直存在着（以这样或那样的形式）；要么就有起始，多少有些突然地起始于过去某一特定的时刻。这两种说法长久以来一直困扰着神学家、

---

* 与这里的"非物质的"对应的英文原文是non-material。思前想后，看来只能译为"非物质的"。但如此翻译也有问题，这就是，这个词语跟紧接着的后文所说的黑洞有矛盾。维基百科如此解释黑洞："黑洞是由质量足够大的恒星在核聚变反应的燃料耗尽后，发生引力坍缩而形成。黑洞的质量是如此之大，……直到目前为止，所发现质量最小的黑洞大约有3.8倍太阳质量。"由此可知，黑洞是具有巨大质量的物质。既然如此，物理学家戴维斯为什么还要把黑洞归于非物质的呢？译者的猜想是，戴维斯在这里使用"非物质的/non-material"一词，是取其以现有的技术看不见、摸不着、无影无踪捉摸不定之意，犹如鬼影/ghost，很多人都说有，但谁也没亲眼见过。这猜想是否正确当然可以讨论。

哲学家、科学家，而且这两种说法对普通人来说也明显地难以理解。"

这样的句子，这样论说，环环相扣，明白晓畅，读起来感觉如沐春风，犹如在科学的海岸漫步。天空的流云，微风的气味，海面的波浪，水天交接的地平线，岸边的植被和地貌都那么神奇，幽深又浩瀚的海洋本身更是神秘，令人不禁想一窥究竟。

在戴维斯的这本讨论宇宙学和精神的书中，这样的令人遐想和神往的句子和论说比比皆是。读着这样的文字，不禁想起德国大哲学家康德的名言：

"有两种东西，我对它们的思考越是深沉和持久，它们所唤起的那种惊奇和敬畏就会越来越大地充溢我的心灵，这两种东西就是我头顶上的星空和我心中的道德律。"（笔者译）

戴维斯在《上帝与新物理学》一书中至少三次提到康德。他虽然没有引用上面这句康德名言，但他这本书所讲述的主题（新物理学对以前属于宗教的问题产生的影响）与康德遥相呼应。

当初从那位世界一流的天体物理学家那里得到这本书的原文，随手一翻，就立即被戴维斯的文笔流畅和优美吸引住了。戴维斯的文笔不仅精准严谨，而且富有文学色彩，不亚于任何优秀的散文家。于是，翻译他这些神采飞扬的文字也令译者的精神飞扬起来：

"这种全面和完全发展的人工智能是可能的，对这种说法有很多人提出反对意见。有一派推理认为，计算机是按照严格的理性逻辑方式工作的，因而必然是冷酷的、工于计算的、没心没肺没灵魂又没感情的自动装置。因为计算机的运行纯粹是自动的，所以，它就只能完成作为其操作者的人按程序输入到它里面的指令。没有哪台计算机会离开其操作者，变成一个自主的具有创造性的个体，能够爱、笑、哭叫，具有自由意志。计算机就像汽车一样，是其操纵者的奴隶。

"这种推理有一个问题，因为它也能推出适得其反的结果来。在神经（大脑细胞）层面上，人的大脑也像计算机一样是机械的，也受制于理性逻辑原理。但这并不妨碍我们有举棋不定的感觉，我们照样会晕头转向，兴高采烈，烦闷无聊，不可理喻。"

以上两段话的英文原文是：

A number of arguments have been deployed against the claim that such full-blown artificial intelligence is possible. One line of reasoning is that computers, locked as they are in strictly rational, logical modes of operation, are inevitably cold, calculating, heartless, mindless, soulless, unemotional automata. Being purely automatic in operation, they will achieve only what has already been programmed into them by their human operators. No computer can take off and become a self-motivated creative individual, able to love, laugh, cry or exercise free will. It is no less a slave to its controllers than a motor car.

The trouble with this argument is that it can backfire. At the neural (brain cell) level, the human brain is equally mechanical and subject to rational principles, yet this does not prevent us from experiencing feelings of indecision, confusion, happiness, boredom and irrationality. （见原书p.78）

学过英文的读者在这里可以看到，原文写得多么畅快淋漓，生气虎虎，而且带有低调的幽默和调皮。读者还可以看到，译者在可能的情况下尽力追随原文，保持原文的句式，从而保持原文的节奏和语气。译者相信，好文章的文字之妙不但在于它说了什么，而且更在于它如何说。因此，翻译在可能的情况下必须尽力保持原文的句式和语气，即在可能的情况下尽力直译，以便使读者可以窥见原文之妙。

谢天谢地，戴维斯可谓寓教于乐、深入浅出的典范，其文字大都是这样清晰流畅，比较容易直译。

阅读和翻译这样的文字不但使译者感觉像是面朝大海，春暖花开，而且也使译者得以细细地品味了优美的英文可以如何用浅易的语言来表达深邃的内容，译者因而也明显地感到受原文的影响，中文表达大有改进。

但有时候，戴维斯书中的英文原文虽然也非常清晰和流畅，直译出来却难以跟原文同样流畅或清晰。例如，原文有这样的一句引文：

Consciousness is not something we expect to be forced to recognize as the end-product of an argument about the behaviour of physical particles.（见原书p.84–85）

这句流畅的英文很难直译成同样流畅的中文。遇到这样的情况，为了确保读者的良好阅读体验同时又能清楚明了地传达原文的要旨，译者就只能变通，进行意译，将这一句话拆成两句：

"意识与物质粒子不同。对物质粒子的行为，我们可以争论出个不承认也不行的结果。但对意识，我们就不能指望有这样的争论结果。"（旧译）

"争论物质粒子的行为，结果争出意识来，意识可不是我们预期要被迫承认的东西。"（改译）

这里举出以上的直译和意译的例子无非是要显示，译者英文理解力和中文表达力虽然可以争议，可以改进，但也算说得过去，翻译态度还是算认真。

然而，译者也不得不承认一个明显的事实，这就是，现在的译文有太多的错误。关于翻译中的错误，已故的学者、作家和翻译家杨绛有一句名言，说是翻译中的错误如同猫狗身上的跳蚤，无论怎样仔细抓也抓不净。译者在这里要承认，自家的猫狗身上的跳蚤确实多。

有些错误是来自译者的无知、知识不足或一时糊涂（如，把"拼

图 /jigsaws "译成"钢丝锯")。有些是来自理解偏差、误解或不到位
(上面的旧译和改译的对比就可以作为一个例子)。有些则是抄写或
排版过程中出现的错误(如,"小小的"变成了"小山的","最初的三
分钟"变成了"量初的三分钟")。还有些错误是不知在哪个环节脱漏
了字(如,本应是"生命不是一种累加现象",脱落了"不"字),或窜
进了多余的字(如,"能量流在他身上并流进流出","并"字在这里
是衍文)。

错误如此之多,有主观的原因,也有客观的原因。就客观原因而
言,如今回头看30年前的翻译生产过程,那时的翻译工作者或一般
的文字工作者没有电脑文字处理的辅助,确实很吃亏。

当时的文字工作者之所以常常吃力不讨好,主要是因为文稿没有
可靠的复制手段,复制主要靠手抄,而手抄不但费力费时(电脑几秒
钟就可以完成的事情,手抄要十天半月),而且手抄必定会造成更多
的错误。这是版本学的一条铁律,跟万有引力使过熟的苹果必定坠落
地面一样不可怀疑,不可逆转,不可避免。

现在电脑文字处理大普及,文稿复制过程会添加新错误的问题可
以避免了。但已有的错误还是需要人来纠正,电脑是帮不上忙的。译
者重读旧译,虽然已经尽力纠正了错漏,但肯定还是挂一漏万,因此
十分希望有更多的读者认真阅读,指出更多的错漏,从而使译本
更完善。

戴维斯这样的文字是令人爱不释手的好文字,充分展示了什么叫

清晰的思想，清晰的表达，让读者不但可以学到科学知识、哲学知识，而且还能让读者学习如何写作。这样的文字应当有更为广泛和久远的流传，因而应当有更好的、好上加好的译本。

当然，30多年来，科学技术取得了令人叹为观止的长足进步，宇宙学研究也是一样。因此，戴维斯书中的一些说法需要更新。

例如，在戴维斯写书的时候，天体物理学/宇宙学学者们还只是大致估算宇宙的年龄在150亿年到200亿年之间，现在他们已经可以把宇宙的年龄精确到大约138亿年。

当时学者们还不能确定宇宙的膨胀是否在减速，宇宙是否有一天会收缩，会出现跟大爆炸相反的大崩塌，我们所在的太阳系届时可能会被压缩为一个篮球大小甚至更小，地球会变成一个乒乓球，甚至一粒芥末。现在得到的光学观测证据则表明，宇宙的膨胀没有减速，而是在继续加速。星系间的距离加速增大的一个结果是，再过几十亿年，天上就什么也看不见，什么也没有了。2011年，索尔·珀尔马特、亚当·里斯以及布赖恩·施密特三位美国天体物理学家因发现宇宙膨胀加速而获得诺贝尔物理学奖。

此外，更令人不得不惊叹的是，当年大部分天体物理学/宇宙学学者们还认为，氢与氦占宇宙物质的99%以上，现在大部分学者则认为，宇宙中90%以上的物质是目前还无法直接探测的"暗物质"（包括暗能量）。

　　虽然戴维斯这本书的某些说法需要更新，但就其总体上来说，就其非常有趣也非常重要的科学的本质、科学与宗教的关系等主题来说，这本书的观点依然是坚实的，而作者戴维斯的观点表达又是那么巧妙周全，深入浅出，令人感觉耳目一新，常看常新：

　　"人们常常会碰上这样的观点：科学的理论都是近似真正的实在。随着我们的知识进步，理论与现实也会更加吻合。这种看法认为大自然的'真正的'规律埋藏在观察和实验的数据之中，带着灵感进行坚持不懈的研究就能把规律发掘出来；我们可以期望，到了将来的某一天，正确的规律将会被揭示出来，我们今日的教科书上的规律只是这些真正规律的可信然而却有缺陷的摹本。这在很多方面就是超引力理论所要达到的目标。超引力理论的支持者预期，他们将会发现一套方程式，将'真正的'规律完整地体现出来。

　　"然而，并非所有的物理学家都认为谈论'真理'是有意义的。按照这样的观点来看，物理学所研究的根本不是什么真理，而是一些模型，即一些能帮助我们以一种系统的方式把一个观察与另一个观察联系起来的模型。"

　　戴维斯所说的科学之为科学的这些道理好似都不难懂。然而，由于传统观念或由于未经自由辩论和深入思考的既成观念作梗，科学的观念，科学的思维其实不那么容易懂。

　　举一个常见的例子来说，"实践是检验真理的唯一标准"这种说法在当今中国已经流行了40年，听上去看上去好像是很科学，但只要稍微思考分析一下，就会发现它很不科学。

例如，地球是宇宙的中心一度被认为是真理，而这一度的真理无疑是出自实践（即实际的天象观察或观测，并非仅仅是想当然的闭门杜撰）。后来，太阳是宇宙的中心一度又被认为是真理，这再度的真理也是出自实践。尽管这再度的真理要比一度的真理的含金量要高一些甚至高许多，但现在的天体物理学/宇宙学学者乃至许多粗通科学知识的人都知道，太阳不是宇宙的中心，太阳系只是宇宙的一个小小的组成部分，而宇宙并没有一个中心。

天文学上经实践检验的真理被如此屡次证伪，而人类其他所有知识领域的诸多真理被屡次证伪的事情也大同小异。这也难怪。因为"真理"一词确实是有问题，因为它总是强硬地宣示或明显地暗示一锤定音的权威，不容置疑的正确，对它持怀疑态度不是旁门左道就是图谋不轨。

古往今来的诸多真理一个个、一次次地被证伪，无怪乎许多科学家或物理学家（以及越来越多的人文学科的学者）认为真理一词是陷阱，谈论真理是言不及义，是无意义的空谈。

科学家或尊重科学的人如此看待真理，并不是因为他们缺心少肺，缺乏价值观，或狂妄傲慢，要与真理为敌。恰恰相反，科学家对真理一词敬而远之是出于一种基于强烈的自我意识的谦卑，或曰出于一种基本的科学态度或科学的价值观，这就是承认我们纵然有令人惊异的科技进步，但我们对大自然依然所知甚少，因此需要总是保持好奇心，以新奇的眼光进行观察、提出假说、谋划并实行试验，尽力摒除成见验证假说，评估已有的知识。

在这方面，天体物理学/宇宙学在过去的30年里又给我们提供了十分具体和生动的事例。我们所知的宇宙中90％以上的物质是目前还无法直接探测的"暗物质"（包括暗能量），这一新知理应让我们对一切有关宇宙的终极真理的说法抱有恰如其分的怀疑和警惕。

实际上，在人类文明史上，"真理"所代表的常常是获得大多数人接受，或得到强力推销的成见、意见、偏见或宣传。而科学所追求的则是突破成见、偏见或宣传。或者说，科学所追求的不是泡影一样虚幻的真理，而是新发现、新知识，追求以新知更新旧知。

用戴维斯的话说就是：

"说到某个'最终的'完美无缺的理论不可能再被改进，一些物理学家认为这种理论是无意义的。我们不能想象世上会有一幅完美无缺的图画，或一曲完美无缺的交响乐，同样，也不会有什么完美无缺不可改进的理论。

"科学的方法能够随着新的科学发现而变更，这正代表了科学的伟大力量之一。通过使自己立足于实用而不是真理，科学便将自己与宗教显著区别开来。"

戴维斯所描述的这种科学的思维、科学的价值观很是平易近人。

然而，这种思维和价值观要想深入人心显然还有很长很长的路要走。而且，古往今来的历史尤其是中国的历史显示，这路没有随着时间的推移而变得明显平坦起来。

从这个意义上说，戴维斯的《上帝与新物理学》一书以及湖南科学技术出版社力图普及科学知识的《第一推动丛书》显然没有因科技的飞速进步而过时。

图书在版编目（CIP）数据

上帝与新物理学 /（英）保罗·戴维斯著；徐培译 . — 长沙：湖南科学技术出版社，2018.1
（第一推动丛书 . 物理系列）
ISBN 978-7-5357-9505-2
Ⅰ . ①上… Ⅱ . ①保… ②徐… Ⅲ . ①宗教—影响—物理学—研究 Ⅳ . ① O4
中国版本图书馆 CIP 数据核字（2017）第 226175 号

God and the New Physics
Copyright © 2006 by Professor Paul Davies
Frist published by J. M. Dent & Sons Ltd. This Chinese edition published with permission of The
Orion Publishing Group , London

湖南科学技术出版社通过 Big Apple Agency 独家获得本书中文简体版中国大陆出版发行权
著作权合同登记号 18-2016-046

SHANGDI YU XIN WULIXUE
上帝与新物理学

著者
[英] 保罗·戴维斯

译者
徐培

责任编辑
李永平 吴炜 戴涛 李蓓

装帧设计
邵年 李叶 李星霖 赵宛青

出版发行
湖南科学技术出版社

社址
长沙市湘雅路 276 号
http://www.hnstp.com

湖南科学技术出版社
天猫旗舰店网址
http://hnkjcbs.tmall.com

邮购联系
本社直销科 0731-84375808

印刷
长沙超峰印刷有限公司

厂址
宁乡县金州新区泉洲北路 100 号

邮编
410600

版次
2018 年 1 月第 1 版

印次
2018 年 4 月第 2 次印刷

开本
880mm×1230mm 1/32

印张
12

字数
235000

书号
ISBN 978-7-5357-9505-2

定价
49.00 元